Java研发自测
入门与进阶

林 宁 魏兆玉 著

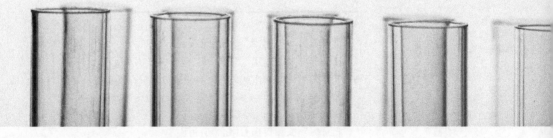

人民邮电出版社

北京

图书在版编目（CIP）数据

Java研发自测：入门与进阶 / 林宁，魏兆玉著. --
北京 ：人民邮电出版社，2024.3
ISBN 978-7-115-62973-9

Ⅰ. ①J… Ⅱ. ①林… ②魏… Ⅲ. ①JAVA语言—程序
设计 Ⅳ. ①TP312.8

中国国家版本馆CIP数据核字(2023)第198337号

内 容 提 要

本书是一部基于大量自测实践详细介绍如何编写高质量 Java 代码的著作。全书共 11 章，分为三篇。

研发自测基础篇（第 1～6 章），主要介绍了日常工作中使用频率最高的基础知识，包括软件测试的基本概念、代码评审的方式、单元测试等内容。为了让测试的编写更容易，这一篇还介绍了测试替身、如何与 Spring 框架相结合来编写测试以及 API 测试等内容。

研发自测高级篇（第 7～10 章），首先介绍了验证程序性能的方法和程序并发检测的相关知识，然后深入讲解了什么是 TDD、测试工程化和如何为重构编写测试等内容。

源码分析篇（第 11 章），对常见测试框架和库（包括 JUnit、Mockito、JaCoCo 等）的源码进行了分析，通过探究测试框架和库的源码，让读者更为深刻地掌握测试技术。

本书适合 Java 开发人员、负责公司软件质量的相关人员和测试人员阅读。

◆ 著　　　　林　宁　魏兆玉
　　责任编辑　杨绣国
　　责任印制　王　郁　焦志炜
◆ 人民邮电出版社出版发行　　北京市丰台区成寿寺路 11 号
　　邮编　100164　电子邮件　315@ptpress.com.cn
　　网址　https://www.ptpress.com.cn
　　北京虎彩文化传播有限公司印刷
◆ 开本：800×1000　1/16
　　印张：21.75　　　　　　　　　2024 年 3 月第 1 版
　　字数：522 千字　　　　　　　2024 年 10 月北京第 2 次印刷

定价：89.80 元

读者服务热线：(010)81055410　印装质量热线：(010)81055316
反盗版热线：(010)81055315
广告经营许可证：京东市监广登字 20170147 号

前言

为什么要写这样一本书

有很多图书介绍怎么做测试，但是很少有写给开发人员的软件测试图书。软件质量是项目成功的关键要素之一，软件质量低下不仅会造成开发人员不断地返工和修复 Bug，还会占用他们原本紧张的开发时间，甚至会导致灾难性的后果。

因此，越来越多的开发团队尝试从研发团队内部提高软件质量，为的是尽早发现问题，降低成本。微软甚至取消了专门的测试部门，改由开发人员来保证自己产出的软件的质量，因为只有开发人员才最熟悉自己所写代码中的每一个异常分支。一些公司也开始为提高开发人员的测试能力而展开培训，希望通过研发的自测环节来提升软件质量。

软件测试的种类和分类方法非常多，研发自测的理念是交付质量主要由开发人员保障。研发自测的主要内容有单元测试、集成测试等。研发自测并不只是让开发人员编写单元测试，还需要围绕单元测试、集成测试来提高软件质量，因此，对于开发人员来说，掌握软件测试的基础知识是必要的。例如，在实践中我们发现，代码评审对一个项目是否成功起到了至关重要的作用，具备软件测试的基础知识就能对单元测试的代码做出合理的评价。

Thoughtworks 是一家将研发自测贯穿于软件项目始终的公司，作为该公司的员工，我有幸为一些企业提供了与研发自测相关的培训，包括单元测试、测试驱动设计（Test-Driven Design，TDD）、静态扫描等内容。单元测试、TDD 的落地需要结合项目的技术栈来实现。目前，Spring Boot 已被广泛使用，但是较少有资料介绍如何整合 JUnit、Spring Boot 等框架来构建一套完整的单元测试和集成测试，本书将针对这部分内容进行详细说明。

另外，开发人员在编写易于维护和规范的自动化测试用例时，往往会受限于框架、基础设施等。市面上讲解单元测试的图书没有结合 Spring 等框架给出一个实战环境下的测试策略，本书尝试描述在实战中编写单元测试、集成测试的经验和方法。

在构建服务器应用时，性能、并发问题也不容易验证，本书针对性能和并发检测进行了讲解，希望帮助大家提高软件的健壮性，让服务器应用更稳定地运行。

在测试过程中，如果不熟悉单元测试的原理和机制，就会花费大量的时间处理测试异常，这无疑会造成浪费，所以本书还会介绍一些测试框架的基本原理。我们知道，现代化的软件测试往往不能只通过单一的工具完成，因此本书中还介绍了大量的开源工具，用以构成软件测试中常用的工具链。

读者对象

本书主要适合以下三类读者阅读。

- Java 开发人员。本书提供了代码示例，可帮助 Java 开发人员从零搭建自己的测试代码框架，并进行与测试相关的技术选型，掌握在工作中进行代码评审的技巧，从而解决测试过程中出现的问题。
- 负责公司软件质量的相关人员。本书有助于他们认识开发人员、测试人员在测试过程中的作用和职责，以便对开发人员做一些基础的测试培训。
- 测试人员。本书可以作为测试人员在白盒测试方面的参考资料。例如，学习编写自动化的 API 测试，了解 JUnit 等测试工具的原理等。

如何阅读本书

本书共 11 章，依据开发人员在日常工作中使用这些内容的频率分为三部分——研发自测基础篇、研发自测高级篇、源码分析篇。本书各章之间没有强依赖关系，读者可以根据自己对测试的熟悉情况挑选相应的章进行阅读。

研发自测基础篇（第 1～6 章）主要介绍了开发人员常用的测试基础知识，包括软件测试的基本概念、代码评审、单元测试等内容。为了让测试用例的编写更容易，这一篇还介绍了测试替身，如何与 Spring 框架相结合来编写测试用例以及 API 测试等内容。这一篇的目标是让开发人员顺利上手与测试相关的工作。

研发自测高级篇（第 7～10 章）首先介绍了验证程序性能的方法和程序并发检测的相关知识，然后深入讲解了什么是 TDD、测试工程化和如何为重构编写测试用例等内容。这一篇的目标是为有单元测试、API 测试经验的读者提供一些专项技术，以便能在特殊的场景下使用测试保护代码。

源码分析篇（第 11 章）对常见测试框架和库（包括 JUnit、Mockito、JaCoCo 等）的源码进行了分析，通过探究测试框架和库的源码，让读者更系统地掌握测试技术。

另外，在书的最后还有两个附录。附录 A 展示了测试策略模板，方便读者在团队中推广研发自测。附录 B 介绍了一些常见的测试反模式。

勘误和支持

本书的内容来自日常的工作实践，因我的水平有限，书中难免有疏漏之处，恳请大家指正。本书所有的示例代码均通过 GitHub（https://github.com/java-self-testing/java-self-testing-example）进行管理并保持更新。大家可以将书中的错误和运行示例代码过程中所出现的问题提交到 GitHub 的 Issues 上，我将尽量及时回复和处理。

如果大家有其他宝贵意见，也欢迎发送邮件到邮箱 shaogefenhao@gmail.com，期待收到大家的反馈。

为了便于管理，本书示例项目使用 Maven 的多模块项目组织代码。书中代码采用 Java 8 编写，要编译和运行代码示例，需要安装相应的环境，推荐的环境如下：

- Git；

- Java 8 及以上；
- Maven 3；
- IntelliJ IDEA。

为了上手简单，示例代码大多基于经典的 JUnit 4 构建，部分章节介绍了 JUnit 5 的新特性。

致谢

感谢 Thoughtworks 这家有着独特开发人员文化的软件公司，它不仅鼓励开发人员编写单元测试，还竭力支持大家把自己的经验分享出去。

感谢 Thoughtworks 的同事张凯峰老师给了我写书的建议和勇气。最初我只是写了一些文档用于自己或者新来的同事上手单元测试和自动化的 API 测试，随着积累的文档增多，我有了将其整理成专栏的想法并付诸实施，继而在张凯峰老师的鼓励下开启了本书的写作。

感谢编辑杨绣国，她的支持和指导让我在一年多的时间里一直坚持写作，本书的完成离不开她辛勤的工作。

感谢一起工作过的同事，以及一些项目的前期开发人员，他们留下的代码库让我学到了许多关于测试的编程技巧。

感谢参与本书审读的朋友，他们的参与避免了一些明显的错误，他们（部分为网名）是刘泉乐、付施威、童圣、林冰玉、赵亮、廖光明、李佳宁、肖战菲、周甜、何疆乐、张旭东、孙伟、汪思琪、陈崇发、邓志国、子正、肖家炜、王喜春、攀辉、郑亚招、刘小六、Simon Han、楚天行、多米杨LR、李威、wangc_223、爱酱油不爱醋、宋文彬、xxx、wenming、Eric、Vincent Wei、Apache.、镜、青果、罗晓龙等。

谨以此书献给对软件质量有更高要求的开发人员。

林宁
2023 年 12 月

资源与支持

资源获取

本书提供如下资源：

- 本书思维导图
- 异步社区 7 天 VIP 会员

要获得以上资源，扫描下方二维码，根据指引领取。

提交错误信息

作者和编辑尽最大努力来确保书中内容的准确性，但难免会存在疏漏。欢迎您将发现的问题反馈给我们，帮助我们提升图书的质量。

当您发现错误时，请登录异步社区（https://www.epubit.com/），按书名搜索，进入本书页面，单击"发表勘误"，输入错误信息，单击"提交勘误"按钮即可（见下图）。本书的作者和编辑会对您提交的错误进行审核，确认并接受后，您将获赠异步社区的 100 积分。积分可用于在异步社区兑换优惠券、样书或奖品。

图书勘误		发表勘误
页码： 1	页内位置（行数）： 1	勘误印次： 1
图书类型： ◉ 纸书 ○ 电子书		

添加勘误图片（最多可上传4张图片）

+

提交勘误

全部勘误　我的勘误

与我们联系

我们的联系邮箱是 contact@epubit.com.cn。

如果您对本书有任何疑问或建议，请您发邮件给我们，并请在邮件标题中注明本书书名，以便我们更高效地做出反馈。

如果您有兴趣出版图书、录制教学视频，或者参与图书翻译、技术审校等工作，可以发邮件给我们。

如果您所在的学校、培训机构或企业，想批量购买本书或异步社区出版的其他图书，也可以发邮件给我们。

如果您在网上发现有针对异步社区出品图书的各种形式的盗版行为，包括对图书全部或部分内容的非授权传播，请您将怀疑有侵权行为的链接发邮件给我们。您的这一举动是对作者权益的保护，也是我们持续为您提供有价值的内容的动力之源。

关于异步社区和异步图书

"异步社区"(www.epubit.com)是由人民邮电出版社创办的 IT 专业图书社区，于 2015 年 8 月上线运营，致力于优质内容的出版和分享，为读者提供高品质的学习内容，为作译者提供专业的出版服务，实现作者与读者在线交流互动，以及传统出版与数字出版的融合发展。

"异步图书"是异步社区策划出版的精品 IT 图书的品牌，依托于人民邮电出版社在计算机图书领域 40 余年的发展与积淀。异步图书面向 IT 行业以及各行业使用 IT 技术的用户。

目录

研发自测基础篇

第 1 章

研发自测基础

软件测试是一个非常专业的领域，甚至有一些大学也设置了软件测试课程。虽然大多数软件公司都会设置与软件测试相关的岗位，但是对于一个优秀的开发人员来说，保证软件质量也应该是自己份内的事情。

开发人员如果能从研发的角度关注测试，那么只需要一丁点投入，就可以换取巨大的价值。因为开发人员熟悉技术方案、编码的细节，甚至所有的分支流程，且了解基本的测试概念，所以在开发过程中就能发现大量的问题，这会极大地提高效率。另外，编写出高质量的代码，可以给开发人员带来满足感和信心，而且交付高质量的程序后，开发人员也可以更好地集中精力进行下一阶段的开发，避免反复调试或因被打断进行上下文切换所导致的精力消耗。

本章会介绍软件测试的一些基本概念和知识，由于本书主要面向开发人员，因此重点关注白盒测试。

本章涵盖的内容以及学习目标如下：

- 了解软件测试的基本概念；
- 理解常见的测试分类；
- 掌握设计测试用例的一般方法；
- 了解哪些类型的测试适合开发人员完成；
- 掌握一些准备测试数据的技巧。

1.1　软件测试的基本概念

软件测试是一项专业的工作，里面涉及一些专业术语和概念，本节将精选其中部分进行解释，这些专业术语和概念是了解软件测试的基础。

1.1.1　软件测试

在传统的工程行业中，测试是一种检验产品质量的活动。在软件工程中，测试被定义为在特定环境下检查软件是否存在错误，以及能否满足业务需求和设计的活动或过程。

软件不仅仅指程序，还包括文档、数据和其他基础设施，因此开发人员在保证软件质量时不能局限于代码。这也是越来越多的公司将测试工程师的岗位转变为质量工程师的原因。

由于软件的修改伴随着整个软件生命周期，因此业界开始提倡全流程测试，或者叫全生命周期质量保证。编写单元测试用例或者特定类型的测试用例只是软件测试的一小部分。

在全流程测试的发展过程中，越来越多的测试类型被提出来，比如需求测试、架构测试、设计测试、单元测试和集成测试等。

不仅仅是测试人员需要关注测试结果，整个团队都需要对软件质量负责。团队工程能力包含了对软件质量的要求，具体可以参考有关 CMMI（能力成熟度模型集成）的描述。

CMMI 是一个组织过程改进框架，CMMI 中的不同等级描述了不同层次的软件开发能力，也就是软件工程成熟度。CMMI 对软件质量提出了要求，这些要求也是很多公司对质量工程师的诉求。

这种从测试人员关注测试，到团队关注测试的转变，让软件测试从作坊式的定性操作，转变为科学的定量操作。

质量的度量指标和方法非常多，比如测试覆盖率、每千行代码的缺陷率等。

为确保在软件的整个生命周期中对需求、开发、运维的质量进行测试和验证，合理的分析和规划必不可少。这些分析和规划包括软件项目启动时期制定测试策略、核定设计指标等。

现代的软件测试提倡测试工作不在开发完成后开始，也不在运营投产后结束。项目开始时测试人员就需要参与对需求的验证和评审，因此也就衍生出了测试左移的概念，而对运营期质量提出要求，则相应地产生了测试右移的概念。

1.1.2 缺陷

如果软件没有按照我们的期望运行，我们会说软件有 Bug。Bug 的原意是"臭虫"，这里指缺陷。

程序员葛丽丝·霍普女士在 Mark Ⅱ 计算机上工作时，该计算机突然无法正常工作了，整个团队都不知道是怎么回事。后来经过排查发现是一只飞蛾飞入计算机内部引起的故障（Mark Ⅱ 是一台继电器计算机，异物的侵入会导致元件无法工作）。葛丽丝·霍普女士在她的笔记中记录了这个问题的根因是一只飞蛾，Bug 一词因此被用来描述计算机中的缺陷，并沿用至今。

不过在软件工程领域，更多使用 Defect 来描述软件缺陷。缺陷不仅指程序编码上的错误，还包括需求和设计的不合理、运营期间的配置问题，以及基础设施故障等。

在实际工作中，因为缺陷的引入可能会发生在软件开发生命周期的任何一个环节中，所以可以使用正交缺陷分类（Orthogonal Defect Classification）法来划分缺陷类型，具体如下。

- 需求缺陷：因需求本身不合理或者缺乏系统性考虑造成的一致性问题或逻辑矛盾。
- 设计缺陷：设计方案不合理，或者设计不能满足特定的场景而导致的问题。
- 编码缺陷：由于开发人员的疏忽或者其他原因，在编码阶段引入的缺陷。

- 配置缺陷：在投入生产使用的过程中，由于配置不合理或者环境发生变化造成的缺陷，比如更换操作系统后软件无法兼容。

为了更清晰地描述缺陷这个概念，避免混淆，以下给出缺陷、错误和失效这三个相似概念的含义。

- 缺陷：软件产品中不满足设计要求的地方，缺陷是静态的，一直存在。
- 错误：执行了有缺陷的代码或者输入了特定的数据后，造成程序状态异常。
- 失效：失效是软件不能正常运行时，使用者感知到的状态。失效有可能非缺陷造成。

需要注意的是，缺陷并不一定会导致程序运行错误。因缺陷导致程序发生错误，叫作缺陷的激活。缺陷往往要在特定的条件和场景下才会被激活，例如，一些特别的输入或者运行环境发生变化。

未知条件和场景下的缺陷修复起来非常困难，软件测试的工作就是将能复现这些缺陷的场景找出来，以便修复。

现在有很多公司根据优先级和严重性对缺陷进行分级。

- P0（致命）：非常严重的线上事故（比如让整个系统瘫痪），需要停下手上的工作立即修复。如果不能在一定时间内修复，则需要上报，通过其他途径（比如使用备用方案）来解决。
- P1（严重）：部分重要功能不可使用，虽然优先级没有 P0 那么高，但是也需要立即修复并发布补丁。
- P2（一般）：次要功能不可使用，会给用户带来不便，但是由于需要平衡正常工作节奏，因此不会立即修复，在迭代发布时修复即可。
- P3（轻微）：会给用户带来不便，或者 UI、文案上存在需要调整的内容。对于此类缺陷，在不影响开发节奏的前提下，进行优化处理即可。

说明：在上述级别中，字母 P 表示 Priority（优先级）。

1.1.3　测试用例

测试用例（Test Case，TC）是一组测试输入和预期的集合。简单来说测试用例包含输入信息、预期、结果，以及特定的测试环境等内容。

在瀑布模型中，通常会基于表格来管理测试用例，并持续维护；使用敏捷的方式时，测试用例往往跟随着用户故事（一种敏捷的需求澄清方法，包含可验收的最小特性集）；RUP（统一软件开发过程）则要求测试用例能够验证系统行为，它采用类似瀑布的方式维护测试用例。

测试用例规范主要包含如下内容：

- 被测试的对象，对应软件特性或者需求；
- 给予的条件，包括输入信息和测试环境，输入信息包含了测试数据和操作步骤（执行路径）；
- 期望的结果，包含软件的执行预期，即期待的程序输出。

如果能严格基于测试用例进行测试，可以用较小的成本覆盖大量的测试场景，并能准确地让问题重现。

一些团队会使用思维导图作为测试用例，这种形式比较难以维护。因此，越来越多的公司创建自己的测试管理平台，并将思维导图当作测试用例的补充。

设计测试用例需要遵守如下原则：

- 测试用例的执行结果可判定。测试用例要有明确的判定标准，比如成功登录系统时显示"登录成功"文字以及个人信息；
- 测试用例可重复执行。测试用例应该能被反复执行，并且结果保持稳定；
- 测试用例具有代表性。设计测试用例时，应该从典型逐步延展到特殊，优先覆盖核心业务场景。

让测试用例具有代表性是设计测试用例的难点，设计者需要从不同的角度选取测试场景，以使其达到最优的测试性价比。有些公司会把正常的流程和符合预期的结果叫作正向用例，把一些异常的场景叫作反向用例。

设计测试数据时，最关键的地方是需要考虑到大量的边界值。边界值指的是介于正常数据和错误数据之间的临界值，比如 0 是正数和整数之间的一个边界值。软件开发人员往往难以穷尽用户输入的各种情况，因此将边界值作为代表性测试数据是一种常用的方式。

1.1.4 测试金字塔

软件测试有很多类型，测试金字塔的核心理念是不同的测试类型其性价比是不一样的。关于软件测试的分类，后面会逐步讲解。

对于不同性价比的测试，我们要投入的时间不一样。通常来说，基于界面的测试，自动化难度高，且为了覆盖更多的场景，需要准备的数据量也更多，相应地，我们要投入的时间也更多。

单元测试的目标更加精确，需要准备的数据量较少，且运行得更快，因此我们要投入的时间较少。

《Scrum 敏捷软件开发》一书中提出了测试金字塔的概念，形象地描述了界面测试、服务测试和单元测试的差异。图 1-1 所示是简单的测试金字塔，可以用来描述不同测试类型的执行速度和消耗资源的情况。

图 1-1　测试金字塔

　　实际上，测试金字塔中的层次并不是只有图 1-1 中所示的这三层，其层次的划分取决于所采用的技术栈。在微服务系统中，可以划分为单元测试、API 测试和界面测试。

　　测试金字塔的每一层都可以选用不同的工具来实现自动化，在后面的内容中，会逐步介绍相应的自动化测试工具。

　　测试金字塔只是一种测试划分方法的模型，这种模型可以有非常多的解释和变种。在一些测试金字塔中我们可能会看到手工测试、验收测试等内容，也可能会看到非常多的层次。测试金字塔不仅应用于敏捷过程，也应用于其他软件开发过程。

1.1.5　测试策略

　　从测试金字塔又可以引申出另外一个非常重要的测试概念，那就是测试策略。测试策略描述的是如何针对一个项目或者产品组织测试活动，以获取最大的价值。

　　完整的测试策略就是一个项目的完整测试框架，涵盖了关于质量的各类测试清单，以及对应的实施方式。测试策略可以是一份详尽的文档，也可以是一个图示或者一份简单的检查清单。

　　我的同事林冰玉老师在一次分享中展示了图 1-2 所示的 PPT，用于说明测试策略。此图描述了敏捷团队活动中的测试实践，图的左下角使用一个测试象限来描述哪些测试应该自动进行，中间展示的是一个四层的测试金字塔。测试金字塔中的测试实践包括单元测试、API 测试、端到端测试和探索式测试。

图 1-2　测试策略

测试策略中需要包含如下内容。

- 测试原则：所有的实践都应该围绕测试原则展开，比如团队一起为质量负责。
- 测试范围：包括性能、安全性、可用性、可靠性等。
- 测试方法：包括需求和设计评审、静态代码分析、单元测试、集成测试、E2E 测试、安全建模、渗透测试、探索性测试等。

如果将测试策略延展，还可以包括度量软件质量的各项内容。

1.1.6   测试左移和测试右移

测试左移和测试右移看似是两个比较新的概念，在传统的软件测试教程中其实有与之类似的概念，比如需求评审与测试左移的概念类似。

测试左移是指在软件进入测试阶段之前就让测试人员介入。测试人员可以在设计阶段参与其中，以便对设计阶段的各项活动进行评估，也可以在需求澄清阶段参与进来。进入设计阶段后，开发人员也可以对输出的技术方案进行评估，验证技术方案是否能满足设计目标。

测试右移是指软件进入发布阶段后仍需要测试人员参与。软件发布后测试人员需要持续关注线上预警和监控，及时发现问题，并尝试在测试环境中重现问题。

测试左移和测试右移听起来比较晦涩，但实际上并不难理解，简单来说就是测试人员参与敏捷项目的全生命周期。

1.1.7   质量度量

在现代软件的开发过程中，度量是一种非常重要的实践。度量是指用量化的方法取代定性的结论来评估软件的质量和测试有效性等。

质量度量的指标包含以下方面：

- 产品的质量；
- 测试的有效性；
- 测试的完整性；
- 对测试过程和软件开发过程的分析和改进。

对于普通的测试人员和开发人员来说，不需要特别去设计度量指标，可以基于国际、国内的指标标准提取一些适合公司的指标，以此建立公司内部使用的度量体系。

ISO/IEC 9126 标准从功能性、可靠性、易用性、效率、可维护性、可移植性这 6 个方面进行了度量，并将其划分为通用指标、内部指标和外部指标。内部指标侧重于交付前的度量，不关注缺陷被激活的情况，更加关注软件的本质问题。

在国内也有相应的度量体系沿用了 ISO/IEC 9126 标准中的指标，并从上述 6 个方面对软件质量进行评估。《软件质量量化评价规范》（GB/T 32904—2016）给出了一套根据指标计算软件质量的方法，其所参考的标准体系如图 1-3 所示。

GB/T 16260.1—2006　软件工程　产品质量　第 1 部分:质量模型
GB/T 18905.1—2002　软件工程　产品评价　第 1 部分:概述
GB/T 29831.1　系统与软件功能性　第 1 部分:指标体系
GB/T 29831.2—2013　系统与软件功能性　第 2 部分:度量方法
GB/T 29831.3　系统与软件功能性　第 3 部分:测试方法
GB/T 29832.1　系统与软件可靠性　第 1 部分:指标体系
GB/T 29832.2　系统与软件可靠性　第 2 部分:度量方法
GB/T 29832.3　系统与软件可靠性　第 3 部分:测试方法
GB/T 29833.1　系统与软件可移植性　第 1 部分:指标体系
GB/T 29833.2　系统与软件可移植性　第 2 部分:度量方法
GB/T 29833.3　系统与软件可移植性　第 3 部分:测试方法
GB/T 29834.1　系统与软件维护性　第 1 部分:指标体系
GB/T 29834.2　系统与软件维护性　第 2 部分:度量方法
GB/T 29834.3　系统与软件维护性　第 3 部分:测试方法
GB/T 29835.1　系统与软件效率　第 1 部分:指标体系
GB/T 29835.2　系统与软件效率　第 2 部分:度量方法
GB/T 29835.3　系统与软件效率　第 3 部分:测试方法
GB/T 29836.1　系统与软件易用性　第 1 部分:指标体系
GB/T 29836.2　系统与软件易用性　第 2 部分:度量方法
GB/T 29836.3　系统与软件易用性　第 3 部分:测评方法

图 1-3　参考的标准体系

对测试有效性和完整性进行衡量可以参考一些主流软件公司的做法,比如某公司会以千行代码为基线统计测试能力的指标,包括:

- 每千行代码测试用例数;
- 每千行代码缺陷率;
- 测试用例平均执行时间;
- 缺陷平均回归次数;
- 有效缺陷(因特性描述不清楚而导致的缺陷)率。

基于上述指标度量后,再根据缺陷的优先级和严重程度进行加权计算,可获得每个版本的软件质量指数。

由于有一些项目是建立在遗留系统之上的,它的开发过程、逻辑和完全从头开始的项目很不一样,因此我们在使用这些指标的时候,需要根据项目的类型做出取舍。

根据软件系统遗留特性可以将项目划分为绿地工程、棕地工程、维护性工程。

- 绿地工程:绿地工程一般是在全新的领域中开发的,不需要考虑历史遗留问题。绿地工程往往存在需求无法清晰描述特性、有效缺陷率低、缺陷修复的成本低和缺陷回归的效率高等特点。
- 棕地工程:此类工程中的系统通常是现有系统的一部分,或者是其子系统。需要考虑它与其他系统(尤其是历史遗留系统)的集成问题。这类项目的缺陷回归次数往往很高,缺陷的修复成本很大。

- 维护性工程：指的是不再开发新功能的系统，只完成维护性工作。

1.2　软件的测试分类

在不同的维度下，人们对软件测试有不同的分类。比如，根据开发过程进行分类，软件测试分为单元测试、集成测试、系统测试和验收测试，这些类型分别与软件开发过程中的各个阶段相匹配。从被测试对象的角度来看，软件测试又可以分为静态测试和动态测试。从测试人员对代码的了解程度来看，软件测试可以分为白盒测试、黑盒测试和灰盒测试。从测试方式来区分，软件测试又可以分为自动化测试和手工测试。

当然还有一些非常时髦的其他测试类型，比如契约测试、弹珠测试和冒烟测试等。名目繁多的测试会给团队造成困扰。此外，由于中英文差异，像 E2E 这类名称没有准确中文含义的测试，更容易让团队成员摸不着头脑。

本书将根据前面提到的测试策略和测试金字塔，并参考国家标准来简化一个敏捷团队需要使用的测试类型。为了更加容易理解和记忆，这里将其分为功能性测试和非功能性测试。

正如字面意思，功能性测试对应的是功能性的需求（即实现软件特性的业务目标和逻辑）。非功能性测试针对的是非功能性的需求，比如性能、安全等。若不能满足非功能性需求，软件有可能会存在巨大的风险。

功能性测试包括：

- 单元测试；
- 集成测试；
- 系统测试；
- 验收测试。

非功能性测试包括：

- 静态代码分析；
- 安全测试；
- 性能测试。

就一般的软件而言，这 7 项测试已能覆盖绝大部分测试需求。下面基于这 7 项测试进行简单的介绍。

1.2.1　单元测试

单元测试是指对软件中最小的可测试单元进行测试。细粒度的单元测试一般是对方法、类等代码结构进行测试和验证，粗粒度的单元测试一般是根据需求文档或者设计文档对一个最小的软件特性进行验证。

单元测试往往处于测试金字塔的最低端。单元测试能透明地验证方法、类这一类代码结构。编写自动运行的单元测试用例比较简单，因为单元测试默认有自动运行的含义。

对软件质量来说，单元测试有非常积极的意义，是测试金字塔中最重要的部分。单元测试的难度相对较小，测试效率也相应较高，它对环境要求低，隔离性好，为同时运行多个测试用例提供了可能性。

另外，开发人员积极编写单元测试用例，在遇到问题时可以帮助定位缺陷。

1.2.2 集成测试

集成测试是指在单元测试的基础上，将一部分软件模块组合或者组装，然后进行的测试。在微服务时代，通常来说集成测试是对 API 进行测试，因此在很多文章和图书中都有 API 测试。

集成测试需要启动部分或者整个应用的上下文，因此相对于单元测试来说，它所要准备的环境更多。在微服务的技术栈下，集成测试通常等同于单个服务的 API 测试。

随着 DevOps 的发展，持续集成的概念得到了广泛关注，集成测试自然也就非常重要了。好的集成测试能保证一个服务部署到测试环境后，不会影响到其他相互依赖的服务。

在一些大的项目中，服务众多且相互依赖。早期的集成测试大多是手工完成的，在进行集成测试之前，会先快速进行一个冒烟测试（Smoke Testing）。冒烟测试是对软件的基本功能进行快速验证的过程。冒烟测试来源于硬件开发，早期指的是在更改硬件组件后直接给设备通电，如果没有冒烟就通过测试，现用于检查主要功能是否正常，避免因为其中一个服务异常而导致整套测试中断。

部分践行 CI/CD（持续集成/持续交付）的团队会在服务部署到正式的测试环境前，对 API 进行自动化测试。如果发现问题，则停止部署到测试环境中。集成测试的依据是技术设计文档，比如 API 设计材料等。

一般情况下，集成测试由测试人员在开发人员的配合下完成。

1.2.3 系统测试

系统测试是指对完整的软件产品进行端到端的测试，某种程度上等同于 E2E 测试。

进行系统测试需要搭建完整的环境，以便在模拟或者真实系统中对软件进行验证，确认其是否实现了设计目标。进行系统测试需要配置的软硬件环境和基础设施包括数据库、网络连接、DNS 等。

系统测试往往是黑盒测试，此测试会模拟正常的用户使用整个应用程序时所做的各种操作。系统测试不仅要发现缺陷，还应该给出不限于需求规格范围的反馈。

系统测试的依据是需求文档，包括测试人员在需求澄清阶段的输入。

1.2.4 验收测试

验收测试是指在软件开发后期，需求的提出方在对软件进行验收确认时所进行的测试。

如果是交付性质的软件项目，甲方往往会派出测试专家从用户的角度进行测试，确认其是否满足需求。在互联网或者其他产品型的公司里，验收测试则是在产品上线或者软件发布后，由业务方在真实的环境下进行的测试。

对一个运行中的互联网产品来说，验收测试需要得到特别的授权，因为在生产环境中一般会产生数据或者留下痕迹，在有条件的情况下可以考虑清理或者隐藏这些信息。

1.2.5 静态代码分析

软件的静态代码分析是指对软件的各种结构和成分进行扫描，提前发现问题，它通常被用作测试的补充。静态代码分析一般是用自动化工具或者平台在日常进行扫描和监测。

德国飞机涡轮机的发明者帕布斯·海恩提出的一个关于飞行安全的法则中指出，每一起严重事故的背后，必然有 29 次轻微事故和 300 起未遂先兆以及 1000 起事故隐患。将其应用于软件开发中，则是如果项目中的代码混乱不堪，必然会在某个时刻暴露大量问题，最终可能导致严重的生产事故。

静态代码分析的目的就是通过扫描等手段发现代码中一些通用的问题，或者找出违反编码、安全规范的代码。常见的扫描工具如下。

- Checkstyle：Java 代码风格扫描。
- FindBugs：从代码模式上发现潜在的问题。
- ArchUnit：架构规范扫描，验证软件包的组织合理性。
- OWASP Dependency-Check：对依赖的第三方软件和库进行检查，确认是否存在安全风险。

除此之外，市面上还有一些其他的扫描工具，比如 PMD、Fortify SCA 等。

1.2.6 安全测试

安全测试是指对系统安全性进行验证的一类测试。安全测试针对的是病毒植入、端口扫描、DoS 攻击、SQL 注入攻击、CSRF 攻击、XSS 攻击、越权、认证绕过、金额篡改等安全问题。

由于互联网项目会将用户信息暴露到公网上，因此近些年来企业对安全测试的要求更高了，数据隐私、威胁建模也都被包含在安全测试的领域里。

- 数据隐私是指软件系统在使用用户信息时，需要符合当地的法律法规，且应尽力保护用户的隐私数据。
- 威胁建模是指通过一些建模工具来分析软件会受到哪些方面的安全威胁，并制定相应的预防策略。STRIDE 是常用的威胁模型，它包含欺骗、篡改、否认、信息泄露、DoS 威胁、特权提升 6 个方面，从这些方面可以结构化地制定应对措施。

在一些大的团队中，安全测试往往由专门的安全专家进行或者给予指导。没有条件的则由开发人员和测试人员共同完成。

1.2.7 性能测试

性能测试是指针对软件性能指标进行的测试。性能测试包括软件响应速度和用户容量等内容。

响应速度代表用户使用软件时的等待时间。对于一些常规操作而言，等待时间越长，用户体验越差。对 Web 程序来说，一般页面的加载时间不应超过 2 秒，否则会造成大量的用户流失。

用户容量指的是有多少用户能同时使用该软件。单机软件对用户容量的要求不高，但在互联网项目中，对用户容量有很高的要求，因此性能测试需要涵盖用户容量指标。性能测试中有一种负载测试，可通过模拟用户递增的方式找出系统的最大容量，以及验证系统是否能通过增加服务的方式水平扩容。

性能测试工具包括 JMeter、AB 和 K6 等。JMeter、AB 都是 Apache 基金会的产品，具有良好的使用口碑。K6 是一款新的性能测试工具，能使用 JavaScript 语法编写自动化的性能测试脚本，对 Web 程序相当友好。

1.3　测试用例设计入门

一般讲解测试的图书会将测试分为白盒测试和黑盒测试，并且会提供具体的测试用例设计方法，比如划分等价类、边界值分析法、场景法、因果图法和决策表法等。但是，对于大部分的开发人员来说是用不到这么多方法的，因此下面只介绍几种常用的方法。

设计测试用例的本质是将原本需要穷举的测试数据进行科学的归类、选择和划分，以期用最少的测试数据达到最佳的测试效果。

测试用例的设计遵循 MECE（Mutually Exclusive Collectively Exhaustive）原则，MECE 的中文意思是"相互独立，完全穷尽"。这是一种拆解和分析问题的方法，来源于《金字塔原理》一书，能比较好地指导设计测试用例。相互独立的意思是拆分的测试用例没有交叉，完全穷尽是说拆分的问题需要覆盖所有的情况。比如下面这种情况就没有遵循 MECE 原则——在测试数据中把用户分为男性和学生。这两项的含义发生了重叠，这会浪费一次测试的机会。当然，MECE 是一种理想的情况，在测试过程中，很难完全实现。但是，我们可以尽可能地参考这个原则来设计测试用例，让每个测试用例都具有更高的性价比。

1.3.1　划分等价类

划分等价类这个概念其实来自数学的集合论，指的是可以将输入域的集合划分为几个等价子集。等价类中的各元素对于揭露程序中的错误来说是等效的。从划分合理的等价类中取出任意一条数据作为输入数据，均可获得同样的测试效果，这样就可以提高测试效率。

在同一个等价类中，只要有一条测试数据让软件出错，那么这个等价类中的其他数据往往也会让软件出错。

举一个例子，在一款支付软件中，正确的输入是数字，因此在输入其他诸如&、*、(这样的特殊字符或字母时，则会给予提示。那么，在这个例子中，输入&和 (就没什么区别，因此可以将它们视为同一个等价类。

如果正确的输入和错误的输入差异非常明显，那么就会形成天然的划分方式。一般情况下，我们将等价类分为有效等价类和无效等价类。

有效等价类是指对软件来说合理、有意义的输入数据的集合。一般来说，只需要设计一组有效等价类，但在特殊情况下可以设计多个。一些团队称有效等价类为正向测试。

无效等价类是指对软件来说不合理、无意义的输入数据的集合。相对于有效等价类来说，存在无效等价类的情况更多，需要将其进一步划分。无效等价类又被叫作反向测试。

等价类的划分有以下模式可以参考：

- 如果规定了输入数值的范围，可以设定一个有效等价类和两个无效等价类；
- 如果规定了输入数值的规则，可以设定一个符合规则的等价类和两个违反规则的等价类；
- 如果规定输入的数是一个整数，那么可以划分的等价类为负数、正整数、负整数和小数等；
- 如果规定输入的是一个字符串，那么可以划分的等价类为正确的字符串、空、空白字符串和超长字符串等。

下面来看一个通过划分等价类来设计测试用例的例子。

支付平台在处理用户的输入时，要求用户输入的金额 X 满足如下规则才能通过校验，否则提示错误。

1）用户只能输入大于 0 且小于或者等于 2000 的整数。

2）金额的最小单位是分。

经过分析得知，我们可以通过划分等价类来设计测试用例，如表 1-1 所示。

表 1-1 通过划分等价类来设计测试用例

用例	等价类型	X	预期
Case 1	有效等价类	$0<x<2000$，x 是整数	校验通过
Case 2	有效等价类	$x=2000$	校验通过
Case 3	有效等价类	$0<x<2000$，x 是两位小数	提示错误
Case 4	无效等价类	$x=0$	提示错误
Case 5	无效等价类	$x=-1$	提示错误
Case 6	无效等价类	$x=0.001$	提示错误
Case 7	无效等价类	$x=$张三	提示错误
Case 8	无效等价类	$x=$^&*^&	提示错误
Case 9	无效等价类	$x=$	提示错误

1.3.2 边界值分析法

边界值分析法是一种对等价类做出有效补充的测试方法。

边界值分析法是建立在业界共识上的，即软件的错误往往出现在输入、输出域的边界上，而不是输入、输出域的内部，因此在选择测试数据时，边界值比内部的数据更有价值。

依然使用前面的例子，程序在对用户的输入值进行检查时，检查的条件往往都是基于边界值设定的。伪代码如下。

```
if(input <= 0 || !isANumber(input) || input > 2000){
   throw new Exception("input error").
}
```

通过这段代码可以看出，0、2000 都是典型的边界值，数字和非数字字符之间也有一个边界，因为在计算机内部数字和非数字字符的编码值不同。

使用边界值分析法选择测试数据时，应当选取刚好等于、刚好大于和刚好小于的值作为输入值。

边界值分析法有以下 3 个模式可以参考：

- 如果规定了输入数值的范围，可以选择刚好等于、刚好大于和刚好小于的值；
- 如果规定输入的是一个集合，可以选择空集合、超出最大格式限制的集合和包含单个元素的集合；
- 使用规则的临界条件。比如"输入不为空的字符串"的临界值是不可见的字符串（空格、制表符等）。

1.3.3 场景法

前面介绍的几种测试用例的设计方法都是针对单次操作的，但软件往往需要进行多次操作，因此，我们还需要测试组合后的操作。

软件的流程控制是通过触发事件来完成的。单个事件的测试可以用前面介绍的方法来完成，多个事件则需要根据不同的顺序构建不同的事件流。我们将每个事件触发的情景称为场景。通过组合操作来设计测试用例，即为使用场景法。

根据事件组合而成的测试用例，也可以称为复合用例。执行复合用例，可以暴露大量的流程问题，提高测试效率。

如图 1-4 所示，场景法一般包含基本流和备选流。

图 1-4 中的直线表示基本流，是最简单的测试路径。曲线表示备选流，是在某个特定的条件下所发生的异常行为。备选流可以从基本流的任意节点开始，也可以回退、跳过基本流的节点。

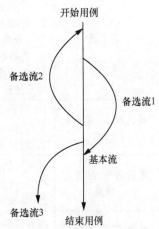

图 1-4 场景法示意图

场景法的基本操作方法如下。

1）根据业务规则画出基本流中所有的节点。

2）考虑每一个节点的异常情况，并画出异常节点。

3）让各节点基于可达性构成一个有向图。

4）对该图进行遍历，设计测试用例。

使用场景法的注意事项如下：

- 场景的划分和选择比较重要。软件涉及的场景可能比较多，需要从最重要的场景开始选择；
- 一个场景中可能会有多个用户，需要特别注意多个用户交替操作的情况；
- 设计场景时可以参考开发文档中的用例设计。

下面是使用场景法设计测试用例的案例。

需求说明如下。

一款收银机软件的设定是由收银员来操作系统。它采用的是不记座位模式（使用号牌），收银员可以进行点餐、下单、退菜、打单、结账等操作；后厨可以进行出菜操作。

如图 1-5 所示，我们可以根据上述需求来设计测试用例并进行测试。表 1-2 是使用场景法设计测试用例的说明。

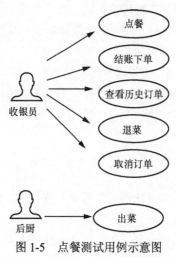

图 1-5　点餐测试用例示意图

表 1-2　使用场景法设计测试用例

名称	步骤
基本流	1. 收银员开始点餐，启动软件后，加载菜品列表，并显示详情页 2. 收银员选择菜品，并设定数量、口味等，确认菜品无误后进入下一步 3. 收银员收到用户费用后，进入下单打印界面，打印小票给后厨，同时打印账单给客户。收银员可以在结账后回到点餐状态，为下一次点餐做准备 4. 后厨看到小票开始做菜，出菜后由后厨确认出菜 5. 系统接收并确认某个订单的所有出菜信息后，标记订单完成。订单信息会留存下来，用于统计和对账
备选流 1：未结账回退	1. 收银员开始点餐，启动软件后，加载菜品列表，并显示详情页 2. 收银员确认菜品无误后，进入下单打印界面 3. 收银员可以选择返回上一步，软件记录之前选择的菜品
备选流 2：结账后退菜	顾客可能在点单后选择退菜，软件允许进行相应的操作 1. 完成基本流的前两个步骤 2. 从历史订单进入，选择退菜，这里只能选择未出菜的菜品
备选流 3：结账后取消订单	顾客可能在点单后选择取消订单，软件允许进行相应的操作 1. 完成基本流的前两个步骤 2. 从历史订单进入，选择取消订单，这里只能选择未出菜的订单

1.4　开发人员自测范围

前面介绍了测试工作的部分入门或者基础知识，对于开发人员来说，并不需要关注所有的测试任务。

开发人员需要关注的是一些与研发相关的测试，目的是降低将代码转测（将开发完的功能提交给测试人员进行测试）后的缺陷率。降低此缺陷率的收益是显而易见的，大公司往往会有这方面的要求，并且会将其直接用于绩效考核。转测失败或者在高测试环境中发现问题，非常不利于调试和解决问题，我们应尽可能地在开发环境中甚至在本地发现和解决问题，这可以大大提高开发效率。

不过，哪些质量保证的工作由开发人员来做，哪些由测试人员来做往往存在争议。最简单的一个法则就是白盒测试大部分由开发人员完成，黑盒测试大部分由测试人员来完成，最终的质量则由大家一起负责。图 1-6 给出了开发人员和测试人员的分工。

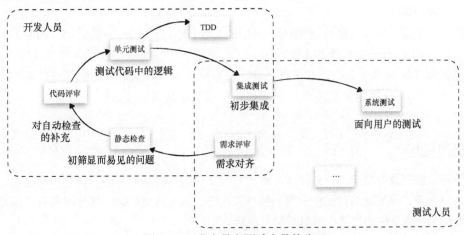

图 1-6 开发人员和测试人员的分工

根据测试金字塔的划分方式可知，一般单元测试、集成测试需要由开发人员自己完成，并且通常来说，这类自动化测试代码与业务代码是放在同一个仓库中的。下面介绍一下这样划分的考量和经验。

单元测试大量依赖模拟（Mock），编写单元测试用例时需要分析代码的分支结构，而且这部分测试会引用目标代码，因此测试代码需要和目标代码保持一致的技术栈，而这些只有开发人员自己最熟悉，所以开发人员编写这类测试用例的效率最高。一般来说，合格的开发人员都要会编写单元测试用例（这也是一些大厂的必备要求）。

在前面的定义中，集成测试是指针对单个模块、服务所进行的测试，进行集成测试往往需要启动应用上下文，这类测试关注的是单个 API 的能力。一般来说，开发人员以 API 为基本粒度来交付需求，这类测试用于保证 API 的功能正常，同时可以验收单个业务的质量。在测试人员足够多的情况下，可以让测试人员参与集成测试。

除单元测试和集成测试之外，开发人员还需要关注代码规范扫描和安全扫描。不过这类工作一般是公司测试人员部门统一配置、维护的。

一般来说，开发人员不仅仅要针对新功能进行测试，还要对其持续维护，而持续维护才是最重要的事情，因为软件产品发布之后，开发人员的大部分工作都是维护和改进。

值得注意的是，开发人员的自测任务往往不只是在编写新软件的时候加入，在重构、修复缺陷或进行数据迁移的时候也需要及时增加测试，下面详细说明这几个场景。

1.4.1　新交付的需求

对于新交付的需求，一般会让测试人员帮忙提前准备好单元测试和集成测试用例。

单元测试可以直接使用 JUnit 这类测试框架来实现。单元测试用例可以通过模拟依赖来实现，应尽量覆盖更多的分支。

集成测试可以使用 Spring MockMVC 这类测试框架来实现，它会通过启动应用来验证 API 的逻辑是否正确。由于集成测试的成本很高，编写复杂的测试用例会拖慢开发和测试的进度，因此，测试一个基本场景即可。

在此阶段，如果开发人员熟悉 TDD（测试驱动开发）也可以直接使用 TDD，即先编写测试再编写实现，不过 TDD 有一定的学习成本。

计算测试覆盖率时可以将单元测试和集成测试叠加计算。一般先通过集成测试快速运行一个主要流程，获得大部分的测试覆盖率，然后使用单元测试覆盖分支，进一步获得更高的测试覆盖率。

1.4.2　缺陷处理

修复缺陷后需要及时更新、补充测试，这一点很重要，目的是避免同类问题再次出现，或者在其他的场景中出现。修复缺陷时往往会写一些补丁代码，对于这类代码，其他同事可能很难理解，这时可以通过测试语义来描述其中难以理解的逻辑。

1.4.3　重构

进行重构时，需要先编写单元测试、API 测试或契约测试，保护源码不受破坏。重构的含义是在业务规则不变的情况下，改造或重新设计业务代码，提高业务代码的可维护性和质量。

可见，重构也是添加测试的重要时机。

1.4.4　数据迁移

数据迁移的结果验证是一件比较困难的事情，保证数据迁移的结果正确有两种方法。

一种方法是使用脚本迁移，可以用一些轻量级的 ETL（Extract-Transform-Load，提取-转换-加载）工具来完成相关工作。比如 Spring Batch 可以用 Java 语言编写迁移脚本，而且可以给这类脚本编写单元测试。注意，不要手动迁移数据。

另一种方法是编写简单的代码对结果进行校验。即使迁移脚本通过了单元测试，也有可能在运行时因配置错误而造成数据错误，因此可以编写一个简单的校验程序，统计迁移前后的数据或对数据逐行进行校验。

1.5　测试数据的构造和安全

在进行软件测试时，构造测试数据看似是一件小事，但是如果能通过高效的方式操作则可以节省大量的时间。有一些团队会直接使用生产环境中的真实数据进行测试，实际上这种做法违反了信息安全和合规要求，需要特别注意。我们可以使用相关工具来构造测试数据，这些数据是随机生成的，使用起来不仅高效，还避免了安全和合规风险。

1.5.1 高效构造测试数据

下面介绍如何使用一些工具和技巧来快速、高效地构造测试数据。

1. 构造通用文本数据

可能有部分开发人员深有体会，构造测试数据往往能榨干灵感，好在一些常见的测试数据可以通过一些开源工具来实现，比如 Faker 库，它是使用 Python、JavaScript 等脚本语言实现的。JavaScript 实现 Faker 库中的 faker.js 可以部署并运行在浏览器上，用于生成在线数据，它还可以随机生成一些用户信息，如图 1-7 所示。

图 1-7 随机生成用户信息

在需要的时候也可以将 faker.js 的 npm 包放到前端的代码库中使用。

2. 构造文件

我们有时需要构造不同大小的文件来完成测试，可是要找到大小刚好合适的文件和 MIME（Multipurpose Internet Mail Extensions，多用途互联网邮件扩展）类型来满足边界值并不是很容易。事实上，这可以通过 fakefilegenerator 网站来实现，它可以生成我们所需的文件类型和大小。

提示：可在文件的头部标明文件的类型，避免依赖文件的后缀名来识别文件类型。目前常见的文件类型会在 IANA 机构进行注册和管理。

如果只是想要构造空文件（不介意内容），可以使用命令快速实现。在 Linux 中，/dev/zero 文件是一个特殊的设备文件，它在被读取时会提供无限的空字符。我们可以通过 dd 命令复制/dev/zero 文件来构造新的文件。dd 命令的基本用法如下。

```
dd if=<输入文件> of=<输出文件> bs=<复制块大小> count=<复制次数>
```

如果需要生成 10 MB 大小的文件，可以使用下面的命令。

```
dd if=/dev/zero of=output.txt bs=1M count=10
```

在 Linux 中还有一个 truncate 命令，可以将文件任意缩小或扩大到指定的大小。

```
echo hello > test.txt
truncate -s 1024 test.txt
```

提示：在 macOS 下若要使用 truncate 命令，需要单独安装，可以使用 brew install truncate 命令快速安装。

Windows 通过 fsutil 命令来提供指定文件大小的空文件，示例如下。

```
fsutil file createnew <输出的文件名> <文件大小（字节）>
```

3. 构造图片

有时我们需要构造一些特定尺寸的图片，如何实现呢？有一些图片占位符网站提供了动态生成图片的服务，通过构造 URL 就可以获得合适的图片。

例如，在 placeholder 网站上，可以通过构造 URL 来生成满足尺寸、背景、文字等不同需求的图片。如图 1-8 至图 1-11 所示，在 URL 后面设置相关的参数即可构造出想要的图片。

图 1-8　构建正方形图片 　　　　图 1-9　构建矩形图片

图 1-10　修改背景色 　　　　图 1-11　增加文字

4. 高效文本操作

如果经常需要批量处理数据，可通过批量的文本操作来实现，这可以大大节省我们的时间和缩小工作量。支持批量操作的编辑器非常多，这里以 Sublime 为例，说明批量编辑器的使用方法。

Sublime 可以使用多光标功能批量进行数据操作，很方便，以下面这段文本为例。

```
逍遥游
齐物论
养生主
人间世
德充符
大宗师
应帝王
```

如果需要为上述文本去除换行，并且为每个词增加引号，那么在 Sublime 编辑器中，我们可以先全选，再使用快捷键 Ctrl + Shift + L 获得每行的光标，然后使用 Ctrl+ 左导航键移动光标至行首，最后通过编辑来实现。

提示： 在 macOS 中，一般 Ctrl 键由 Command 代替。

在 Sublime 中还有一个非常有用的选中功能。如果一个文本中出现了重复多次的字符串，那么可以选中其中一个字符串，然后按下快捷键 Ctrl + D，这样就可以拓展选中下一个相同的字符串，也就可以快速批量编辑选中的重复字符串。

与快捷键 Ctrl + D 相似的一组快捷键是 Alt + F3，选中文本按下该快捷键，可以一次性选择文本中出现的所有相同文本，并同时进行编辑。此快捷键也可以选中换行符，我们可以使用这种方法快速替换相同的字符串和换行符。

1.5.2　测试数据的安全

由于在测试过程中，数据的管理没有生产环境严格，因此可能存在一定的数据安全风险，尤其是在金融、银行、军工等重要领域，因此我们需要注意对测试数据做一些保护和管理，以及了解一些与数据保护相关的法律法规。

1. 信息泄露风险

有一些团队会直接使用生产环境中的数据作为测试数据，实际上这并不太合适，虽然一些棘手的缺陷需要使用生产环境中的数据来重现，但是这不应该作为一种常态化的操作方法。生产环境中的数据需要与非生产环境的严格隔离，并且需要采取必要的权限管理措施，比如对测试数据进行脱敏。

测试数据脱敏主要有三种方式——删除、置换和漂白。

删除是指将测试数据中的部分或者全部敏感信息去除，删除后的数据是原来数据的子集。置换是指将敏感数据进行替换或者掩码处理，比如使用特殊的符号抹掉部分信息等。漂白是指通过特定算法将原来的敏感信息进行加工和处理，虽然数据发生了变化，但是特征未变，还是能作为测试数据使用（比如随机生成一个新的身份证号码）。

由于数据脱敏具有特殊性，因此很多公司会通过专门的部门来完成。从实现上来看，数据脱敏又可以分为静态脱敏和动态脱敏。静态脱敏是指需要使用测试数据时才人工地从数据源中获取、处理数据；而动态脱敏是指通过脱敏服务进行数据采集，然后经过脱敏算法加工，再分发给使用方。使用方不仅可以将数据用于测试，也可以将数据用于业务侧导出、报送审批、存档等流程。

2. 信息数据保护法规

哪些数据属于敏感信息，又应该如何管理呢？一般可以参考相关的法律法规，以及行业监管部门的要求。

2018 年 5 月 25 日，欧洲联盟出台《通用数据保护条例》，用于欧盟内部的数据管理。《中华人民共和国个人信息保护法》是我国于 2021 年 11 月 1 日施行的关于个人信息安全的首部法律。该法律规定了个人信息处理者有义务对个人信息进行分类、加密处理，并规定了敏感信息的范围和处理规则。

1.6　小结

本章介绍了测试工作的基础知识、测试的基本概念，以及可以用于团队沟通的基本术语等。其中，测试金字塔和测试策略的使用需要在团队中达成一致，只有让团队成员一同为最终的质量负责，才能产出高质量的软件产品。

对于开发人员来说，测试用例的设计不需要用到过于复杂的技巧，在编写单元测试用例时，往往只需要使用边界值和等价类划分方法即可；在编写 API 测试用例时，可以适当使用场景法。

本章的概念较多，这些概念是后续内容的铺垫，从下一章开始将逐步介绍更多与实践相关的内容。

第 2 章

代码评审

在软件开发过程中，除了可以从功能角度发现问题，还可以通过代码评审发现一些显而易见的问题，做好这部分工作带来的收益甚至比测试人员手工测试还高。

在实践中，对代码进行评审可以从如下三个层面把控：

- 静态代码分析；
- 每日代码评审；
- 代码合入请求。

静态代码分析是指在代码提交时使用工具自动扫描，或者在流水线中让构建服务器代为扫描。一般来说，大公司会有专门的部门采购各种代码分析工具，开发人员可以从代码风格、潜在的缺陷、合规和安全等方面系统地检查代码中存在的问题。扫描不合格的代码不予发布，避免为产品带来潜在的风险。

每日代码评审是指团队每日一起评审当日或前一日的代码，一般在下午下班前进行，时间需要控制在 30～60 分钟。每日代码评审除了可以用于提高代码质量，还可以用于团队的技术交流和问题沟通，毕竟大家工作在同一个代码仓库里。代码评审一般由人工完成，可以使用 Git、GitLab、IntelliJ IDEA 等工具。代码评审作为静态代码分析的补充方法，一般不会涉及已经被静态代码分析所覆盖的内容。

代码合入请求是指在必要时通过合入请求来合入代码。具体合入方式取决于团队使用的 Git 工作流，一般敏捷团队会使用主干开发的方式。在一个新的迭代开启后，团队会在主干上开发、提交代码，并且会在发布的时候创建一个 Release 分支来冻结代码。代码冻结后，如果还有缺陷需要修复，为了保证测试的可靠性，避免多次全量回归，就会通过合入请求来合入代码。

上述每一个层面都有不同的价值，它们不仅可以合理管理代码质量，还能做到不打扰开发人员的日常工作，不增加额外的负担。

本章将围绕上述三个层面展开，涵盖的内容如下：

- 常见的静态代码分析工具；
- 代码评审的方法和实践；

- Git 工作流。

2.1 常用的静态代码分析工具

大的公司在进行静态代码分析时，一般会使用一些定制化的工具或者平台。对于中小团队来说，可以选用下面四种开源的静态代码分析工具。

- Checkstyle：可以用于检查代码风格，例如代码的缩进、每行的最大长度、换行等规范问题。
- ArchUnit：可以用于检查代码的分层关系，避免出现不合理的代码依赖关系，比如循环引用等。
- FindBugs：可以用于检查潜在的缺陷，例如打开的文件没有关闭、潜在的内存泄漏风险等。
- OWASP Dependency-Check：可以用于检查引入的第三方代码包是否有公开的漏洞等。

这些工具基本都有 IDE 插件，IDE 插件的使用比较简单，不需要过多介绍，如果希望将其集成到构建过程中，则需要使用相应的配置。海外的 Java 项目一般使用 Gradle（一种构建工具，与 Maven 类似），国内的 Java 项目则使用 Maven 较多。

下面以使用 Maven 为例，介绍一下如何配置上述静态代码分析工具，并给出各个配置项的含义。本章的代码示例都是通过 Maven 多模块实现的，这里也推荐使用 IntelliJ IDEA 作为开发工具，它是业界公认的优秀 Java 开发工具。

本节的示例代码可以在 Git 仓库 https://github.com/java-self-testing/java-self-testing-example 中下载。

2.1.1 Checkstyle

Checkstyle 是一款 Java 静态代码分析工具，可帮助程序员编写符合编码规范的 Java 代码。它会自动完成检查，避免程序员手工做这些琐碎的事情。

Checkstyle 自带了 Sun 公司和谷歌公司的 Java 代码配置文件，我们可基于此定义适合自己团队的代码规范。我们可以通过 IDEA 插件、Maven、Gradle 等不同的工具和平台来运行 Checkstyle，如果有错误，Checkstyle 会中断构建并提供友好的报告。

1. 在 Maven 中使用 Checkstyle

创建一个 Maven 模块，在 Pom 文件中添加如代码清单 2-1 所示的配置。

代码清单 2-1　Checkstyle 中的 Pom 配置

```
<properties>
    <project.build.sourceEncoding>UTF-8</project.build.sourceEncoding>
</properties>

<build>
    <plugins>
        <plugin>
```

```
            <groupId>org.apache.maven.plugins</groupId>
            <artifactId>maven-checkstyle-plugin</artifactId>
            <version>3.1.2</version>
            <dependencies>
                <!--Checkstyle plugin 使用的 Checkstyle 库，可以自定义此库的版本-->
                <dependency>
                    <groupId>com.puppycrawl.tools</groupId>
                    <artifactId>checkstyle</artifactId>
                    <version>8.40</version>
                </dependency>
            </dependencies>
            <executions>
                <!--加入到 maven 的构建生命周期中去-->
                <execution>
                    <id>checkstyle</id>
                    <phase>validate</phase>
                    <goals>
                        <goal>check</goal>
                    </goals>
                    <configuration>
                        <failOnViolation>true</failOnViolation>
                    </configuration>
                </execution>
            </executions>
        </plugin>
    </plugins>
</build>
```

配置完成后，可以直接使用 Maven 命令检查代码风格。

```
mvn checkstyle:check
```

2. 自定义代码风格检查规则

Checkstyle 默认的风格可能会与我们日常开发习惯的风格不相符，直接使用可能会导致在日常的开发过程中 IDE 格式化的结果和 Checkstyle 冲突、默认的参数过于苛刻等问题。虽然可以将 Checkstyle 的配置文件导入 IDE 格式化器的相关配置中，但如果有新同事加入，则又需要额外配置。所以，我们一般都会对 Checkstyle 默认的配置文件做一些修改，使其适合自己团队的风格。

在 Maven 的 Pom 文件中，通过 checkstyle.config.location 属性可以配置一个 XML 文件来定制 Checkstyle 规则，具体参考如下代码。

```
<properties>
    <project.build.sourceEncoding>UTF-8</project.build.sourceEncoding>
    <!--自定义的配置文件，相对于 Pom 文件的路径-->
    <checkstyle.config.location>checkstyle/checkstyle.xml</checkstyle.config.location>
</properties>
```

我们在实际项目中通常都需要定制上述规则，代码清单 2-2 为自定义 Checkstyle 规则的配置文件。

代码清单 2-2 自定义 Checkstyle 规则的配置文件

```xml
<?xml version="1.0"?>
<!DOCTYPE module PUBLIC
        "-//Checkstyle//DTD Checkstyle Configuration 1.3//EN"
        "https://checkstyle.org/dtds/configuration_1_3.dtd">
<module name = "Checker">
    <property name="charset" value="UTF-8"/>

    <!--违规级别，用于提示构建工具，如果是 error 级别会让构建失败-->
    <property name="severity" value="warning"/>

    <!--扫描的文件类型-->
    <property name="fileExtensions" value="java, properties, xml"/>
    <!-- Excludes all 'module-info.java' files -->
    <!-- See https://checkstyle.org/config_filefilters.html -->
    <!-- 排除 'module-info.java' 模块描述文件 -->
    <module name="BeforeExecutionExclusionFileFilter">
        <property name="fileNamePattern" value="module\-info\.java$"/>
    </module>
    <!-- https://checkstyle.org/config_filters.html#SuppressionFilter -->
    <!--定义忽略规则的文件位置-->
    <module name="SuppressionFilter">
        <property name="file" value="${org.checkstyle.google.suppressionfilter.config}"
                default="checkstyle-suppressions.xml" />
        <property name="optional" value="true"/>
    </module>

    <!-- Checks for whitespace -->
    <!-- See http://checkstyle.org/config_whitespace.html -->
    <!--检查文件空白制表字符-->
    <module name="FileTabCharacter">
        <property name="eachLine" value="true"/>
    </module>

    <!--检查单行长度，原规则中单行长度为 100，但是往往不够用，所以会设置得长一点-->
    <module name="LineLength">
        <property name="fileExtensions" value="java"/>
        <property name="max" value="160"/>
        <property name="ignorePattern" value="^package.*|^import.*|a href|href|http://
        |https://|ftp://"/>
    </module>

    <!--检查 Java 源代码语法树-->
    <module name="TreeWalker">
        <!--检查类型和文件名是否匹配，类名和文件名需要对应-->
        <module name="OuterTypeFilename"/>
        <!--检查不合规的文本，考虑使用特殊转义序列来代替八进制值或 Unicode 值-->
        <module name="IllegalTokenText">
            <property name="tokens" value="STRING_LITERAL, CHAR_LITERAL"/>
            <property name="format"
```

```
                     value="\\u00(09|0(a|A)|0(c|C)|0(d|D)|22|27|5(C|c))|\\(0(10|11|12|
                     14|15|42|47)|134)"/>
        <property name="message"
                  value="Consider using special escape sequence instead of octal
                  value or Unicode escaped value."/>
    </module>
    <!--避免使用 Unicode 转义-->
    <module name="AvoidEscapedUnicodeCharacters">
        <property name="allowEscapesForControlCharacters" value="true"/>
        <property name="allowByTailComment" value="true"/>
        <property name="allowNonPrintableEscapes" value="true"/>
    </module>
    <!--避免在 import 语句中使用 * -->
    <module name="AvoidStarImport"/>
    <!--每个文件中只允许有一个顶级类-->
    <module name="OneTopLevelClass"/>
    <!--该类语句不允许换行-->
    <module name="NoLineWrap">
        <property name="tokens" value="PACKAGE_DEF, IMPORT, STATIC_IMPORT"/>
    </module>
    <!--检查空块-->
    <module name="EmptyBlock">
        <property name="option" value="TEXT"/>
        <property name="tokens"
                  value="LITERAL_TRY, LITERAL_FINALLY, LITERAL_IF, LITERAL_ELSE,
                  LITERAL_SWITCH"/>
    </module>
    <!--检查代码块周围的大括号，这些大括号不允许省略-->
    <module name="NeedBraces">
        <property name="tokens"
                  value="LITERAL_DO, LITERAL_ELSE, LITERAL_FOR, LITERAL_IF, LITERAL_
                  WHILE"/>
    </module>
    <!--检查代码块中左花括号的位置-->
    <module name="LeftCurly">
        <property name="tokens"
                  value="ANNOTATION_DEF, CLASS_DEF, CTOR_DEF, ENUM_CONSTANT_DEF, ENUM_DEF,
                  INTERFACE_DEF, LAMBDA, LITERAL_CASE, LITERAL_CATCH, LITERAL_DEFAULT,
                  LITERAL_DO, LITERAL_ELSE, LITERAL_FINALLY, LITERAL_FOR, LITERAL_IF,
                  LITERAL_SWITCH, LITERAL_SYNCHRONIZED, LITERAL_TRY, LITERAL_WHILE,
                  METHOD_DEF, OBJBLOCK, STATIC_INIT, RECORD_DEF, COMPACT_CTOR_DEF"/>
    </module>
    <!--检查代码块中右花括号的位置-->
    <module name="RightCurly">
        <property name="id" value="RightCurlySame"/>
        <property name="tokens"
                  value="LITERAL_TRY, LITERAL_CATCH, LITERAL_FINALLY, LITERAL_IF,
                  LITERAL_ELSE, LITERAL_DO"/>
    </module>
    <!--检查代码块中右花括号的位置，它必须单独一行-->
    <module name="RightCurly">
```

```
                <property name="id" value="RightCurlyAlone"/>
                <property name="option" value="alone"/>
                <property name="tokens"
                        value="CLASS_DEF, METHOD_DEF, CTOR_DEF, LITERAL_FOR, LITERAL_
                        WHILE, STATIC_INIT, INSTANCE_INIT, ANNOTATION_DEF, ENUM_DEF,
                        INTERFACE_DEF, RECORD_DEF,
                    COMPACT_CTOR_DEF"/>
        </module>
        <module name="SuppressionXpathSingleFilter">
            <!-- suppresion is required till https://github.com/checkstyle/checkstyle/
            issues/7541 -->
            <property name="id" value="RightCurlyAlone"/>
            <property name="query" value="//RCURLY[parent::SLIST[count(./*)=1]
                                or preceding-sibling::*[last()][self::LCURLY]]"/>
        </module>
        <!--检查关键字后面的空格-->
        <module name="WhitespaceAfter">
            <property name="tokens"
                        value="COMMA, SEMI, TYPECAST, LITERAL_IF, LITERAL_ELSE,
                        LITERAL_WHILE, LITERAL_DO, LITERAL_FOR, DO_WHILE"/>
        </module>
        <!--检查关键字是否被空格包围，比如空构造函数-->
        <module name="WhitespaceAround">
            <property name="allowEmptyConstructors" value="true"/>
            <property name="allowEmptyLambdas" value="true"/>
            <property name="allowEmptyMethods" value="true"/>
            <property name="allowEmptyTypes" value="true"/>
            <property name="allowEmptyLoops" value="true"/>
            <property name="ignoreEnhancedForColon" value="false"/>
            <property name="tokens"
                        value="ASSIGN, BAND, BAND_ASSIGN, BOR, BOR_ASSIGN, BSR, BSR_ASSIGN, BXOR,
                        BXOR_ASSIGN, COLON, DIV, DIV_ASSIGN, DO_WHILE, EQUAL, GE, GT, LAMBDA, LAND,
                        LCURLY, LE, LITERAL_CATCH, LITERAL_DO, LITERAL_ELSE, LITERAL_FINALLY,
                        LITERAL_FOR, LITERAL_IF, LITERAL_RETURN, LITERAL_SWITCH, LITERAL_
                        SYNCHRONIZED, LITERAL_TRY, LITERAL_WHILE, LOR, LT, MINUS, MINUS_ASSIGN,
                        MOD, MOD_ASSIGN, NOT_EQUAL, PLUS, PLUS_ASSIGN, QUESTION, RCURLY, SL,
                        SLIST, SL_ASSIGN, SR,
                        SR_ASSIGN, STAR, STAR_ASSIGN, LITERAL_ASSERT, TYPE_EXTENSION_AND"/>
            <message key="ws.notFollowed"
                        value="WhitespaceAround: ''{0}'' is not followed by whitespace.
                        Empty blocks may only be represented as '{}' when not part of a multi-
                        block statement (4.1.3)"/>
            <message key="ws.notPreceded"
                        value="WhitespaceAround: ''{0}'' is not preceded with whitespace."/>
        </module>
        <!--检查每行是否只有一个语句-->
        <module name="OneStatementPerLine"/>
        <!--避免连续定义和换行定义变量，每个变量都需要在自己的行中单独定义-->
        <module name="MultipleVariableDeclarations"/>
        <!--检查数组类型风格-->
        <module name="ArrayTypeStyle"/>
```

```xml
<!--检查 switch，必须有 default 子句-->
<module name="MissingSwitchDefault"/>
<!--检查 switch 语句，如果其中的 case 子句有代码，必须使用 break 语句或抛出异常-->
<module name="FallThrough"/>
<!--检查常量是否用大写定义-->
<module name="UpperEll"/>
<!--检查修饰符的顺序-->
<module name="ModifierOrder"/>
<!--检查空行，必要的地方需要空行-->
<module name="EmptyLineSeparator">
    <property name="tokens"
              value="PACKAGE_DEF, IMPORT, STATIC_IMPORT, CLASS_DEF, INTERFACE_
              DEF, ENUM_DEF, STATIC_INIT, INSTANCE_INIT, METHOD_DEF, CTOR_
              DEF, VARIABLE_DEF, RECORD_DEF, COMPACT_CTOR_DEF"/>
    <property name="allowNoEmptyLineBetweenFields" value="true"/>
</module>
<!--定义一些不允许换行的关键字，比如点、逗号等-->
<module name="SeparatorWrap">
    <property name="id" value="SeparatorWrapDot"/>
    <property name="tokens" value="DOT"/>
    <property name="option" value="nl"/>
</module>
<module name="SeparatorWrap">
    <property name="id" value="SeparatorWrapComma"/>
    <property name="tokens" value="COMMA"/>
    <property name="option" value="EOL"/>
</module>
<module name="SeparatorWrap">
    <!-- ELLIPSIS is EOL until https://github.com/google/styleguide/issues/259 -->
    <property name="id" value="SeparatorWrapEllipsis"/>
    <property name="tokens" value="ELLIPSIS"/>
    <property name="option" value="EOL"/>
</module>
<module name="SeparatorWrap">
    <!-- ARRAY_DECLARATOR is EOL until https://github.com/google/styleguide/
    issues/258 -->
    <property name="id" value="SeparatorWrapArrayDeclarator"/>
    <property name="tokens" value="ARRAY_DECLARATOR"/>
    <property name="option" value="EOL"/>
</module>
<module name="SeparatorWrap">
    <property name="id" value="SeparatorWrapMethodRef"/>
    <property name="tokens" value="METHOD_REF"/>
    <property name="option" value="nl"/>
</module>
<!--检查包名称是否符合规则-->
<module name="PackageName">
    <property name="format" value="^[a-z]+(\.[a-z][a-z0-9]*)*$"/>
    <message key="name.invalidPattern"
             value="Package name ''{0}'' must match pattern ''{1}''."/>
</module>
```

```xml
<!--检查类型名称是否符合规则-->
<module name="TypeName">
    <property name="tokens" value="CLASS_DEF, INTERFACE_DEF, ENUM_DEF,
            ANNOTATION_DEF, RECORD_DEF"/>
    <message key="name.invalidPattern"
            value="Type name ''{0}'' must match pattern ''{1}''."/>
</module>
<!--检查实例成员变量是否符合规则-->
<module name="MemberName">
    <property name="format" value="^[a-z][a-z0-9][a-zA-Z0-9]*$"/>
    <message key="name.invalidPattern"
            value="Member name ''{0}'' must match pattern ''{1}''."/>
</module>
<!--检查参数名称是否符合规则-->
<module name="ParameterName">
    <property name="format" value="^[a-z]([a-z0-9][a-zA-Z0-9]*)?$"/>
    <message key="name.invalidPattern"
            value="Parameter name ''{0}'' must match pattern ''{1}''."/>
</module>
<!--检查 Lambda 名称是否符合规则-->
<module name="LambdaParameterName">
    <property name="format" value="^[a-z]([a-z0-9][a-zA-Z0-9]*)?$"/>
    <message key="name.invalidPattern"
            value="Lambda parameter name ''{0}'' must match pattern ''{1}''."/>
</module>
<!--检查 catch 参数名称是否符合规则-->
<module name="CatchParameterName">
    <property name="format" value="^[a-z]([a-z0-9][a-zA-Z0-9]*)?$"/>
    <message key="name.invalidPattern"
            value="Catch parameter name ''{0}'' must match pattern ''{1}''."/>
</module>
<!--检查本地变量名称是否符合规则-->
<module name="LocalVariableName">
    <property name="format" value="^[a-z]([a-z0-9][a-zA-Z0-9]*)?$"/>
    <message key="name.invalidPattern"
            value="Local variable name ''{0}'' must match pattern ''{1}''."/>
</module>
<module name="PatternVariableName">
    <property name="format" value="^[a-z]([a-z0-9][a-zA-Z0-9]*)?$"/>
    <message key="name.invalidPattern"
            value="Pattern variable name ''{0}'' must match pattern ''{1}''."/>
</module>
<!--检查类的类型参数(泛型)名称是否符合规则-->
<module name="ClassTypeParameterName">
    <property name="format" value="(^[A-Z][0-9]?)$|([A-Z][a-zA-Z0-9]*[T]$)"/>
    <message key="name.invalidPattern"
            value="Class type name ''{0}'' must match pattern ''{1}''."/>
</module>
<!--检查字段（record 为 Java 新特性）名称是否符合规则-->
<module name="RecordComponentName">
    <property name="format" value="^[a-z]([a-z0-9][a-zA-Z0-9]*)?$"/>
```

```
            <message key="name.invalidPattern"
                      value="Record component name ''{0}'' must match pattern ''{1}''."/>
    </module>
    <!--检查字段（record 为 Java 新特性）类型名称是否符合规则-->
    <module name="RecordTypeParameterName">
        <property name="format" value="(^[A-Z][0-9]?)$|([A-Z][a-zA-Z0-9]*[T]$)"/>
        <message key="name.invalidPattern"
                      value="Record type name ''{0}'' must match pattern ''{1}''."/>
    </module>
    <!--检查方法类型参数名称是否符合规则-->
    <module name="MethodTypeParameterName">
        <property name="format" value="(^[A-Z][0-9]?)$|([A-Z][a-zA-Z0-9]*[T]$)"/>
        <message key="name.invalidPattern"
                      value="Method type name ''{0}'' must match pattern ''{1}''."/>
    </module>
    <!--检查接口类型参数名称是否符合规则-->
    <module name="InterfaceTypeParameterName">
        <property name="format" value="(^[A-Z][0-9]?)$|([A-Z][a-zA-Z0-9]*[T]$)"/>
        <message key="name.invalidPattern"
                      value="Interface type name ''{0}'' must match pattern ''{1}''."/>
    </module>
    <!--不允许定义无参的 finalize 方法-->
    <module name="NoFinalizer"/>
    <!--检查尖括号的空白字符是否符合规则-->
    <module name="GenericWhitespace">
        <message key="ws.followed"
                      value="GenericWhitespace ''{0}'' is followed by whitespace."/>
        <message key="ws.preceded"
                      value="GenericWhitespace ''{0}'' is preceded with whitespace."/>
        <message key="ws.illegalFollow"
                      value="GenericWhitespace ''{0}'' should followed by whitespace."/>
        <message key="ws.notPreceded"
                      value="GenericWhitespace ''{0}'' is not preceded with whitespace."/>
    </module>
    <!--检查缩进规则-->
    <module name="Indentation">
        <property name="basicOffset" value="2"/>
        <property name="braceAdjustment" value="2"/>
        <property name="caseIndent" value="2"/>
        <property name="throwsIndent" value="4"/>
        <property name="lineWrappingIndentation" value="4"/>
        <property name="arrayInitIndent" value="2"/>
    </module>
    <!--检查是否以大写字母作为缩写的长度-->
    <module name="AbbreviationAsWordInName">
        <property name="ignoreFinal" value="false"/>
        <property name="allowedAbbreviationLength" value="0"/>
        <property name="tokens"
                      value="CLASS_DEF, INTERFACE_DEF, ENUM_DEF, ANNOTATION_DEF,
                      ANNOTATION_FIELD_DEF, PARAMETER_DEF, VARIABLE_DEF, METHOD_DEF,
                      PATTERN_VARIABLE_DEF, RECORD_DEF,
```

```
                            RECORD_COMPONENT_DEF"/>
    </module>
    <!--检查重写方法在类中的顺序-->
    <module name="OverloadMethodsDeclarationOrder"/>
    <!--检查变量声明与其第一次被使用之间的距离-->
    <module name="VariableDeclarationUsageDistance"/>
    <!--检查 import 语句的顺序-->
    <module name="CustomImportOrder">
        <property name="sortImportsInGroupAlphabetically" value="true"/>
        <property name="separateLineBetweenGroups" value="true"/>
        <property name="customImportOrderRules" value="STATIC###THIRD_PARTY_PACKAGE"/>
        <property name="tokens" value="IMPORT, STATIC_IMPORT, PACKAGE_DEF"/>
    </module>

    <!--检查方法名称和左括号之间的空格-->
    <module name="MethodParamPad">
        <property name="tokens"
                  value="CTOR_DEF, LITERAL_NEW, METHOD_CALL, METHOD_DEF,
                  SUPER_CTOR_CALL, ENUM_CONSTANT_DEF, RECORD_DEF"/>
    </module>
    <!--检查关键字前面的空格-->
    <module name="NoWhitespaceBefore">
        <property name="tokens"
                  value="COMMA, SEMI, POST_INC, POST_DEC, DOT,
                  LABELED_STAT, METHOD_REF"/>
        <property name="allowLineBreaks" value="true"/>
    </module>
    <!--检查括号前后是否需要空格-->
    <module name="ParenPad">
        <property name="tokens"
                  value="ANNOTATION, ANNOTATION_FIELD_DEF, CTOR_CALL, CTOR_DEF,
                  DOT, ENUM_CONSTANT_DEF, EXPR, LITERAL_CATCH, LITERAL_DO, LITERAL_
                  FOR, LITERAL_IF, LITERAL_NEW, LITERAL_SWITCH, LITERAL_SYNCHRONIZED,
                  LITERAL_WHILE, METHOD_CALL, METHOD_DEF, QUESTION, RESOURCE_
                  SPECIFICATION, SUPER_CTOR_CALL, LAMBDA,
                  RECORD_DEF"/>
    </module>
    <!--检查运算符换行的规则-->
    <module name="OperatorWrap">
        <!-- 操作符需要在新的一行-->
        <property name="option" value="NL"/>
        <property name="tokens"
                  value="BAND, BOR, BSR, BXOR, DIV, EQUAL, GE, GT, LAND, LE, LITERAL_
                  INSTANCEOF, LOR, LT, MINUS, MOD, NOT_EQUAL, PLUS, QUESTION, SL,
                  SR, STAR, METHOD_REF "/>
    </module>
    <!--检查注释位置规则,比如在类的定义中注释需要单独一行-->
    <module name="AnnotationLocation">
        <property name="id" value="AnnotationLocationMostCases"/>
        <property name="tokens"
                  value="CLASS_DEF, INTERFACE_DEF, ENUM_DEF, METHOD_DEF, CTOR_DEF,
```

```
                              RECORD_DEF, COMPACT_CTOR_DEF"/>
</module>
<!--检查注释位置规则，一行可以有多个变量定义注释-->
<module name="AnnotationLocation">
    <property name="id" value="AnnotationLocationVariables"/>
    <property name="tokens" value="VARIABLE_DEF"/>
    <property name="allowSamelineMultipleAnnotations" value="true"/>
</module>
<!--这部分是与注释相关的配置-->
<!--块注释中 @ 子句后面不能为空-->
<module name="NonEmptyAtclauseDescription"/>
<!--检查注释的位置，块注释必须在所有注释前面-->
<module name="InvalidJavadocPosition"/>
<!--检查注释是否统一缩进，必须统一缩进-->
<module name="JavadocTagContinuationIndentation"/>
<!--检查描述性注释，方法的块注释的第一行必须总结这个方法，一般我们会关闭此行-->
<!--       <module name="SummaryJavadoc">-->
<!--           <property name="forbiddenSummaryFragments"-->
<!--                     value="^@return the *|^This method returns |^A [{}@code [a-zA-
                        Z0-9]+[]}( is a )"/>-->
<!--       </module>-->
<!--检查注释段落，段落之间需要换行，另外使用了 <p> 标签不能有空格-->
<module name="JavadocParagraph"/>
<!--检查注释段落，块标签之前需要一个空格，比如 @return -->
<module name="RequireEmptyLineBeforeBlockTagGroup"/>
<!--检查注释段中落块标签的顺序 -->
<module name="AtclauseOrder">
    <property name="tagOrder" value="@param, @return, @throws, @deprecated"/>
    <property name="target"
              value="CLASS_DEF, INTERFACE_DEF, ENUM_DEF, METHOD_DEF, CTOR_DEF,
              VARIABLE_DEF"/>
</module>
<!--检查 public 方法的注释规则-->
<module name="JavadocMethod">
    <property name="scope" value="public"/>
    <property name="allowMissingParamTags" value="true"/>
    <property name="allowMissingReturnTag" value="true"/>
    <property name="allowedAnnotations" value="Override, Test"/>
    <property name="tokens" value="METHOD_DEF, CTOR_DEF, ANNOTATION_FIELD_DEF,
    COMPACT_CTOR_DEF"/>
</module>
<!--有一些方法可以忽略注释规则，例如带有 Override 注释的方法-->
<module name="MissingJavadocMethod">
    <property name="scope" value="public"/>
    <property name="minLineCount" value="2"/>
    <property name="allowedAnnotations" value="Override, Test"/>
    <property name="tokens" value="METHOD_DEF, CTOR_DEF, ANNOTATION_FIELD_DEF,
                    COMPACT_CTOR_DEF"/>
</module>
<!--检查方法是否提供注释的规则，这里必须提供 -->
<module name="MissingJavadocType">
```

```
            <property name="scope" value="protected"/>
            <property name="tokens"
                    value="CLASS_DEF, INTERFACE_DEF, ENUM_DEF,
                    RECORD_DEF, ANNOTATION_DEF"/>
            <property name="excludeScope" value="nothing"/>
        </module>
        <!--检查方法名是否符合规则-->
        <module name="MethodName">
            <property name="format" value="^[a-z][a-z0-9][a-zA-Z0-9_]*$"/>
            <message key="name.invalidPattern"
                    value="Method name ''{0}'' must match pattern ''{1}''."/>
        </module>
        <!--检查单行注释规则,单行注释不允许使用块中的标签-->
        <module name="SingleLineJavadoc"/>
        <!--检查空的 catch 块-->
        <module name="EmptyCatchBlock">
            <property name="exceptionVariableName" value="expected"/>
        </module>
        <!--检查注释代码之间的缩进-->
        <module name="CommentsIndentation">
            <property name="tokens" value="SINGLE_LINE_COMMENT, BLOCK_COMMENT_BEGIN"/>
        </module>
        <!-- https://checkstyle.org/config_filters.html#SuppressionXpathFilter -->
        <module name="SuppressionXpathFilter">
            <property name="file" value="${org.checkstyle.google.suppressionxpathfilter.
            config}"
                    default="checkstyle-xpath-suppressions.xml" />
            <property name="optional" value="true"/>
        </module>
    </module>
</module>
```

2.1.2　FindBugs

　　FindBugs 是一个开源工具,可用于对 Java 代码执行静态代码分析,其由马里兰大学的比尔·皮尤领导的团队研发,实现原理是对字节码进行扫描并进行模式识别。与 Checkstyle 不一样的是,FindBugs 会通过对代码的模式进行分析来发现潜在的 Bug 和安全问题,而 Checkstyle 只能作为检查代码风格的工具。虽然 FindBugs 和 Checkstyle 的部分功能重叠,但两者的定位明显不同。

　　FindBugs 中包含下面八种问题类型。

- Correctness:由开发人员疏忽造成的正确性问题,比如无限递归调用。
- Bad practice:代码中的一些坏做法,比如使用==对 String 做判定。
- Dodgy code:糟糕的代码,能工作但不是好的实现,比如冗余的流程控制。
- Multithreaded correctness:多线程和并发问题。
- Malicious code vulnerability:恶意代码漏洞。
- Security:安全问题。

- Experimental：经验性问题。
- Internationalization：国际化问题。

静态代码分析在一些公司的程序研发过程中是非常重要的环节，通常在提交代码后用于第一轮检查，如果发现存在问题，就不会走后面的发布流程。可见，静态代码分析是质量门禁的一部分。

在日常工作中，使用 FindBugs 检查并修复代码问题对个人技能的提升也有一定的帮助，能驱使开发人员在编写代码时有意识地规避一些潜在的问题。

FindBugs 有两种常用的使用方式，即作为 IntelliJ IDEA 的插件进行本地分析，或者作为 Maven、Gradle 的任务在构建过程中运行。下面以 IntelliJ IDEA 和 Maven 为例来讲解 FindBugs 的使用方法，然后给出相关的高频错误集合。

1. 使用 IntelliJ IDEA 的 FindBugs 插件

FindBugs 插件在 IntelliJ IDEA 早期的版本中是独立提供的，后来是作为 QAPlug 的一个模块提供的，因此在使用这个插件时需要先安装 QAPlug 这个静态代码分析工具。

QAPlug 提供了代码分析和扫描功能，并且集成了 PMD 等诸多模块。不过，使用这些模块需要同时安装 QAPlug 和 FindBugs 这两个插件，并且要在安装后重启。

通过 IntelliJ IDEA 首选项的插件市场即可安装 QAPlug 和 FindBugs，插件市场界面如图 2-1 所示。

图 2-1　插件市场界面

这两个插件的使用方法比较简单，参考图 2-2，直接在需要扫描的目录或者模块上点击右键，就会弹出代码分析菜单。

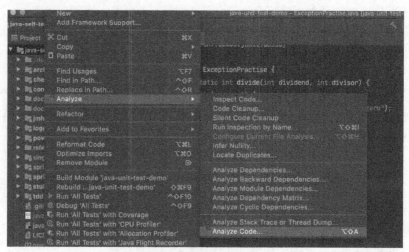

图 2-2　代码分析菜单

分析完以后，在底部面板中会弹出分析结果，分析结果如图 2-3 所示（结果可能会因为版本不同而有差异）。

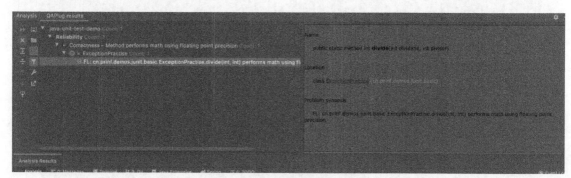

图 2-3　分析结果

2. 在 Maven 中使用 FindBugs 插件

想要在程序构建过程中使用 FindBugs 功能（如果存在问题可以让构建失败），可以使用 Maven FindBugs 插件来实现。

创建 Maven 项目后，在 Pom 文件的 build 块中添加 Maven FindBugs 插件即可启用 FindBugs 功能。

```
<plugin>
<groupId>org.codehaus.mojo</groupId>
<artifactId>findbugs-maven-plugin</artifactId>
<version>3.0.4</version>
<configuration>
    <effort>Max</effort>
```

```
        </configuration>
        <executions>
            <execution>
                <goals>
                    <goal>check</goal>
                </goals>
            </execution>
        </executions>
</plugin>
```

在 configuration 属性中,effort 参数较为常用,其含义是使用不同程度的算力进行分析。effort 参数有 max 和 min 这两个值,使用 max 意味着需要花费更多的内存和时间来找出更多的缺陷;使用 min 则会关闭一些需要花费更多时间和内存的分析项。如果发现运行过程中耗时严重,可以调整这个值。

其他参数及其配置方式可以参考 FindBugs 和 Maven FindBugs 插件的相关文档。

3. 高频错误集合

在前面的示例项目中,可能有开发人员已经找到了 findBugs 模块,在这个模块中展示了一些典型的代码质量问题,这些问题在日常工作中出现的频率较高。

(1)精度问题

计算机通过二进制无法完全表达某些小数,因此我们在使用小数进行数学运算时需要注意精度问题。示例如下。

```
private static void mathCalculate() {
    double number1 = 0.1;
    double number2 = 0.2;
    double number3 = 0.3;
    if (number1 + number2 == number3) {
        System.out.println("精度问题示例");
    }
}
```

(2)无限递归调用

要为递归程序设定基本的结束条件,否则它会一直运行下去,直到栈溢出。示例如下。

```
public class Person {
    private String name;
    public Person(String name) {
        this.name = name;
    }
    public String name() {
        return name();
    }
}
Person testPerson = new Person("test");
testPerson.name();
```

(3)空指针问题

Java 是完全面向对象的语言,因此我们在使用对象中的成员时需要注意对象是否存在。示例如下。

```java
private static void nullIssue() {
    String test = null;
    if (test != null || test.length() > 0) {
        System.out.println("空指针异常");
    }
    if (test == null && test.length() > 0) {
        System.out.println("相反的情况，导致空指针异常");
    }
}
```

（4）潜在的死锁问题

synchronized 是对象排他锁，而字符串的字面量是整个 JVM 共享的，因此容易造成死锁，但我们往往容易忽视这个问题。示例如下。

```java
private static final String lockField = "LOCK_PLACE_HOLDER";
private static void deadLock() {
    synchronized (lockField) {
        System.out.println("死锁问题");
    }
}
```

动态的死锁比较难扫描出来，在后面的内容中会专门讨论这个话题。

（5）忘记使用 throw 语句抛出异常

异常被创建后不使用 throw 语句抛出，编译器并不会报错，但是应该抛出的异常没有被抛出，则可能存在潜在的业务逻辑问题。示例如下。

```java
private static void noThrow() {
    boolean condition = false;
    if (condition) {
        // 忘记使用 throw 语句抛出一个异常，仅仅创建了
        new RuntimeException("Dissatisfied condition");
    }
}
```

（6）相等判定问题

对象是否相等需要根据具体的逻辑来判断，像基本类型一样根据运算符==来简单判定并不可靠。示例如下。

```java
private static void equalsString() {
    String sting1 = "test";
    String sting2 = "test";

    if (sting1 == sting2) {
        System.out.println("不安全的相等判定");
    }
}
```

（7）字符串循环拼接问题

字符串是不可变对象，若在代码中使用字符串循环拼接会导致代码性能低下。示例如下。

```java
private static void stringConcat() {
    String sting = "test";
```

```
        // 应该使用 String Builder
        for (int i = 0; i < 1000; i++) {
            sting += sting;
        }
    }
```

（8）返回值问题

有一些方法不会对参数本身做修改，因此需要通过接收返回值来实现业务逻辑，而这往往容易出现 Bug。示例如下。

```
private static void forgotReturnValue() {
    List<String> list = Arrays.asList("hello");
    // map 需要使用返回值
    list.stream().map(String::toUpperCase);
    String hello = "hello   ";
    // 字符串操作也需要返回值
    hello.trim();
}
```

（9）数组不使用迭代器删除元素

如果数组不使用迭代器删除元素，而是直接在 for 循环中删除，那么会触发 Concurrent-ModificationException。示例如下。

```
private static void arrayListRemoveException() {
    ArrayList<String> list = new ArrayList<>();

    // 直接在 for 循环中删除了元素
    for (String item : list) {
        list.remove(item);
    }
}
```

（10）资源关闭问题

Java 的垃圾回收器只负责处理内存回收，字节流、网络、文件和进程等相关资源都需要手动关闭。下面的示例代码中字节流需要手动关闭。

```
private static void forgotCloseStream() {
    ByteArrayOutputStream out = new ByteArrayOutputStream();
    ObjectOutputStream s = null;
    // 需要关闭流
    try {
        s = new ObjectOutputStream(out);
        s.writeObject(1);
    } catch (IOException e) {
        e.printStackTrace();
    }
}
```

（11）数据被截断

强制类型转换也存在潜在的 Bug，它会导致数据被截断。示例如下。

```
private static void objectCastIssue() {
    long number = 1000L;
    // 数据会被截断
    int number2 = (int) number;
}
```

上述问题都非常常见,通过 FindBugs 基本都可以找出来。可见,FindBugs 可以有效减少代码评审的压力。

2.1.3 ArchUnit

通过 Checkstyle 解决了代码风格问题,又使用 FindBugs 解决了基本的代码质量问题,现在还需要解决开发过程中的架构规范问题。

有足够经验的开发人员都知道,软件项目和架构极其容易"腐化"。如果没有很好地管控,无论是采用 MVC 模式的三层架构还是 DDD 模式的四层架构,代码的结构都会在几个月内变得混乱不堪。

我曾经接手过一个项目,它的依赖关系非常混乱。在这个项目中,开发人员常常将 API 参数的 Request、Response 等对象用于数据库、Redis 存储,这导致架构的下层完全依赖于上层结构。我不得不花费大量的时间和精力进行重构,并且在每日进行 Code Review 时不停地向项目成员强调包结构的重要性,以免新人因为不熟悉情况而随意放置代码。

事实上,可以让包结构检查成为自动化检查的一部分,从而节省团队技术经理的管理精力。ArchUnit 作为一个小型、简单和可扩展的开源 Java 测试库,可用于验证预定义的应用程序体系结构和约束关系,它通过包结构来测试程序结构是否合理。

在使用 ArchUnit 之前,我们需要讨论一下常见的包结构划分方式。因为微服务和单体系统下代码的背景不同,所以不同项目的包结构划分策略也会有所不同,这里以单体系统为例来说明。

1. 常见的 Java 工程的包结构

Java 工程中一般有两种组织代码的方式。一种是按照"大平层"的风格组织,即将同一类代码放到同一个包中;另一种是按照业务模块来组织,每个模块有自己的"大平层"。

另外,不同的代码也会有不同的层次划分方式。这里介绍两种,一种是 MVC 模式的三层结构,即 Controller、Service 和 Dao;另一种是 DDD 模式的四层结构,即 Interface、Application、Domain 和 Infrastructure。

提示:DDD 是领域驱动设计(Domain-driven design)的英文缩写,我们也将其作为 Eric Evans 在 2003 年出版的图书《领域驱动设计:软件核心复杂度的解决方法》的简称,该书提出了一种四层的软件分层结构。

上述两个维度包含以下 4 种包组织方式,下面一一说明。

(1)基于 MVC 模式实现大平层分包

这是一种最简单的分包方式,按照最初 MVC 模式的逻辑,业务应该写在 Controller 层中。基于 MVC 模式实现大平层分包的示意图如图 2-4 所示。在这里,一层一个包,即 Controller 层为 controller 包,Service 层为 service 包,Dao 层为 dao 包。随着前后端分离的发展,View 层消失了。在 Spring

Boot 等框架中，Controller 层使用 RESTful 的注解代替了 View 层，现在主流的做法为将业务写在 Service 层中。

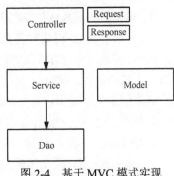

图 2-4 基于 MVC 模式实现大平层分包

为了保持架构整洁，在这种分包结构下有如下简单规则：

- 相同类型的文件放到相同的包中；
- 上层对象可以依赖下层对象，禁止反向依赖；
- Request 对象只能在 Controller 层中使用。为了保持 Service 层的复用性，不允许在 Service 层中引用 Controller 层的任何类；
- 不建议将 Model 直接用于接口的数据输出，而应该转换为特定的 Response 对象；
- 所有的文件名均需要使用包名作为结尾，例如 UserController、UserService、UserModel 和 UserDao 等。

这里还没有涉及枚举、远程调用和工厂等更为细节的包结构设计，可以继续按照需要拓展。

（2）基于 MVC 模式按照模块分包

大平层的分包方式在大多数项目中已经够用，但是对于一些复杂的项目，这种包结构会受到团队的质疑，这是因为业务很复杂时，每一个目录下的文件都会非常多。这时，可根据业务划分模块，一个模块一个包，每个模块下再设置单独的大平层结构。基于 MVC 模式按照模块分包的示意图如图 2-5 所示。

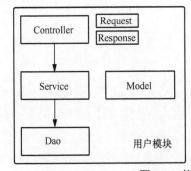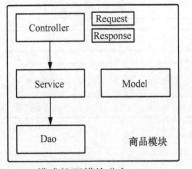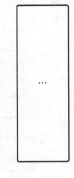

图 2-5 基于 MVC 模式按照模块分包

在规模较大、复杂的应用中按照模块分包，可以将单个开发人员的认知负担降低。虽然按照这种方式分包可以将各个业务模块分开，简化单个模块的开发复杂度，但是会让系统整体变复杂。我们在享受这种分包好处的同时，需要额外注意它带来的问题。例如用户模块的 Controller 层可以访问商品模块的 Service 层，商品模块的 Service 层又可以转而访问用户模块的 Dao 层，随着时间的流逝，虽然各个模块的文件看起来是分开的，但是业务依然会混乱。

为了解决这个问题，在使用这种分包方式时，除了需要遵守上面的规则，还需要额外增加如下规则。

- 跨模块访问时，不允许直接访问 Dao 层，而是应访问对方的 Service 层。
- 模块之间应该通过 Service 层互相访问，而不是通过表关联。

- 模块之间不允许存在循环依赖，如果产生循环依赖，应该重新设计。

（3）基于 DDD 模式实现大平层分包

MVC 模式的分包方式虽然能满足大部分项目的需求，但是对于越来越复杂的规模化应用来说，也有一定的局限性。例如，当我们的应用需要支持多个角色的操作时，MVC 模式就会带来一定的混乱。这里的角色不是指管理员和超级管理员那种仅仅是权限不同的角色，而是指管理员、用户、代理商等具有完全不同的操作逻辑和交互行为的人。

DDD 模式的四层结构的功能如下。

- Interface 层：用于屏蔽接口（比如 XML、WebSocket、JSON 等）之间的差异。
- Application 层：用于屏蔽应用之间的差异，即将用户的操作和管理员的操作区分开。
- Domain 层：用于复用业务逻辑。
- Infrastructure 层：一些基础设施，例如数据库、Redis、远程访问等。

从图 2-6 可以看到，基于 DDD 模式实现大平层分包时，包里的层结构和 MVC 模式的区别不算大，主要是将 Application 层和 Domain 层分离，并将 Domain 层的同类型代码放到了一起，使用规则也类似。

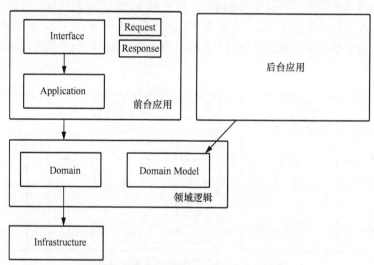

图 2-6　基于 DDD 模式实现大平层分包

（4）基于 DDD 模式按照模块分包

也可以基于 DDD 模式按照模块分包（如图 2-7 所示），这里的模块划分只会针对领域对象和领域服务进行，其中涉及一个术语——上下文。上下文也叫限界上下文，是 DDD 模式中对业务进行逻辑划分的一种方式。

需要注意的是，基于 DDD 模式按照模块分包并不是一股脑儿地将所有的 Controller 类、Service 类纳入某个模块中，这种做法会造成业务进一步混乱。它是将 Application 层和 Domain 层分开，再按照不同的逻辑进行拆分。

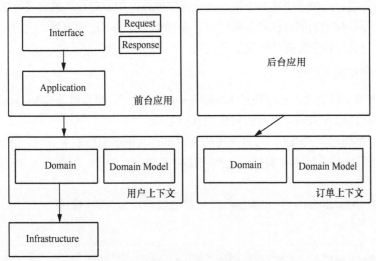

图 2-7 基于 DDD 模式按照模块分包

基于 DDD 模式按照模块分包时，需要遵守如下规则：

- 应用可依赖领域，领域不允许依赖应用；
- 上下文之间不允许存在循环依赖；
- 上下文之间的访问需要通过 Domain 层完成，不能直接调用对方的数据层。

以上四种分包方式虽然各有不同，但是相差不大。我们应该根据自己的业务情况来选择分包方式，如果简单的业务使用了较为复杂的包结构，会带来非常多的样板代码，降低开发效率。

考虑好分包方式后，我们就可以配置 ArchUnit 检查条件和约束规则了。后文将以基于 MVC 模式实现大平层分包为例，说明如何使用 ArchUnit 对包结构进行检查。当然，不使用 ArchUnit 也可以通过团队契约、多模块的项目设计对团队开发做一些约束。

2. ArchUnit 的原理

ArchUnit 利用反射和字节码技术获取所有包、类、字段等的信息，并通过特定的分析来确定对象之间的访问关系。ArchUnit 使用 ASM 分析字节码，代价是 ArchUnit 中很多规则的定义不是类型安全的。

ArchUnit 支持的检查如下：

- 包依赖检查；
- 类依赖检查；
- 类和包的位置约定检查；
- 继承检查；
- 分层依赖检查；
- 循环依赖检查（Spring 支持双向依赖往往会导致循环现象）。

ArchUnit 本身也是按照分层架构设计的，其 API 分为如下三层。

- Core：核心层，处理一些基本的类、字节码等操作，用于对导入的类进行断言。
- Lang：处理各种规则的语法和架构逻辑，并提供一些基本的检查器。
- Library：定义一些更为复杂的预定义规则。

3. ArchUnit 的使用入门

ArchUnit 的使用比较简单，可以通过 JUnit 的 Runner 运行，也可以通过 Maven、Gradle 等构建工具来运行。下面以 JUnit 为例，演示如何使用 ArchUnit。

ArchUnit 支持不同的测试框架，这里使用的是 JUnit 4（关于 JUnit，将在下一章介绍）。ArchUnit 更像是进行代码规范的检查而不是测试，虽然它使用了 JUnit 平台，但其实大家更愿意把它划分到静态代码分析中。

在 Maven 中使用 ArchUnit，首先需要添加相关的依赖，示例代码如下。

```
<dependency>
  <groupId>junit</groupId>
  <artifactId>junit</artifactId>
  <version>4.13</version>
  <scope>test</scope>
</dependency>
<dependency>
  <groupId>com.tngtech.archunit</groupId>
  <artifactId>archunit</artifactId>
  <version>0.14.1</version>
  <scope>test</scope>
</dependency>
```

在图 2-8 中准备了一个 Demo 应用，它有三个包和三个主要的类。

图 2-8　分层示例

我们可以使用下面的规则编写 ArchUnit 测试：

- Controller 层中的类不允许被 Service 层、Dao 层访问；
- 所有的类名必须使用当前的包名结尾。

然后在对应的测试目录下，编写一个测试类 ArchUnitTest，并添加一个测试用例来限制类名，所有 Controller 文件的名字必须以 Controller 结束。

```
@Test
public void file_name_should_end_with_package_name() {
    JavaClasses importedClasses = new ClassFileImporter().importPackages(this.
    getClass().getPackage().getName());
```

```
        classes().that().resideInAPackage("..controller")
                .should().haveSimpleNameEndingWith("Controller")
                .check(importedClasses);
        classes().that().resideInAPackage("..service")
                .should().haveSimpleNameEndingWith("Service")
                .check(importedClasses);
        classes().that().resideInAPackage("..dao")
                .should().haveSimpleNameEndingWith("Dao")
                .check(importedClasses);
}
```

在上述代码中，importedClasses 为被覆盖的范围。ArchUnit 可以通过 ClassFileImporter、JavaTypeImporter 等方式加载需要被验证的类。

上面这段测试代码中包含了 3 条验证规则，下面这段代码就是其中一条。使用 ArchUnit 时只需要按照类似的做法编写这些规则即可。

```
classes().that().resideInAPackage("..controller")
        .should().haveSimpleNameEndingWith("Controller")
        .check(importedClasses);
```

这是一个典型链式风格的 API，classes 方法是 ArchUnit Lang 层的工具方法，用于声明基本的规则，大部分基本规则可以使用 classes 方法来初始化声明。that 方法后面的内容代表哪些符合规则的类会被筛选到。ArchUnit 提供了大量的筛选器，比如类型、是否使用了某种注解等。should 方法后面接的是断言规则，比如类名规则、依赖规则等。

接下来实现 MVC 模式分层架构的依赖检查，这里会用到 library 包中的预定义规则方法 layeredArchitecture，示例代码如下。

```
@Test
public void should_obey_MVC_architecture_rule() {
    JavaClasses importedClasses = new ClassFileImporter().importPackages(this.getClass().
    getPackage().getName());
    Architectures.LayeredArchitecture layeredArchitecture = layeredArchitecture()
            .layer("Controller").definedBy("..controller..")
            .layer("Service").definedBy("..service..")
            .layer("Dao").definedBy("..dao..")
            .whereLayer("Controller").mayNotBeAccessedByAnyLayer()
            .whereLayer("Service").mayOnlyBeAccessedByLayers("Controller")
            .whereLayer("Dao").mayOnlyBeAccessedByLayers("Service");
    layeredArchitecture.check(importedClasses);
}
```

执行上述代码时，在 IntelliJ IDEA 编辑器边缘会出现绿色的运行按钮，点击此按钮即可运行单元测试。这里使用 layeredArchitecture 将 controller、service 和 dao 三个包分别定义为 Controller 层、Service 层和 Dao 层，并声明其约束关系。如果出现错误的依赖关系，测试就不会通过。

ArchUnit 官网用图 2-9 来说明三层架构下的依赖关系，可以看到，这里只允许下层类被上层调用，以此来守护代码的架构。在编写本书时，官网的示例代码存在部分未更新的情况，如果按照官网的说明不能运行，可以参考本书提供的示例代码。

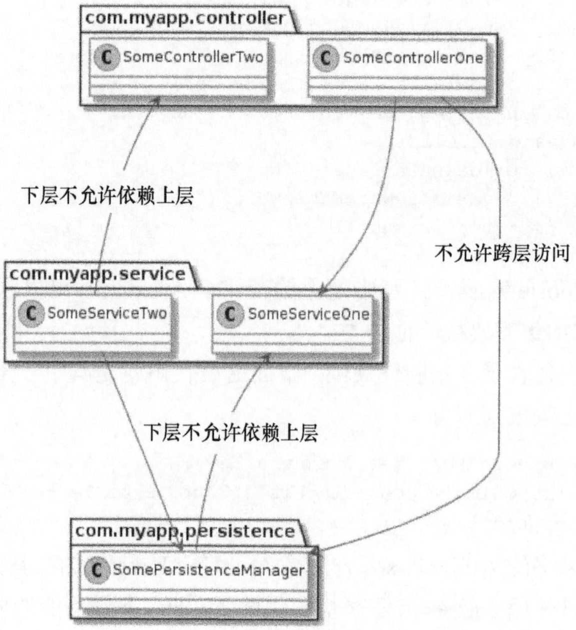

图 2-9 ArchUnit 的依赖关系示意图
注：图片来源于 archunit 网站。

2.1.4 OWASP Dependency-Check

架构问题解决后，还需要避免因使用开源软件而带来的安全问题。工具 OWASP Dependency-Check 可以对第三方依赖包中的知名漏洞进行检查，扫描结果受漏洞数据库的更新影响。

OWASP Dependency-Check 可以报告现有的第三方依赖的 CVE（Common Vulnerabilities & Exposures）。可以简单地将 CVE 理解为业界已知的漏洞记录。

OWASP Dependency-Check 的安全扫描和 Fortify 等安全扫描工具有所不同，它依赖于开放的漏洞信息，不能完全代替模式分析类安全扫描工具。即便如此，基于 OWASP Dependency-Check 进行依赖检查也很有必要，因为现代项目依赖的组件较多，通过人工检查的方式较难及时发现漏洞。

OWASP Dependency-Check 的依赖检查支持主流的语言和包管理工具，在 Java 语言中，可以使用 OWASP Maven 插件来运行 OWASP Dependency-Check。OWASP Maven 插件的使用方式与 Checkstyle 类似。首先创建一个模块，然后在 Pom 文件中添加相关依赖。

```
<plugin>
    <groupId>org.owasp</groupId>
    <artifactId>dependency-check-maven</artifactId>
    <version>6.1.3</version>
    <executions>
        <execution>
            <goals>
                <goal>check</goal>
```

```
            </goals>
          </execution>
      </executions>
</plugin>
```

在真实的项目中，依赖包的变化没有那么频繁，如果每次构建都运行这个检查会让构建速度变慢。比较好的做法是使用 CI/CD 工具（比如 Jenkins），设置一个定时任务在夜间运行。关于 Jenkins 的使用，请参考本书测试工程化部分。

2.2 人工代码评审

这里的代码评审是指人工查看代码是否存在问题或者是否可以改进。人工进行代码评审更加关注设计，因为代码的设计往往不能被自动化的静态代码分析发现。比如团队某个成员编写的代码使用了拼音作为变量名，虽然能通过静态代码分析，但这不是一个好的设计，不良的命名方法会让代码的可读性大大降低。

2.2.1 代码评审的场景

代码评审是国际软件业界公认的最有效的软件工程实践之一，人工代码评审和测试的不同点在于人工代码评审不只是发现代码中的错误，它还能预防一些错误的发生。

我们可通过纠正开发人员的编码习惯和风格，来提高软件的质量。举个例子，如果没有为关键程序添加事务处理机制，那么测试人员往往不会测试出问题，但是在高并发的情况下会有一定的机会暴露缺乏此机制导致的问题。在代码评审阶段，若能及时发现团队成员没有增加与事务相关的注解，就能避免潜在问题的出现。代码评审也能让团队的协作风格趋于统一，我们可以在评审过程中整理一些代码规范，让团队成员按照相似的风格进行开发。

虽然我们可以在一定程度上使用静态代码分析来保证代码质量，但静态代码分析无法解决所有问题，因此不能完全依赖于它，在一些场景中我们需要让团队成员一起来做代码评审。

在团队日常的开发工作中，有如下几种代码评审方式。

1）每日代码评审。一般是在每天下午下班前拿出 1 个小时来对当天的代码做评审。如果一个团队共有 8 个成员，那么相当于需要花费一个人天。有一些项目经理特别不理解为什么需要花时间来做这件事情。实际上，每日代码评审非常重要，不仅可以分摊需要评审的代码量，也可以让团队的编码风格日趋统一，如此往复需要指出的错误就会越来越少。此外，每日代码评审也是团队进行技术交流的一个契机，团队成员彼此之间可以清晰地了解对方在做什么。

2）发布前代码评审。发布前进行代码评审的目的是避免产品中有明显不合适的代码。有时会存在有一些错误测试没有覆盖到的情况，这时通过发布前代码评审就能快速识别。如果团队的版本管理策略是在 Release 分支上发布，那么通过与另一个分支上之前发布的版本进行对比，也就可以看出两者之间的差异。发布前代码评审的工作量比较大，有些创业团队不愿意做是可以理解的，对于成熟的公司，如果是有大量用户的产品，则需要认真进行此评审。

3）Hotfix 代码评审。一个新版本发布后，往往会有一些问题需要及时修复，我们将这种修复叫作 Hotfix。Hotfix 通常不会改动太多地方，测试人员也无力全部进行回归测试，所以 Hotfix 一般是通过合入请求来完成的，在此过程中，会由有经验的技术经理来把关合入的代码是否存在明显的问题。

一般来说，上述三种主要的代码评审方式都发生在团队内部。其中，每日代码评审和发布前代码评审通常需要团队成员一起参加，这可以使用一个大屏配合 IDE 在本地完成。

2.2.2　代码评审的工具

使用如下工具进行代码评审可以提高效率。

- 代码版本管理工具，比如 Git、SVN、Mercurial 等，不过目前大都使用 Git。Git 的分布式特性很出色，工具链也完善，如果没有别的限制因素，可以默认使用 Git。
- 代码托管平台。GitLab、Github 以及国内的 Gitee 都不错，如果在企业内部使用，可以选择自己搭建 GitLab，不过 GitLab 比较复杂，因此也可以使用 Gogs 通过 Docker 容器快速启动一套 Git 代码托管平台。
- 代码对比工具。代码托管平台一般会提供内置的代码对比工具，不过访问比较慢。可以用专业的代码对比软件（比如 Beyond Compare），以及集成到 IDE Git 客户端中的代码对比工具（比如 IntelliJ IDEA 等）。IntelliJ IDEA 在大部分项目中完全够用，而且在多人参与的代码评审活动中效率也比较高。
- 专用的代码评审工具。这类工具是专门为代码评审而设计的，比如 Gerrit。Gerrit 可以在网页中做类似于 GitLab、Github 的工作，而且还有一些额外的工作流管理能力。

一般来说，对于非开源项目，GitLab 与 IntelliJ IDEA 是一个比较好的工具组合，配置和使用简单，维护成本也比较低。

2.2.3　代码评审的注意事项

在不同的场景下代码评审的侧重点不同，下面基于不同场景的代码评审给出注意事项。

1. 每日代码评审

一般我们讨论得比较多的是每日代码评审，因为需要全员参与，时间又比较有限，因此主持人要有较强的组织能力，而且为了高效地进行代码评审，团队也需要达成一些契约。

（1）小步提交

团队成员需要保持良好的代码提交习惯——小步提交代码。每完成一个小阶段的开发或重构工作都需要提交一次代码，这在避免更改丢失的同时也可以为更好地评审代码打下基础。每一次提交都需要使用有意义、风格一致的文本描述，也需要遵守相应的规则，比如使用看板卡片管理任务的团队通常会按照"# [卡号] [描述]"的模式提交代码。

（2）描述要具体

在进行代码评审的时候避免使用诸如"这个地方的实现不优雅"这类似是而非的用语，应该使用更为具体的表述，比如使用了太多的 if 语句，是否可以使用策略模式等改进设计。此外，还要避免提出带有个人习惯的意见，例如应该使用 switch 语句而非多个 if 语句等。

（3）及时修改

代码评审过程中提出的问题，需要代码作者自行记录，并且应尽可能在当天修复和处理。一些零碎的小事放到以后做都是不现实的。

（4）专注参与

如果是线下评审，最好使用大屏或专门的会议室，避免一边进行代码评审一边做其他的事情。如果是远程工作，通过视频会议评审，则建议所有人打开摄像头，主持人可以通过一些主持技巧，比如不定时对部分参与人员点名，来唤起大家的注意力。

（5）聚焦当下

最糟糕的代码评审就是突然岔开话题，进行技术方案、业务方案的讨论，这会浪费大家的时间。如果话题被岔开，那将会是一个无底洞，就像《爱丽丝梦游仙境》中兔子洞的故事所描述的一样。代码评审应该专注于当下的代码问题，避免陷入技术和业务细节，如果遇到上述情况，可以提出在专门的技术会议中讨论。

（6）控制好时间

代码评审中最难的就是时间控制，一般一个正常的开发团队每人每天的工作量至少需要 10 分钟才能描述清楚，因此，需要给每个人设定一个时间窗口，避免超时。一般来说可根据人数设定时间，如果超时了，就立马停止，第二天继续，这样会越来越快。

（7）分组评审

如果团队规模过大，无论如何也无法在 1 小时内完成评审，就需要进行分组。为了让所有的开发人员都了解全局，以及保持知识的传递，可以按周、迭代频率等重新分组。

（8）知识整理

重复出现的问题不应该被重复提出，对于一些常见的问题，团队可以整理一份评审清单，当有新人参与项目时，评审清单有利于其更快地适应团队风格，也可以降低发现问题的成本和偶然性，同时开发人员在提交代码的时候也可以参考清单自己先评审一遍。

2. 发布前代码评审

发布前代码评审不用全员参与，可以由技术经理挑选几个关键人员参加，如果遇到无法理解的部分，可以邀请提交人来进一步解释。发布前代码评审着重于处理对线上功能具有破坏性影响的代码。

此外，它还可以发现因管理问题带来的线上游离变更，比如前一个迭代进行了 Hotfix，但是没有及时合并到主干上，导致生产上有相关代码但是当前发布的版本中却没有。

3. Hotfix 代码评审

Hotfix 代码评审比较简单，一般在代码托管平台中对合入请求进行设定即可，比如必须有多少人通过才允许合并等。此外，通过合入请求也可以追溯 Hotfix 的变更记录。

在一些管理严格的公司中，Hotfix 还需要经过多级审核才能发布，毕竟对于 Hotfix 来说，全量执行手动的回归测试不太现实，所以折中的方法是对变更的代码进行严格评审。

2.2.4 Java 代码评审清单

这里为 Java 开发人员整理了一份基本的评审清单，为了避免清单冗长，里面不包含静态扫描能发现的问题。

- 有没有 IntelliJ IDEA 的黄色警告。若存在黄色警告，往往意味着代码可以被优化或者存在潜在的问题。
- 数据的输入（比如类型、长度、格式、范围等）是否进行了验证。
- 提供的 API 是否做了鉴权，尤其是数据的鉴权。
- 需要配置的值是否是硬编码，是否需要使用常量或配置文件存放配置。
- 注释和方法的命名是否与代码语义一致并容易理解。
- 是否使用了足够便捷的解决方案，比如库函数已提供的逻辑就不需要自己再写一遍了。
- 是否使用了适当的数据结构，比如合理选择 HashMap、ArrayList 等。
- 是否做了合理的异常处理。
- API 的设计是否符合规范和语义。
- 是否有足够多且合理的测试。

2.3 Git 工作流和保护

Git 作为一款出色的分布式代码版本管理工具，由 Linux 的作者莱纳斯（Linus）开发，目前，它已经成为我们日常开发离不开的工具。用好 Git，并且采用适当的工作流，可以让代码评审工作事半功倍。

2.3.1 Git 工作流

在团队协作中，代码评审的方式和代码版本管理有一定关系。代码版本管理的工作流和分支策略是一个讨论比较多的话题。Git 工作流说明了团队如何使用 Git 分支，并按照一定的约定进行协作。Git 工作流有很多派别，如 Git Flow、GitHub Flow 和 GitLab Flow 等。

- Git Flow：项目存在两个长期分支，即一个主干，一个开发分支，开发人员一起工作在开发分支中，发布时合并到主干中。此外，还有一些短期存在的分支，比如特性分支、预发分支等。
- GitHub Flow：项目以一个主干作为长期分支，每个开发人员在自己的开发分支中工作，然后通过合入请求合并到主干上。
- GitLab Flow：项目遵守上游优先原则，只以一个主干作为长期分支。开发人员在主干上开发，待测试稳定后，使用发布分支发布。后续的 Hotfix 都需要合并到发布分支和主干上。

从实用和经济的角度来说，推荐使用 GitLab Flow。当然，具体应该视团队情况而定，比如团队人数、是否需要和其他团队联调（这是个比较重要的因素，若使用分支开发会比较麻烦）等。

如图 2-10 所示，对于大多数使用敏捷工作方式的团队来说，比较好的分支策略可以用一句话概括：**主干开发，分支发布**。这种策略尤其适合一个迭代一个版本的开发节奏，但如果采用的是持续发布方式，因为这种方式没有固定的版本周期，所以此策略未必合适。

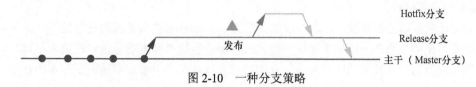

图 2-10　一种分支策略

主干开发，分支发布的分支策略有以下规则需要团队遵守。

- 团队应使用 Git rebase 命令而不是 merge 命令拉取代码，以避免提交日志混乱。
- 团队在主干开发，每个迭代结束的前几天创建 Release 分支，每次发布使用一个新的分支。对于新的分支，应使用语义化版本号（Semantic Versioning）来命名，比如 v2.1 分支。创建 Release 分支时可以同步创建标签，以便早期发布的 Release 分支可以被删除。
- Release 分支可以部署到预发环境中，主干只能部署到开发和测试环境中。
- 在将 Release 分支发布到产品环境之前，要基于上一次的 Release 分支做发布前代码评审。
- 如果预发环境出现问题需要修复，以 Release 分支为基线创建 Hotfix 分支，并提交合入请求，团队批准后可以先部署到预发环境中，再部署到产品环境中。
- 部署到产品环境后，需要将 Release 分支的变更同步到主干，避免下次上线丢失更新。

2.3.2　Git Hooks

静态代码分析和代码评审需要与代码的分支控制相结合才能起到好的效果，如果 Checkstyle 等的检查没有通过，代码不应被推送到 Git 服务器上。

Git Hooks 是由 Shell 脚本构成的。Hook（钩子）这个概念在操作系统和带有插件系统的软件中广泛存在，这里将其用于 Git 的某个生命周期。所有默认有效的钩子都可以在.git/hooks/目录中找到。钩子用于控制 Git 工作的流程时，又分为客户端钩子和服务器钩子。客户端钩子会在执行 push 命令之前运行在开发人员的本地机器上，服务器钩子会在推送后运行在 Git 服务器上。

下面是一些常见的客户端钩子：

- pre-commit；
- prepare-commit-msg；
- commit-msg；
- post-commit。

下面是一些常见的服务器端钩子：

- pre-receive；
- post-receive；
- update。

一般我们会通过配置 pre-commit 到项目中，来促使团队成员在提交代码时进行一些检查，所进行的检查包括：

- 单元测试；
- 代码检查（如 Checkstyle）；
- 提交的信息检查。

如果有 Git 服务器的配置权限，也可以通过配置 pre-receive 在服务器端进行检查。本地检查无疑是最高效且方便的手段之一，但是组织一群人来手动安装这类脚本明显是一件费力不讨好的事。为了防止团队成员忘记设置本地钩子脚本，我们可以在构建工具中添加安装钩子脚本的任务，让开发人员在第一次启动项目时自动添加相关钩子。

由于几乎所有的 Maven 使用者都会执行 mvn install 命令来初始化项目，因此可以使用插件 git-build-hook 来安装 Hook 脚本，示例代码如下。

```xml
<build>
  <plugins>
    <plugin>
      <groupId>com.rudikershaw.gitbuildhook</groupId>
      <artifactId>git-build-hook-maven-plugin</artifactId>
      <version>3.1.0</version>
      <configuration>
        <gitConfig>
          <!-- 指定代码库中 Hook 脚本的位置，插件会协助将其安装到 gitconfig 中 -->
          <core.hooksPath>hooks-directory/</core.hooksPath>
          <custom.configuration>true</custom.configuration>
        </gitConfig>
      </configuration>
      <executions>
        <execution>
          <goals>
            <!--在开发人员执行 install 命令时自动配置 Hook -->
            <goal>install</goal>
          </goals>
        </execution>
      </executions>
    </plugin>
  </plugins>
</build>
```

将上面的配置放置到相应的 Pom 文件中，团队成员执行了 mvn install 命令后，钩子脚本就会自动安装。如果下一次团队成员使用 Git 相应命令提交和推送代码，就会触发此钩子脚本。

下面是一个触发钩子脚本的示例，把这个文件保存为 pre-commit 并放到 hooks-directory 目录中，项目初始化后，在提交代码时此脚本就会被执行。

```sh
#!/bin/sh
# 需要运行的命令
mvn clean build
# 获取上一个命令的执行结果
RESULT=$?
```

```
# 使用上一个命令的执行结果来退出，这样做可以选择是否中断构建
exit $RESULT
```

Gradle 可以更灵活地编写、构建钩子脚本和任务，下面是 Java Gradle 的一个 pre-commit 脚本示例，在项目的根目录中添加 pre-commit 文件，通过配置 Gradle 编写的钩子脚本可以使项目初始化时自动安装钩子。

```
task installGitHooks(type: Copy) {
    from new File(rootProject.rootDir, 'pre-commit')
    into {
        new File(rootProject.rootDir, '.git/hooks')
    }
    fileMode 0755
}
build.dependsOn installGitHooks
```

2.3.3　分支保护

在没有合入请求和代码评审的情况下，不应该把代码直接推送到 Release 分支。因为 Git 代码托管平台有分支保护功能，所以可以基于前面的分支策略设定如下简单的规则：

- 受保护的分支均不可删除、强制推送，避免代码库受损；
- Release 分支不接受直接推送，必须使用合入请求的方式提交补丁，需要在两人以上的团队成员批准后才能将补丁合并；
- 如果条件允许，已合并到 Release 分支中的临时分支可以自动删除。

图 2-11 是 GitLab 的分支保护设置界面，配置好分支保护以后，就可以避免因为误操作或者恶意操作导致团队的代码库丢失。

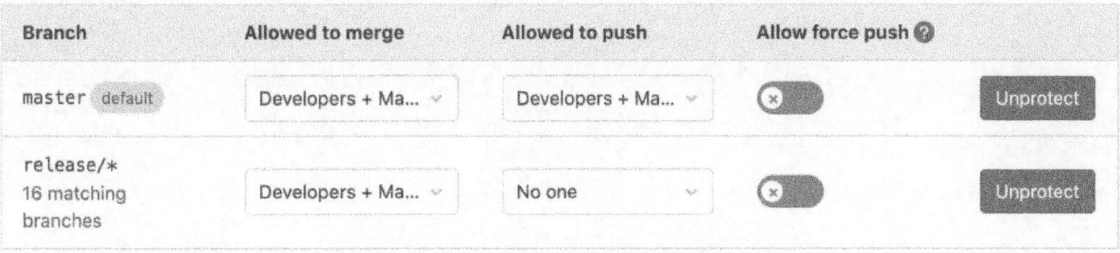

Branch	Allowed to merge	Allowed to push	Allow force push ❓	
master `default`	Developers + Ma... ⌄	Developers + Ma... ⌄	⊗	Unprotect
release/* 16 matching branches	Developers + Ma... ⌄	No one ⌄	⊗	Unprotect

图 2-11　GitLab 的分支保护设置

2.4　小结

本章介绍了代码评审的几种形式，包括静态代码分析和代码评审。通过静态代码分析的各种工具，可以低成本地提高静态代码分析的能力。

为了弥补静态代码分析的不足，可以根据场景对代码进行评审，评审也是团队整体学习的契机。提高代码质量、互相学习、知识共享是开发人员进行每日代码评审的动力，保持节奏感和坚持是从

中获益的必要条件。

最后，为了更高效地实现静态代码分析和代码评审，我们需要基于适合团队的版本管理工作流来更好地实现团队协作。主流的版本管理方式有 Git Flow、GitHub Flow 和 GitLab Flow 等，可根据产品类型和规模进行选择，我们也可以定制适合自己的版本管理工作流。此外，通过 Git Hooks 和分支保护可以充分挖掘 Git 的潜力，让团队协作更安全和流畅。

第 3 章

单元测试基础

单元测试是开发人员必须掌握的一项技能，但不是研发自测的全部内容，单元测试是开启研发自测的一把钥匙。一些大的公司在面试时，会考察应聘人员的单元测试能力和所写代码的质量。

本章涵盖的内容如下：

● 单元测试基础；

● 断言；

● JUnit 的使用；

● JUnit 5 的新特性。

本章的目标是通过学习单元测试相关知识，以最具性价比的方式开启开发人员的自测之旅。

3.1 单元测试

在介绍繁杂的概念之前，我们先来了解一下单元测试的意义和学习方法。

3.1.1 什么是单元测试

在计算机编程中，单元测试又称为模块测试，是针对程序模块（软件设计的最小单位）进行正确性检验的测试工作。

——维基百科

什么是一个单元？在过程化编程中，一个单元就是指一个程序、函数或过程等。面向对象编程时，最小的单元就是方法，包括基类（超类）、抽象类或者派生类（子类）中的方法。

单元是一个相对概念，针对方法、类、模块和应用所进行的测试都可以称作单元测试。简单来说，单元测试的初衷是及时对应用的一小部分进行测试，而非等到所有的代码编写完之后再针对整个应用进行测试。

综上所述，单元测试是指类、方法层面的测试，与之相对的是集成测试、E2E 测试。

3.1.2 为什么需要单元测试

在没有接触单元测试之前我们是怎么做测试的？一般有两个方法。

1）启动整个应用，像用户正常操作一样，先点击界面上的按钮，然后查看程序的反应。这种手动测试的弊端是每次测试都得启动整个应用，项目稍微大一点响应就会变得非常慢，如果面对的是 PHP、Node.js 等脚本语言还好，如果是 Java、C++这类编译型语言则会非常痛苦。

2）在代码的某个地方写一个临时入口，例如在 Java 的 main 方法中测试某个方法或者某个类时写入一个临时入口，测试完以后，该入口可留在项目中，也可删除。这时可能会很难决择，不删除此入口会让项目变得很乱，删除的话下次想测试又得再次编写。

除了上面提到的问题，这两个方法还有一个共同的问题，没法保留测试数据的创建过程，且关于场景、边界的覆盖基本随缘。有了单元测试，上述问题都可以解决。虽然单元测试本质上是方法 2，但它会把类似 main 方法的测试代码统一放到一个地方（但不会强制要求你放到某个地方），并设置一些约定让代码更简洁。

在 Java 项目中，如果通过 Maven 构建项目，对于项目结构，推荐使用如下约定：

- 测试代码单独放到 src/test 目录下，与 src/main 中的业务代码一一对应；
- 测试类和业务类同名，且均采用 Test 作为结尾。

理论上不使用任何测试框架也可以实现单元测试，最初的单元测试就是这样实现的。不过现在利用 xUnit 等框架可以更方便地运行测试。实现单元测试时使用测试框架有以下好处：

- 方便批量运行和管理测试；
- 可使用 @Before 等注解实现数据准备、数据清理；
- 可通过断言验证结果，避免人工判定结果；
- 可通过覆盖率统计工具来统计代码测试的覆盖率；
- 可通过模拟解决代码之间相互依赖的问题。

单元测试还有一个重要的用途——保护重构。

在某些场景下，我们需要改造一些遗留代码，并且要让其近乎 100%地保持原来的逻辑。但是，如果没有单元测试的保护，开发人员基本不敢重构，只能通过添加代码来实现业务目标，这会导致代码越来越混乱。如果在重构前，已通过单元测试将原来的业务逻辑覆盖，在有测试保护的情况下开始重构，重构完以后再次运行单元测试也能通过，则说明这次重构基本上没有破坏性。

在 Java 中 JUnit 是单元测试套件，我们可以从最简单的单元测试开始对应用的单个方法进行验证，而不必启动整个应用。

3.1.3 怎么学习单元测试

软件的质量是由每行代码的质量决定的，小 Bug 积累起来终将导致大问题，所以，在细微处进行单元测试能很好地避免大问题的产生。

　　我刚接触单元测试时，接手的项目正处于一个 Bug 丛生、开发人员永远在当救火队员的状态，于是我将大量测试框架应用于项目，但是结果并不理想。单元测试的理念需要逐步培养，一开始就使用非常复杂的框架、库，或进行 TDD 等高难度的实践，会导致学习曲线太过陡峭，在项目中很难坚持。

　　因此，这里给单元测试的初学者一些建议：

- 学习一些简单的单元测试方法后，马上应用到项目中，再按照需要学习其他技巧；
- 刚开始尽量使用主流或者平台内置的框架或库，例如 IntelliJ IDEA 可以很容易地引入 JUnit。选用 JUnit 是非常划算的事情，它自带断言库（没有必要一开始就使用 AssertJ 等复杂的断言库）；
- 根据二八原则，80%的代码都是很好测试的，可优先选择为它们编写测试；
- 不必苛求测试覆盖率，有一些代码测试覆盖率很难提升，追求 100%的代码测试覆盖率需要更多的投入。

　　学完本章内容以后，开发人员应该就可以在项目中应用 JUnit 了，并且可以针对一些使用次数多的公共方法（一般是静态方法）编写测试。

　　可选择的单元测试相关技术和框架非常多，限于篇幅，本书无法将所有技术和框架都介绍到，所以选择了一套主流的技术栈进行讲解。本书的技术栈主要包括 Java、Maven、JUnit、Mockito 以及相关的开源工具。掌握了这套技术栈后，自然也能拓展使用其他的技术栈。

3.1.4　搭建 JUnit 环境

　　Java 生态的测试框架比较多，JUnit 4 是目前主流的也是搭建最为简单的测试框架之一。下面的内容将基于 JUnit 4 进行讲解，这里假定你已经有 Java 开发经验，并能熟练使用 JDK、IntelliJ IDEA、Maven 等工具。

　　搭建好 Java 开发环境后，在 IntelliJ IDEA 中依次选择菜单 File→New→Project，然后在 Project 里选择 Maven 标签页创建一个项目。创建项目的界面如图 3-1 所示。

　　创建完 Maven 项目后可以在项目的根目录中找到 Pom 文件，要使用 JUnit 只需要在 Pom 文件中的 dependency 节点添加依赖即可。

```
<dependency>
    <groupId>junit</groupId>
    <artifactId>junit</artifactId>
    <version>4.13</version>
    <scope>test</scope>
</dependency>
```

　　注意，这里要将 dependency 中的 scope 属性设置为 test，这样在构建软件包的过程中就会自动排除 JUnit 的 Jar 包。如果在创建 Maven 项目的过程中遇到困难，可以参考随书示例代码。

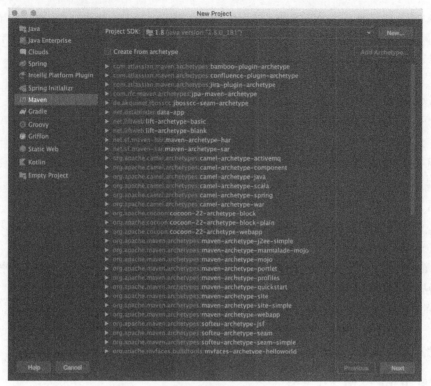

图 3-1   创建一个项目

3.1.5   给"Hello, world!"写一个单元测试

大部分人学习编程时编写的第一个程序就是"Hello, world!",通过编程语言简单输出字符串"Hello, world!"代表成功编写此程序,也标志着编程环境搭建成功。那我们就来给"Hello, world!"写一个单元测试。

先编写一个类,这个类只有一个静态方法,该方法执行后输出字符串"Hello, world!"。示例如下。

```
public class HelloWorld {
    public static String hello() {
        return "Hello, world!";
    }
}
```

静态方法一般是一些工具方法,也是最容易测试的方法之一。工作中,我经常看到有人在静态方法附近编写 main 函数,然后调用这个方法来测试。示例如下。

```
public static void main(String[] args){
    System.out.println(hello());
}
```

这里采用的是一种朴素的单元测试思想。我们可以使用一个测试类和@Test 注解来代替 main 函数作为启动入口。先创建一个类 HelloWorldTest，并为其添加一个 public 方法，然后添加@Test 注解，这时，IDEA 会自动识别出这是一个可执行的测试，我们可以在 public 方法内调用被测试的静态方法，并打印出来。

在图 3-2 中，点击左侧圈出来的执行按钮，便可以像 main 函数一样执行右侧的代码，并得到同样的输出结果。我们可以给予这个测试方法一个有语义的名字，使单元测试更整洁，并拥有更强的描述性。

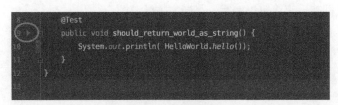

图 3-2　运行测试

这样，我们的第一个单元测试就写好了。不过这时我们是通过肉眼来判断程序每次的输出是否正确的，当有几十、上百个测试用例时，再使用这种方式显然不现实。

因此我们需要在测试代码中定义什么是对的，什么是错。这时就需要用到断言了，它可以自动报告不能通过的测试。

3.2　断言

计算机是一种特别讲究准确性的机器，计算机程序对准确性的要求更高，少了一个符号或者单词拼写错误往往都会让程序出现意想不到的结果，我相信不少人有过因一个单词拼写错误而调试一整天的经历。

我在初学 C/C++ 时也曾面对过这样的问题，那时我总是忘记输入行末的分号，直到编译时才发现错误提示，我的网络 ID "少个分号"就是这样而来的。

事实上，单元测试可以帮我们检查程序的输入是否正确，并重复运行。只需要**告诉单元测试什么是对的，什么是错误的即可**，这就是断言。

在一些"讲究"的开发人员眼里，"Hello, world!"是神圣的，假设在标准写法中"H"需要大写，句子中间要用半角逗号隔开，并且要以感叹号结束，那么，我们可以通过断言来检测这个方法的输出是否完全无误。下面编写一个断言，将前面代码中的 System.out.println 语句替换为 assertEquals 语句，示例代码如下。

```
@Test
public void should_return_world_as_string() {
    assertEquals("Hello, world!", HelloWorld.hello());
}
```

在上述代码中，assertEquals 方法的第一个参数是期望值，第二参数是实际值。如果这两个值相等，测试通过，控制台打印出成功信息。如果把方法的返回值换成了另外一个字符串"Hello, world!"，肉眼看可能觉得并没有任何问题，但是运行测试时会失败。原因仅仅是这里把中间的英文半角逗号换成了中文全角逗号，它们虽然看起来差不多，但是值却是不同的。单元测试没有通过，意味着它成功地帮助我们保护了被测试的代码。仅仅使用 System.out.println 方法是起不到这个作用的。

综上所述，**断言就是用来报错的，它在单元测试中是非常重要的一部分。**

3.2.1　编写一个简单的断言库

如果我们在做编程练习时手上没有现成的断言工具，比如在浏览器上编写 JavaScript 代码时很难快速找到一个测试框架，那么可以编写一个断言方法。

```javascript
function assertEquals(description, expected, actual) {
    if (expected !== actual) {
        throw new Error("ComparisonFailure, Expected:" + expected + ", Actual:" + actual);
    } else {
        console.log(description + " : %c  pass", "color:#0f0;")
    }
}
```

这个断言方法就是一个最简单的断言库，它会判断期望值和实际值是否相等，如果不相等就抛出异常，否则控制台打印出成功信息。

下面根据这个简单的断言方法编写一个单元测试。

```javascript
function should_return_hello_world(){
    assertEquals("test hello world", "Hello", "Hello");
}
```

可以看到，单元测试的逻辑实际上非常简单，我们在几分钟内就可以完成一个简单的单元测试。早期有部分开源软件没有特定的单元测试框架，因此会内置一个微小的断言库。

3.2.2　JUnit 内置的断言方法

在实际项目中，只有相等这种断言方法是远远不够的。有的对象并不能直接使用 assertEquals 方法进行比较，而是要用到属性的值，因此也就衍生出了更多的断言方法，比如：

- 空或者非空断言；
- 引用相等断言；
- 数组相等断言；
- 对象的嵌套相等断言；
- 根据类型断言。

我们可以把这些断言方法的相关逻辑写到单元测试中，然后通过 assenTrue 方法来验证结果。assertTrue 是 JUnit 中的万能断言方法，它通过传入 true 或者 false 来确定单元测试是否通过。这看起来并没有什么问题，但是在部分情况下各单元测试的断言逻辑是重复的。

从另一个角度来看，单元测试写了一大堆的断言逻辑，这些逻辑是否又需要编写新的测试来保护呢？如果我们不使用现成的断言库，就不能确保断言本身的逻辑可靠。因此我们应该使用 JUnit 提供的断言方法来提高单元测试的有效性，这样做也能减少样板代码的数量。

如果我们编写了一个排序方法，想通过断言来对结果进行判定，那么可以使用 assert 系列的断言方法，这些断言方法可针对不同情况进行测试，且能满足不同的需求。

assertArrayEquals 方法可以用于断言数组，它会依次比较数组中的元素，示例代码如下。

```
@Test
public void assert_array_equals() {
    int[] input = {1, 2, 5, 7, 0};
    Arrays.sort(input);

    int[] expected = {0, 1, 2, 5, 7};
    assertArrayEquals("expected array should be sorted", expected, input);
}
```

assertNotNull 方法非常实用，常用于数据库插入、枚举解析等业务，示例代码如下。

```
@Test
public void assert_not_null() {
    assertNotNull("should not be null", Integer.valueOf("10"));
}
```

assertSame 方法可以用于检查对象引用是否相同，示例代码如下。

```
@Test
public void should_be_same() {
    assertSame(Runtime.getRuntime(), Runtime.getRuntime());
}
```

assertTrue 方法要求传入一个布尔类型的值，如果是真值则断言通过，反之则断言失败，示例代码如下。

```
@Test
public void should_be_true() {
    String hello = "Hello";
    assertTrue(hello.isEmpty());
}
```

部分断言方法有反向断言方法，部分没有。表 3-1 给出了常用的断言方法以及它们的反向断言方法。

表 3-1　常用的断言方法与其反向断言方法

断言方法	用途	反向断言方法
assertEquals	值相等断言	assertNotEquals
assertTrue	真值断言	assertFalse
assertNull	校验空	assertNotNull
assertSame	校验引用相同	assertNotSame
assertArrayEquals	校验数组元素相同	-

3.2.3　使用 assertThat 和 Matcher 方法

前面给出的断言方法虽然常用，却难以覆盖所有的场景。为了让断言更为丰富，JUnit 使用了更为高明的方法——assertThat 方法（实际上此方法是由 Hamcrest 提供的）。assertThat 方法的第一个参数为需要检查的值，第二个参数是 Matcher 方法执行后的实例，Matcher 方法只用来计算条件是否满足，它可以由第三方库提供。

Java 中比较知名的 Matcher 库是 Hamcrest 和 AssertJ，Hamcrest 为 JUnit 内置的库，它适用于大部分场景。

例如，想要编写一个 helloAndNow 方法返回 "Hello, world!" 并附加当前的时间，由于时间是动态生成的，因此这里没有办法使用 assertEquals 方法来实现。对于这种情况，就可以使用 assertThat 和 startsWith Matcher 方法来实现。示例代码如下。

```
public static String helloAndNow() {
    return "Hello, world!" + System.currentTimeMillis();
}

@Test
public void should_start_with_hello() {
    assertThat(helloAndNow(), startsWith("Hello"));
}
```

表 3-2 是一些常用的 Matcher 方法，使用 Matcher 方法可以大幅减少测试的代码量。

表 3-2　常用的 Matcher 方法

Matcher 方法	示例	用途
anything	assertThat("hamcrest", anything());	任何内容，一般只用来占位
describedAs	assertThat("hamcrest", describedAs("a description", anything()));	用来包装一个描述信息
is	assertThat("hamcrest", is((anything())));	其实没有什么用，包装一个语义信息
allOf	assertThat("hamcrest", allOf(anything(), anything(), anything()));	串联多个断言
anyOf	assertThat("hamcrest", anyOf(anything(), anything(), anything()));	并联多个断言
not	assertThat("hamcrest", not(anything()));	取反断言
equalTo	assertThat("hamcrest", equalTo("hamcrest"));	测试对象相等
instanceOf	assertThat("hamcrest", instanceOf(String.class));	测试对象类型
notNullValue	assertThat(null, notNullValue());	测试非空值
nullValue	assertThat(null, nullValue());	测试空值
sameInstance	assertThat(Runtime.getRuntime(), sameInstance(Runtime.getRuntime()));	测试对象引用是否一致
hasItems	assertThat(Arrays.asList(1, 2, 3), hasItems(1, 2));	断言列表内容

既然使用合适的 Matcher 方法就可以完成 assertEquals 等方法的工作，那为什么我们要重复造 "轮子" 呢？

这是因为单元测试框架和 Matcher 方法做的是两件不同的事情。单元测试框架更多用来管理、运行测试以及统计通过率等，Matcher 方法则用来完成条件判断的任务。Matcher 方法一般被设计为兼容多个测试框架。如果考虑换测试框架，建议尽量使用 Matcher 方法来完成断言任务，方便迁移。

3.2.4 编写自己的 Matcher 方法

如果上一节给出的断言方法仍然无法满足需求，我们也可以自己编写一个 Matcher 方法。比如一段程序使用系统当前时间时，由于程序运行需要时间，断言时获取的系统时间可能与运行时的不同，因此无法准确地断言相应的时间，那该怎么办？其实只要这个时间戳在一定的范围内，就可以算作通过。对于这种情况，可以编写一个简单的 Matcher 方法来进行判断。

```java
public class CurrentSystemTimeMatcher extends TypeSafeMatcher<Long> {
    private final long timeWindow;

    public CurrentSystemTimeMatcher(long timeWindow) {
        this.timeWindow = timeWindow;
    }

    protected boolean matchesSafely(Long time) {
        System.out.println(System.currentTimeMillis());
        return System.currentTimeMillis() <= (time + timeWindow);
    }

    public void describeTo(Description description) {
        description.appendText(" current time not in range " + timeWindow);
    }

    /**
     * @param 通过一个时间窗来判定结果
     * @return
     */
    public static CurrentSystemTimeMatcher currentTimeEquals(long timeWindow) {
        return new CurrentSystemTimeMatcher(timeWindow);
    }
}
```

在上述代码中，如果 TypeSafeMatcher 类的引用出现了问题，可以查看一下 CurrentSystemTimeMatcher 类是否放到了测试代码的目录下，而非源码的目录下。我们一般会将测试用到的依赖在 Pom 文件中的 scope 属性设置为 test，测试框架相关类在源码模块中无法被引用。

自定义的 Matcher 方法使用起来和其他 Matcher 方法是一样的，currentTimeEquals 方法可以接受一个时间窗口，只要运行时间在这个时间窗口内，就都可以算作断言通过，示例代码如下。

```java
@Test
public void should_assert_time_with_time_window(){
    long now = System.currentTimeMillis();
    assertThat(now, currentTimeEquals(10));
}
```

3.2.5 断言并不只是单元测试中的概念

断言并不只是单元测试中的概念，在编写实际的业务代码时也可以使用断言。Java 1.4 中就增加了 assert 关键字，用于创建一个断言，此断言常用于检查输入，如果断言未通过，则抛出一个异常。

如果我们要编写一个字符串连接方法，逐个判断输入参数是否为空，在此过程中需要用到很多样板代码，那么可以通过断言进行检查，在条件不满足时抛出 AssertionError，这样就可以大大减少样板代码的数量，示例代码如下。

```
public static String contactString(String first, String second) {
    assert first != null;
    assert second != null;
    return first + second;
}
```

对于上述代码要说明的是，assert 关键字常用于各种框架，但是在业务代码中很少看到，因为超出了本书的范围，这里不再赘述。

3.2.6 思考题

精度问题在实际工作中常常出现，例如我们计算价格的结果是一个无限小数。

```
public static float calculateAA(float totalPrice, float counts) {
    return totalPrice / counts;
}
```

在这种情况下，下面的断言就不会通过。

```
@Test
public void should_assert_with_float_delta() {
    assertEquals(3.3333F, calculateAA(10F, 3F));
}
```

这时，我们需要用到 delta 参数，它用于表示能容忍的实际值和期望值之间的差异，示例代码如下。

```
@Test
public void should_assert_with_float_delta() {
    assertEquals(3.3333F, calculateAA(10F, 3F), 0.1);
}
```

想进一步了解 delta 参数，可以查看 assertEquals 的源码。

下面留一个关于精度的思考题，以下哪一个断言会顺利通过呢？

```
assertEquals(0.0012f, 0.0014f);
assertEquals(0.0012f, 0.0014f, 0.0002);
assertEquals(0.0012f, 0.0014f, 0.0001);
```

3.3　单元测试的设计

除了具备前面介绍的断言方法，一个优秀的单元测试还需要有清晰的测试数据，以及与测试数据相关的逻辑，这些逻辑共同构成了测试用例。下面将介绍一个完整的单元测试包含哪些步骤。

3.3.1 准备并清理测试数据

前面的测试示例只使用了静态方法,但是在 Java 中这种简单的使用场景比较少,大部分情况下需要实例化类、准备初始数据,并且要用到模拟技术(后面会介绍)。

JUnit 针对准备、清理有状态的数据等操作提供了几个非常有用的注解。下面以编写一个简单的字符串拼装器为例,介绍如何通过@Before 注解来为每次的测试准备数据。

```java
public class StringAppender {
    private String value = "";

    public void append(String appendText) {
        value = value + appendText;
    }

    public String getValue() {
        return value;
    }
}

public class StringAppenderTest {
    StringAppender stringAppender;

    @Before
    public void setup() {
        stringAppender = new StringAppender();
    }

    @Test
    public void should_get_text_from_object() {
        stringAppender.append("Hello");
        stringAppender.append(",world");
        assertEquals("Hello,world", stringAppender.getValue());
    }
}
```

JUnit 4 中有如下四个执行过程(钩子)注解。

- @BeforeClass:用于类加载首次执行,必须用在静态方法上。
- @Before:用在实例方法中,在执行每个测试用例之前执行。
- @After:用在实例方法中,在执行每个测试用例之后执行。
- @AfterClass:与@After 类似,区别在于@AfterClass 是以类的维度生效的,即被该注解修饰的方法会在该类包含的全部测试用例运行完之后执行。此注解必须用在静态方法上。

在@Before 和@After 注解之间会执行所有的测试用例。上述注解的执行顺序如下。

@BeforeClass→@Before→@After→@AfterClass

如果父类的方法中出现@Before、@BeforeClass 等注解,父类会优先执行。

可以尝试编写一个包含下面代码的测试类，并执行测试。

```
@BeforeClass
public static void beforeClass() {
    System.out.println("@BeforeClass");
}

@Before
public void setup() {
    System.out.println("@Before");
}

@After
public void tearDown() {
    System.out.println("@After");
}

@AfterClass
public static void afterClass() {
    System.out.println("@AfterClass");
}
```

可以看到结果如下。

```
@BeforeClass
@Before
@After
@AfterClass
```

3.3.2　设计单元测试用例

JUnit 本身比较简单，到目前为止，其内置的特性足够编写大部分依赖简单的测试代码。第 1 章中曾介绍过什么是测试用例，这里使用一些实例来说明测试用例在单元测试中的应用。

单元测试的对象一般是方法和组件。可想而知，相较于测试人员使用的测试用例，单元测试用例应该略有不同。更准确地说，它的粒度更小，没有太多场景和流程，主要关注的是划分等价类和边界值的选择，且要考虑覆盖更多的分支。

JUnit 中 @Test 注解修饰的方法即为一个单元测试用例。通常情况下，**一个单元测试用例只会对组件的一个特性进行验证**，但是这个验证可能包括多次断言，以确保结果正确。

一个单元测试用例通常包含以下部分：

- 与被测试的方法交互使用的代码；
- 断言代码。

可选的部分如下：

- 数据准备涉及的代码；
- 数据清理涉及的代码。

接下来我们以回文数作为单元测试示例，来验证一个方法是否可靠。

1. 边界值分析和等价类划分

回文数是指正序（从左向右）读和倒序（从右向左）读都是一样的数字。回文字符串很好判断，但是如何判断一个数字是否是回文数呢？下面是一个实现方法，要特别说明的是，这个方法包含了顺序、分支、循环三种程序结构。

```java
public static boolean isPalindrome(int inputValue) {
    if (inputValue < 0) {
        return false;
    }
    int reverseValue = 0;
    int intermediateValue = inputValue;
    while (intermediateValue != 0) {
        reverseValue = reverseValue * 10 + intermediateValue % 10;
        intermediateValue /= 10;
    }
    return reverseValue == inputValue;
}
```

下面设计一个单元测试用例来保证它的可靠性。输入一个普通的值，比如 8，这个测试很容易通过，因为单个数字都满足条件。这类简单通过的正向测试叫作 Happy Path。

```java
@Test
public void should_be_true_if_value_is_eight() {
    // Given
    int inputValue = 8;
    // When
    boolean palindrome = isPalindrome(inputValue);
    // Then
    assertTrue(palindrome);
}
```

如果上述实现方法会被很多人使用，那么我们需要考虑到各种边界情况，尝试问自己下面的问题：

- 如果输入的这个值是负数，结果是什么呢？
- 如果输入的这个值是 0，结果是什么呢？
- 如果输入的这个值是 7，结果是什么呢？
- 如果输入的这个值是 10，结果是什么呢？
- 如果输入的这个值是 Java int 类型的最大值，结果是什么呢？
- 如果输入的这个值是 Java int 类型的最小值，结果是什么呢？

思考这些问题可以帮助我们更准确地设计单元测试用例。幸好我们使用的是类型系统完善的 Java，如果使用的是弱类型语言，例如 JavaScript，那么要问的问题会更多。

设计单元测试用例的时候，最基础的方法就是使用边界值分析和划分等价类。在上述值中，0 和 10 非常特殊，这两个数字会将数轴划分为多个边界。

- 最小值到 0 包含两个边界。

- 0 到 10 包含一个边界。
- 10 到最大值包含一个边界。

我们将边界上的输入作为单元测试用例，例如 0、10。边界中间的一些数据，比如 7 和 8，可以看作等价的，取其中一个值作为单元测试用例。表 3-3 为基于边界值分析给出的单元测试用例。

表 3-3 基于边界值分析给出的单元测试用例

边界值	输入值	期望的结果
Integer.MIN_VALUE	Integer.MIN_VALUE	False
0	0	True
-	5	True
10	10	False
-	11	True
Integer.MAX_VALUE	Integer.MAX_VALUE	False

表 3-3 一共有 6 个单元测试用例，能比较充分地考虑到各种情况。由于写完这 6 个单元测试用例的代码需要占用大量篇幅，因此这里就不再展示。在实际工作中遇到这种有固定输入模式的单元测试用例时，可以想办法减少样板代码，后面在介绍 JUnit 的另外一个特性时会进一步讲解。

2. 根据可达路径设计单元测试用例

另外一种更常用的单元测试用例设计方法是根据可达路径设计。可达路径是指程序具有不同的数据流动路径，这些路径是基于代码中分支语句实现的，单元测试应该保证每条路径都能被覆盖。

下面以简化版的 Fizz Buzz 为例进行说明。Fizz Buzz 是一个常见的编程练习题，主要考察代码的设计思路。

给予一个整数 n。如果这个数能被 3 整除，返回 fizz。如果这个数能被 5 整除，返回 buzz。如果这个数能同时被 3 和 5 整除，返回 fizz buzz。如果都不满足，返回 null。

以下是一个最简单的实现。

```
public static String simpleFizzBuzz(int n) {
    if (n % 3 == 0 && n % 5 == 0) {
        return "fizz buzz";
    } else if (n % 3 == 0) {
        return "fizz";
    } else if (n % 5 == 0) {
        return "buzz";
    }
    return null;
}
```

如表 3-4 所示，simpleFizzBuzz 方法有 4 条路径，满足相应条件则返回单词，不满足则返回 null。

一个方法可达路径的数量还可以用于衡量一段代码的复杂度。可达路径非常多说明这个方法非常复杂，需要相应地增加单元测试用例的数量，以保证它的可靠性。因可达路径多而带来的复杂度叫作圈复杂度。

表 3-4 路径分析

路径	用例输入	期望的结果
n％3＝＝0 && n％5＝＝0	15	fizz buzz
n％3＝＝0	3	fizz
n％5＝＝0	5	buzz
其他	10	Null

如果一个方法包含的代码比较长，其圈复杂度也会相对较高，如果各种条件语句再组合在一起，那么圈复杂度会呈指数级上升。一般情况下，圈复杂度在 20 以内比较合适，超出 40 则测试的成本会非常高。

单元测试用例是基于细粒度实现的，因此条件语句的组合要少一些。如果将多个方法合并测试，那么需要组合的条件就非常多了，圈复杂度自然也会叠加。这也是单元测试的成本要远远低于集成测试和系统测试的原因。

3.3.3 参数化单元测试用例

如果按照前面介绍的方法设计，那么要为同一个程序设计多个单元测试用例。以回文数为例，共有 6 种输入值（见表 3-3），如果每个值对应一个单元测试，那么测试代码会无比冗长。

对于上述情况，我们可以通过参数化单元测试来进行改善，该测试以一组二维数组作为输入。

```java
@RunWith(Parameterized.class)
public class ParameterizedPractiseTest {
    @Parameterized.Parameters
    public static Collection<Object[]> data() {
        return Arrays.asList(new Object[][]{
                {Integer.MIN_VALUE, false},
                {0, true},
                {5, true},
                {10, false},
                {11, true},
                {Integer.MAX_VALUE, false}
        });
    }

    private int input;

    private boolean expected;

    public ParameterizedPractiseTest(int input, boolean expected) {
        this.input = input;
        this.expected = expected;
    }

    @Test
    public void test() {
        assertEquals(expected, isPalindrome(input));
    }
}
```

实际上这里只是使用了一种语法糖，即通过@RunWith 注解输入 Parameterized Runner，帮助生成 6 个独立的测试。在这个例子中需要用到 Runner，Runner 是 JUnit 的一种拓展方式，可以将其看作测试用例的管理器。在后续部分我们会切换各种各样的 Runner 来满足特定的需求，并通过源码分析来介绍它的实现细节。@Parameterized.Parameters 注解定义了 6 条数据作为输入、输出信息。这个注解允许传入一个模板给 6 个独立的测试输出相应的名称。

我们可以将参数组合到单元测试用例的名字中，下面这行代码可以用于定义生成的单元测试用例名称。

```
@Parameterized.Parameters(name = "{index}_input_({0})_should_be_{1}")
```

现在我们在控制台就可以看到 6 个独立的单元测试，运行结果如图 3-3 所示。

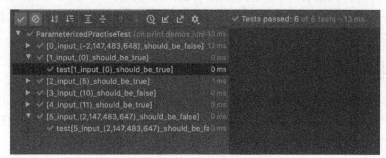

图 3-3 参数化单元测试的运行结果

第三方 JUnitParamsRunner 可以直接将@Parameters 注解组合应用于测试方法上，这样测试代码更为简洁。要使用 JUnitParamsRunner 需要通过 Maven 自行导入，示例如下。

```
@RunWith(JUnitParamsRunner.class)
public class PersonTest {

  @Test
  @Parameters({"17, false",
               "22, true" })
  public void person_is_adult(int age, boolean valid) throws Exception {
    assertThat(new Person(age).isAdult(), is(valid));
  }
}
```

3.4　单元测试的使用技巧

在编写单元测试的过程中需要考虑各种意外情况，比如发生异常时该如何处理。下面会介绍一些应对方法。

3.4.1　测试异常

异常是实现业务逻辑时常用的错误处理机制，单元测试往往需要覆盖各种异常情况，否则测试的意义会大打折扣。对异常断言有以下几种方式：使用@Test 注解中的 expected、使用 assertThrows 断言工具或 Rule 等。

下面以计算两数相除为例来编写单元测试。

给定两个整数，被除数 dividend 和除数 divisor。将两数相除，要求不使用乘法、除法和 mod 运算符。返回被除数 dividend 除以除数 divisor 得到的商。

这里用了一个最容易理解的算法，即通过循环做减法来实现除法，示例代码如下。

```java
public static int divide(int dividend, int divisor) {
    int result = 0;
    float remainder = dividend;
    while (remainder >= divisor) {
        result++;
        remainder = remainder - divisor;
    }
    return result;
}
```

不过这段代码有一个致命的漏洞，如果传入的 divisor 为 0 就会出现死循环。因此我们需要在代码中增加处理这种场景的异常，即不允许被除数为 0。在下面的代码中，DivideByZeroException 是一个空的异常，继承自 RuntimeException。

```java
if (divisor == 0) {
    throw new DivideByZeroException();
}
```

接下来编写单元测试进行验证，确保代码安全。

1. 使用@Test 注解中的 expected 参数

@Test 注解提供的可选参数 expected 可以非常简单地实现对异常的断言，这个参数只能传入 Throwable 的子类。示例代码如下。

```java
@Test(expected = DivideByZeroException.class)
public void should_get_error_when_divisor_is_zero() {
    assertEquals(3, divide(9, 0));
}
```

这是一种偷懒的方法，expected 参数无法断言该异常的具体值和消息，如果方法内部有多个地方抛出了相同的异常，则无法准确地断言期望的异常。因此建议尽量考虑使用其他的方式来测试异常。

2. 使用 try/catch 语法

如果你的 JUnit 版本过低，一个用于测试异常的小技巧就是使用 try/catch + fail 方法。

为了让断言准确地处理异常信息，首先改造 DivideByZeroException，增加一个构造方法，以便传入一个消息，示例代码如下。

```java
public class DivideByZeroException extends RuntimeException {
    public DivideByZeroException(String message) {
        super(message);
    }
}
```

下面这行代码会给丢出异常的地方加上消息。

```
throw new DivideByZeroException("divisor is zero");
```

使用 **try/catch** 语法可以获得完整的异常实例，进而实现异常的断言。示例代码如下。

```
@Test
public void test_exception_by_try_catch() {
    try {
        divide(9, 0);
        fail("Expected DivideByZeroException be thrown");
    } catch (DivideByZeroException divideByZeroException) {
        assertThat(divideByZeroException.getMessage(), is("divisor is zero"));
    }
}
```

在上述代码中，我们期望 divide(9, 0) 抛出异常，让测试通过。如果没有抛出异常，就会运行到后面的 fail 方法中，fail 方法的作用是告诉 JUnit 测试未通过。fail 方法非常重要，没有它就起不到断言的作用。

3. 使用@Rule 注解

@Rule 注解是一种提前声明的机制，它可以先声明一些期望值，然后再执行业务代码，一般用于特殊场景，示例代码如下。

```
@Rule
public ExpectedException thrown = ExpectedException.none();

@Test
public void test_exception_by_rule() throws IndexOutOfBoundsException {
    thrown.expect(DivideByZeroException.class);
    thrown.expectMessage("divisor is zero");
    divide(9, 0);
}
```

这个机制可以用来测试异常，但由于它被定义为类级别，使用起来比较麻烦，因此已经不推荐使用。

4. 使用 JUnit 5 的新特性

JUnit 5 提供了一些新的断言能力，可以结合 Java 8 的 Lambda 表达式来实现更为方便的断言，具体将在后面介绍。

3.4.2　测试覆盖率

如果我们的单元测试用例设计得不好，或者不够多，必然会有很多分支和情况没有考虑到。对此，我们可以通过统计测试覆盖率来检验，进而进行改善。

IDE 内置的测试覆盖率统计工具可以完成上述工作，只需要使用 Run xx with Coverage 命令即可，如图 3-4 所示。

IntelliJ IDEA 不仅可以针对类统计测试覆盖率，还可以针对选中的包统计单元测试覆盖率。

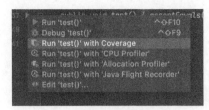

图 3-4　测试覆盖率统计

IntelliJ IDEA 运行完以后，会弹出一个统计窗口（如图 3-5 所示），同时代码编辑器也会显示哪些代码已被覆盖。

Coverage:　HelloWorldTest.should_return_world_a...			
25% classes, 5% lines covered in package 'cn.prinf.demos.junit.basic'			
Element	Class, %	Method, %	Line, %
AssertPractise	0% (0/1)	0% (0/4)	0% (0/6)
DivideByZeroException	0% (0/1)	0% (0/1)	0% (0/2)
ExceptionPractise	0% (0/1)	0% (0/1)	0% (0/8)
HelloWorld	100% (1/1)	50% (1/2)	33% (1/3)

图 3-5　统计窗口

覆盖率包括类、方法、分支和行的覆盖率，一般项目会要求类和方法的覆盖率达到 100%，行和分支的覆盖率到 80%。其实，覆盖率的主要指标应该是分支的覆盖率，了解分支的覆盖率可帮助我们进一步完善测试用例。

在工程化方面，我们可以使用 Maven Surefire 插件和 JaCoCo 来运行测试并获取测试覆盖率，同时上传报告，这些内容在工程化部分会说明。

3.4.3　使用 JUnit Rule

JUnit Rule 提供了一种类似拦截器的机制，用于拓展 JUnit 的功能，它可以给每个测试添加一些通用的行为。其常见的用途为全局设置超时时间、获取当前的测试名称和打印日志等。

JUnit 官方网站上给出的部分示例不是很常见，例如，它提到 TemporaryFolder 这个 Rule 提供了一个文件模拟机制，但是更好的做法是使用模拟工具来实现此模拟机制。还有一个例子就是前面提到的通过 Rule 来完成异常测试，现在已不推荐使用。关于 Rule 的用法，后面会讲到一个通过 Rule 实现超时的技巧。

下面先来看一个使用 Rule 的简单例子。TestName 是一个获取测试名称的 Rule，在下面这段测试代码中，每个测试都会在运行期间应用这个 Rule，并将当前的信息传递给 Rule，通过这种方式即可获得测试名称。

```java
public class NameRuleTest {
  @Rule
  public final TestName name = new TestName();

  @Test
  public void testA() {
    assertEquals("testA", name.getMethodName());
```

```
  }

  @Test
  public void testB() {
    assertEquals("testB", name.getMethodName());
  }
}
```

一般情况下，我们用到 Rule 的地方不多，但是需要知道这种机制的存在，便于在需要的时候实现一些全局逻辑，提高效率。

例如，我们可以给每个测试生成一个专用的日志对象，以记录测试过程中的信息。

```
public class TestLogger implements TestRule {
  private Logger logger;

  public Logger getLogger() {
    return this.logger;
  }

  @Override
  public Statement apply(final Statement base, final Description description) {
    return new Statement() {
      @Override
      public void evaluate() throws Throwable {
        logger = Logger.getLogger(description.getTestClass().getName() + '.' +
        description.getDisplayName());
        base.evaluate();
      }
    };
  }
}
```

3.4.4 其他技巧

1. 忽略测试

如果因为某些原因（可能是快速修复 CI，避免影响团队其他成员的工作），你需要快速忽略测试，那么请尽量不要使用大面积注释代码的方法。建议使用@Ignore 注解，并加上原因，且在方便的时候及时进行修复。

与删除、注释代码不同，@Ignore 注解会被测试框架作为已经被忽略的测试统计并显示。示例代码如下。

```
@Ignore("Test is ignored as a demonstration")
@Test
public void assert_same() {
    assertThat(1, is(1));
}
```

2. 测试超时

如果一个测试运行的时间很长，往往意味着这个测试已失败。JUnit 提供了一种方式结束它，即使用@Test 注解的 timeout 参数传入一个毫秒数。

如果这个测试的运行时间超过了 timeout 参数允许的时间，JUnit 会中断测试线程，标记测试失败，并抛出异常。需要注意的是，如果测试代码无法被中断，JUnit 会启动另外一个线程来发出中断信号。示例代码如下。

```
@Test (timeout = 1000)
public  void test_with_timeout() {
    ...
}
```

timeout 参数只会针对单个测试的超时时间进行检查，如果想要一次性对所有的测试都应用这个规则，可以使用 Rule。示例代码如下。

```
public class GlobalTimeoutPractiseTest {
    @Rule
    public Timeout globalTimeout = Timeout.seconds(10);

    @Test
    public void test_sleep_11_seconds() throws Exception {
        Thread.sleep(11000);
    }

    @Test
    public void test_sleep_12_seconds() throws Exception {
        Thread.sleep(12000);
    }
}
```

在上述代码中，Timeout Rule 定义了一个全局的 Rule，它在当前的类下有效，它会计算@Before、@After 注解的运行时间。但是，如果中断是死循环造成的，那么 JUnit 会直接停掉，@After 注解可能不会被执行。

3. 聚合单元测试套件

有时候需要将一组测试用例组合起来作为一个单元测试套件运行，这可以通过将 Suite 作为 Runner 来实现，即通过@Suite.SuiteClasses 注解传入需要组合的测试类来实现单元测试套件。示例代码如下。

```
@RunWith(Suite.class)
@Suite.SuiteClasses({
        HelloWorldTest.class,
        AssertPractiseTest.class
})
public class SuitesPractiseTest {

}
```

3.4.5 新手容易犯的错误

1. 找不到单元测试

在运行单元测试的时候，控制台中显示 No tests found（找不到单元测试），这有可能是以下原因造成的：

- 单元测试的方法被设置为了 private。处理方法为将其修改为 public。不过，在 JUnit 5 中已修改了相应的实现机制，不需要再添加方法的 public 修饰符；
- Classpath 中可能存在多个版本的 JUnit 包。

2. initialization error 初始化失败

在 IntelliJ IDEA 中，如果测试运行一次后把 @Test 注解注释掉了，那么再次运行就可能出现 initialization error 初始化失败的情况。原因是 IntelliJ IDEA 识别出了它们是同一个测试，但是启动器没有识别出来。遇到这类问题，可以检查一下 @Test 注解引入的包路径是否正确，即是否为 JUnit 包下面的注解。

3. IntelliJ IDEA 中不出现执行按钮

出现 IntelliJ IDEA 中不出现执行按钮的情况，有可能是 JUnit 没有被 IntelliJ IDEA 识别。建议先检查 Maven 是否拉取了正确的依赖，然后尝试重新加载 Maven 的依赖，并重启 IntelliJ IDEA。

4. 明明加载了 JUnit 的依赖，但是 @Test 注解找不到

如果 Pom 文件依赖的 scope 属性被定义成了 test，但是测试类被创建到了源码的目录中，那么 @Test 注解找不到 JUnit 的相关类和注解，无法使用。

在这种情况下，建议继续保持 scope 为 test，并把测试类移动到 test 模块下，参考后面 Java 单元测试的约定和原则。

3.5　基于 JUnit 5 实现测试

前面的内容都是基于 JUnit 4.3 讲解的。2017 年，JUnit 5 发布，它和之前的版本有较大的差异，尤其是架构上，它被拆分成了 3 个子项目，在使用这些子项目时需要引入相应的包。

简单来说，JUnit 5 不再是一个简单的测试框架，而是一个测试平台，允许接入其他的测试框架。JUnit 5 在带来更多功能的同时，也变得更为复杂，对新手并不友好，这也是前面没有使用它作为示例的原因。不过 JUnit 5 还是值得一学的，好在 JUnit 5 向下兼容了 JUnit 4，两者在使用上没有太大差别。

3.5.1　JUnit 5 的架构说明

使用 JUnit 5 时需要单独引入 3 个包，这 3 个包分别对应 JUnit 5 的 3 个子项目。可以用一个公式来理解 JUnit 5。

JUnit 5 = JUnit Platform 包 + JUnit Jupiter 包 + JUnit Vintage 包

JUnit Platform 包是在 JVM 上启动测试框架的基础，它用来启动测试引擎。它提供了不同的启动接口，比如命令行、Maven、Gradle 和 IDE 等。另外，它允许接入各种测试引擎。

JUnit Jupiter 包提供了新的编程模型，此模型为 JUnit 5 的核心。JUnit Jupiter 包内置了一个测试引擎。

Vintage 的字面意思是过时。可想而知，JUnit Vintage 包用于对旧的 JUnit 版本提供兼容。图 3-6 展示了 JUnit 5 的架构。

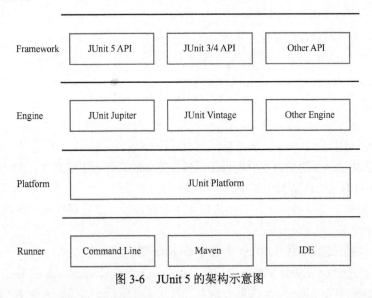

图 3-6 JUnit 5 的架构示意图

JUnit 5 的架构让单元测试的运行变得更加灵活，另外 JUnit Jupiter 包在反射能力方面也有一些提升，当你处理一些私有属性和方法时就可以感受到。

3.5.2 使用 JUnit 5

JUnit 5 的使用和 JUnit 4 的差别不大，只是在使用 JUnit 5 时，要从新的包中引入注解和断言，这有可能会给新手造成困惑。

下面照例新建一个 Java 模块，命名为 JUnit 5，然后在 Pom 文件中加入依赖。

```xml
<dependency>
    <groupId>org.junit.jupiter</groupId>
    <artifactId>junit-jupiter-api</artifactId>
    <version>5.7.1</version>
    <scope>test</scope>
</dependency>
<dependency>
    <groupId>org.junit.jupiter</groupId>
    <artifactId>junit-jupiter-engine</artifactId>
    <version>5.7.1</version>
    <scope>test</scope>
</dependency>
```

如果我们不需要保留对 JUnit 4 的兼容，可以不加入 JUnit Vintage 包，只需要在新的包路径下使用相关 API 即可。

下面编写一个和前面一样的 HelloWorld 类，以及关于 HelloWorld 的测试。在新的测试中使用的是 org.junit.jupiter.api 包中的注解。

```java
import cn.prinf.demos.junit.jupiter.HelloWorld;
import org.junit.jupiter.api.Test;

import static org.junit.jupiter.api.Assertions.assertEquals;

public class HelloWorldTest {

    @Test
    public void should_return_world_as_string() {
        assertEquals("Hello, world!", HelloWorld.hello());
    }
}
```

在 JUnit Jupiter 包中，Assertions 类代替了原 JUnit 包中的 Assert 类，并提供了更为丰富的功能。虽然在日常工作中 JUnit 4.3 的断言库已经够用，但有更多的选择也不是坏事。JUnit 5 提供的注解与 JUnit 4.3 类似，不过有几个注解发生了变化，具体如下：

- @Test 注解的职责变得单一，它不再提供主要的属性，这些属性由单独的注解提供，比如 @Timeout 注解；
- @Timeout 注解提供与原来@Test 注解中 timeout 属性同样的功能；
- @Before 和@After 注解分别被替换成了@BeforeEach 和@AfterEach 注解；
- @BeforeClass 和@AfterClass 注解分别被替换成了@BeforeAll 和@AfterAll 注解；
- @Disabled 注解忽略了测试类和方法，与原来的@Ignore 注解的功能一样；
- @RepeatedTest 注解可以让测试重复运行，但实际用到的地方不多。

3.5.3   更强的断言能力

JUnit 5 带给我们的最直观感受就是断言能力的提升，因为支持 Java 8 的 Lambda 表达式，所以它让很多断言变得极其简单。

例如，我们在使用 JUnit 4.3 时，如果想声明测试方法的异常，需要定义 Rule，或者用@Test 注解中的 expected 属性声明。而在 JUnit 5 中，直接用 Assertions.assertThrows 包裹被测试的代码即可。

下面基于 JUnit 5 的 assertThrows 改写前面介绍异常断言时的例子。

```java
@Test
void should_assert_exception_type_and_message() {
    DivideByZeroException divideByZeroException = assertThrows(DivideByZeroException.
    class, () -> divide(9, 0));
    assertEquals("divisor is zero",divideByZeroException.getMessage());
}
```

上述代码会根据返回的异常实例进行断言，验证消息和原因是否正确，且能够在引发异常后对其他信息进行断言。另外，还可以在这个测试中编写更多的异常断言，且不需要再开启一个测试。

Assertions.assertTimeout 可以提供和 Assertions.assertThrows 相同的效果。

3.5.4   嵌套测试

JUnit 5 提供了嵌套的测试风格，即允许在测试类中编写嵌套类来组织测试。一般情况下，我们会将业务类和测试类一一对应，不过有时候一些上下文关系的测试可以合并到一起，这可以避免测试类的数量"爆炸"。此外，JUnit 5 还可以把需要相同测试数据的类放到一起，以便更好地组织测试代码。来看个示例。

```java
import cn.prinf.demos.junit.jupiter.HelloWorld;
import org.junit.jupiter.api.DisplayName;
import org.junit.jupiter.api.Nested;
import org.junit.jupiter.api.Test;

import static org.junit.jupiter.api.Assertions.assertEquals;

public class NestedTest {

    @Test
    @DisplayName("Normal test")
    public void should_return_world_as_string() {
        assertEquals("Hello, world!", HelloWorld.hello());
    }

    @Nested
    @DisplayName("Nested testing demonstration")
    class NestedInnerDemoTest {

        @Test
        void first_test() {
            System.out.println("this is first nested test");
        }


        @Test
        void second_test() {
            System.out.println("this is second nested test");
        }
    }
}
```

测试运行后的结果截图如图 3-7 所示，可以看到测试描述很有层次。

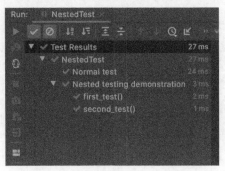

图 3-7 嵌套测试的运行结果

3.5.5 拓展的变化

在 JUnit 4.3 中，通常情况下一次只能使用一个 Runner，原因是@RunWith 注解有诸多的限制。想要定义多个 Runner 很麻烦，不得不使用@Rule 注解来实现。在 JUnit 5 中，将@RunWith 注解换成了@ExtendWith 注解，@Rule 注解也就无用武之地，被移除了。

例如，使用 Spring Runner 运行测试，在 JUnit 4.3 中看起来是这样的。

```
@RunWith(SpringRunner.class)
public class MySpringUnitTest {
    // ...
}
```

在 JUnit 5 中就是这样的。

```
@ExtendWith(SpringExtension.class)
class MySpringUnitTest {
    // ...
}
```

@ExtendWith 注解不仅可以支持多个 Extension，还可以放置到测试方法上。在 JUnit 4.3 中，@RunWith 注解只能用在类上。

3.6 Java 单元测试的原则和约定

有网友和同事曾问我，怎样的单元测试才算一个比较好的测试。对于团队来说，只要是有效的、容易维护的测试就是好测试。单元测试应尽量轻量级，且应坚持做下去。

为了让团队对单元测试有统一的认识和理解，下面基于 FIRST 原则整理了一些约定。

3.6.1 FIRST 原则

FIRST 原则包括快速（Fast）原则、独立（Indepent）原则、可重复（Repeatable）原则、自我验证（Self Validating）原则以及及时（Timely）原则。

1. 快速原则

单元测试应该是可以快速运行的，它作为细粒度的测试，需要快速运行完一个测试用例。

2. 独立原则

单元测试的每个用例应该是独立的，用例之间不能相互干扰和依赖，且与顺序无关。这可以通过 setup 和 teardown 方法来保证。另外，单元测试也不应强依赖外部环境，要尽量和环境隔离。

3. 可重复原则

每个单元测试用例都要可以被重复运行，并且每次运行要能得到相同的结果。另外，要能在不同的环境上运行，例如能在其他团队成员的开发设备上运行。

4. 自我验证原则

单元测试用例的每个运行结果都要通过断言验证，不应通过人工验证。

5. 及时原则

在实现业务代码前或后要及时补充单元测试，晚了起不到发现问题的作用。

3.6.2　单元测试的约定

单元测试代码要和业务代码一样统一、整洁。下面整理了一些单元测试的约定及规范。

- 测试用例的方法名称使用下画线，并且要表达出一个完整的意思，单元测试可以作为"活"文档。
- 测试文件要和业务代码类一一对应，并且要放置到与业务代码同级的测试模块中，这样 IDE 工具才可以自动识别，并通过快捷键跳转。
- 测试文件要和业务代码文件同名，且应以 Test 作为名字的结尾。
- 要按照 Given...When...Then 风格组织测试代码。Given...When...Then 是一种结构化测试代码风格，按照这种风格，每个测试方法中的代码都会分为三部分——Given 为准备数据，When 为调用被测方法，Then 为测试断言。
- 测试用例必须有充分的断言语句。
- 不需要特别设置就能运行单元测试。
- 不允许注释单元测试的方法，如果需要快速跳过，使用@Ignore 注解。
- 如果改变了全局对象，要使用@After 注解清理。
- 如果被测试的类实现了接口，尽量通过接口的类型测试。
- 配置合适的测试覆盖率。要为不同的代码配置不同等级的测试覆盖率，核心代码的测试覆盖率应为 100%。
- 通用的准备工作使用相关生命周期注解，避免重复。
- 通用的数据准备工作可以通过提取一个测试助手类来完成。
- 提交代码前保证单元测试已通过。
- 修改业务代码时，要同步修改单元测试，并补充足够的单元测试用例。

3.7　小结

本章先介绍了单元测试的基础知识，比如如何使用断言等，然后介绍了单元测试的设计方法，接着讲解了一些单元测试的使用技巧和诊断问题的方法。任何团队在进行编码时都需要通过一些契约来保证团队的协作顺利。因此，本章的最后介绍了单元测试的原则，并整理了一份单元测试的约定。

单元测试并不是高级开发人员的专利，它应该是合格开发人员的基本能力。单元测试工具和框架的选用以轻量级、能坚持为原则。一上来就要求 100%的单元测试覆盖率或者使用一些冷门复杂的框架，不利于团队坚持下去。

第 1～3 章介绍了大部分工具类的单元测试。应用程序的代码往往耦合度更高，要为这类代码编写单元测试，还需要一些其他技巧，这将在后文中逐步介绍。

第 4 章

测试替身

测试替身是单元测试中非常有用的一个概念，用来隔离组件之间的依赖关系，让不可测试的组件变为可测试组件。

曾听很多朋友说，测试替身这个概念非常难理解，它有种浓浓的"翻译味"。我一直在尝试找一个合适的类比来说明这个概念，有一次我家的灯泡坏了，我带着这个灯泡到一家五金店购买同款新灯泡，老板找出一个相似的灯泡，然后插到门后一个装置上，灯泡亮了起来。我忽然灵光一闪，这不就是测试替身一个绝妙的类比吗？代替真实灯座进行验证的装置就是测试替身。

合理运用测试替身可以在运行单元测试时去除对运行环境的依赖。这也给了我们一个启示，那就是要尽可能地使用清晰的边界来设计测试代码。

编写单元测试有时候不是那么容易。对于前面提到的类比，假如灯泡是通过电线直接连接到供电系统的，而不是灯座，那么测试就会变得非常困难。

本章的目标是解决在编写单元测试的过程中遇到的各种困难，通过测试替身让单元测试顺利进行。在 Java 技术栈中，我们可以使用 Mockito、PowerMock 这两种测试替身工具。

本章涵盖的内容如下：

- 使用 Mockito 实现 public 方法的模拟，用于解决大部分的可测性问题；
- 使用 PowerMock 实现特殊的测试场景。比如在被测试的代码中有一段 System.out.printf 代码，我们很难进行替换，那么就需要使用 PowerMock 来实现。

4.1 测试替身简介

一个完整的应用程序或者一个系统有时很难提供一个纯粹的类来进行单元测试，对象之间的依赖往往交织在一起，在这种情况下，需要将其拆解成一个个小单元。

要将这些交织在一起的对象拆开，需要通过一些工具来模拟相关数据或替换具有某些特定行为的类等。xunitpatterns 网站把这些工具称为 Test Double（测试替身）。

在不同的测试图书中对测试替身有不同的说法。比如一些图书将 Stubs 表述为测试替身,但有些图书只是将 Stubs 当作测试替身中的一种。

著名程序员马丁·福勒(Martin Fowler)为了让测试替身相关概念更容易理解,重新给它下了定义。下面主要结合马丁·福勒给出的定义针对测试替身相关概念进行说明。一般情况下,日常交流中会直接使用英文来描述这些概念,为了方便理解,这里也给出相应的中文名称以供参考。

我们以 Test Double 作为抽象概念来描述多种测试替身的集合,而测试替身具体的种类使用下面的概念来阐述。

- Dummy:哑对象(数据)。此对象仅仅用于填充参数列表,实际上不会用到它们,它们对测试结果也没有任何影响。
- Fake:假的对象或者组件。它可以完整替代依赖组件,例如内存数据库 H2,一般只会在测试环境下起作用,不会应用于生产。
- Stub:桩件。为被测试对象提供数据,没有任何行为。所提供的往往是测试对象依赖关系的上游数据。
- Spy:间谍对象。它代理了待测对象所依赖的对象,其行为往往由被代理的真实对象提供,代理的目的是了解被依赖对象内部的运行过程。
- Mock:模拟对象。用于模拟被测试对象的依赖,它往往是一个具有特定行为的对象。开发人员在测试开始前设置预期返回的结果,被测试对象在调用这个模拟对象的方法时,返回预先设定的值。

在不同的测试框架中,这些概念的含义会有一些不同,但大体上相差不大。例如,上面将 Stub 理解为桩件,而在 Mockito 的源码中,为模拟对象设置预期行为的过程也叫作 Stub,英文动词为 Stubbing。

测试框架往往会提供与 Spy、Mock 相关的实现,Dummy、Fake 和 Stub 则需要开发人员自己配置或者实现。本章以及后续的章节将聚焦在 Mock、Spy 的原理和使用上。

说明:Mock 作动词时,中文意思为模拟;Spy 作动词时,中文意思为监视。

图 4-1 以用户注册为例,简单说明了上述测试替身的作用。用户注册的单元测试聚焦于注册部分的代码,至于其他部分,能模拟就尽量想办法模拟。

下面我们使用 Mockito 来测试依赖关系复杂的对象。

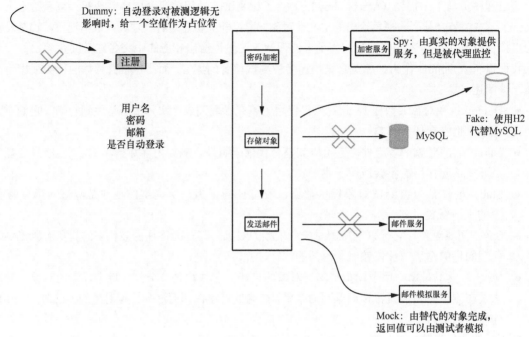

图 4-1 各种测试替身的作用

4.2 Mockito

图 4-2 为 Mockito 的 Logo，画面中包含一杯莫吉托（Mojito）鸡尾酒，Mockito 的名称就是由莫吉托演化而来。

Mockito 是一个易用的模拟框架，可以通过干净、流式的 API 编写出容易阅读的测试代码。Mockito 和 JUnit 4 配合得非常完美，Mockito 在 Stack Overflow 社区的排名较高，另外它也是 GitHub 中引用占比非常高的一个框架。

图 4-2 Mockito 的 Logo

Mockito 中最常用的是 mock、spy 这两个静态方法，它的大部分工作可以通过这两个静态方法来完成。使用 mock 方法输入一个需要模拟的类型后，Mockito 会构造一个模拟对象，并提供一系列方法操控所生成的模拟对象。例如，根据参数返回特定的值、抛出异常或验证这个模拟对象中的方法是否被调用以及通过何种参数调用等。spy 方法的使用与 mock 方法类似，唯一不同的是它需要传入一个实例化的对象，Mockito 会代理这个方法而不是新建一个模拟类。

Mockito 具有很好的可拓展性。后面在讲解 Mockito 时，会借助 PowerMock 来完成一些静态方法、私有方法的模拟和测试，PowerMock 和 Mockito 能很好地协作。

4.2.1 使用 mock 方法

在下面的示例代码中，stubs 模块有一个 UserService 对象，该对象用来演示用户注册的逻辑。在 register 方法中，注册的过程分为对密码进行 Hash 计算、让数据持久化和发送邮件这三个步骤。事实上，实际场景下的注册方法很复杂，这里做了大量简化，以便于我们将注意力集中在单元测试上。

```java
public class UserService {
    private UserRepository userRepository;
    private EmailService emailService;
    private EncryptionService encryptionService;

    public UserService(UserRepository userRepository, EmailService emailService,
    EncryptionService encryptionService) {
        this.userRepository = userRepository;
        this.emailService = emailService;
        this.encryptionService = encryptionService;
    }

    public void register(User user) {
        user.setPassword(encryptionService.sha256(user.getPassword()));

        userRepository.saveUser(user);

        String emailSubject = "Register Notification";
        String emailContent = "Register Account successful! your username is " +
        user.getUsername();
        emailService.sendEmail(user.getEmail(), emailSubject, emailContent);
    }
}
```

为了演示 Mockito 的基本使用方法，这里没有使用 Spring 框架，需要读者自己通过构造函数组织对象的依赖关系。

我们的测试目标是 register 方法，与之前的示例不同，这里的被测试方法没有返回值，无法根据返回值断言，因此只要测试过程中没有发生异常就代表功能和逻辑正常。另外，这个方法会调用其他对象，复杂的依赖关系在现实中很常见。

在上述示例中，UserService 对象的构造方法需要传入 userRepository、emailService 和 encryptionService 这三个对象，否则无法工作。

下面是应用了模拟对象的测试示例。首先，创建一个 Maven 项目或者模块，在 Pom 文件中增加 Mockito 的依赖。

```xml
<dependency>
    <groupId>junit</groupId>
    <artifactId>junit</artifactId>
    <version>4.13</version>
```

```
    <scope>test</scope>
</dependency>

<dependency>
  <groupId>org.mockito</groupId>
  <artifactId>mockito-core</artifactId>
  <version>2.28.2</version>
  <scope>test</scope>
</dependency>
```

Mockito 使用 Byte Buddy 作为代理技术，根据暴露出来的 API 可知，只需要传入一个类作为参数就可以生成一个模拟对象。指定这个模拟对象的行为并返回特定的值，即可完成测试工作。

在下面的测试代码中，会使用 Mockito 创建我们需要的模拟对象。

```java
public class UserServiceTest {

    @Test
    public void should_register() {
        // 使用 Mockito 创建三个对象
        UserRepository mockedUserRepository = mock(UserRepository.class);
        EmailService mockedEmailService = mock(EmailService.class);
        EncryptionService mockedEncryptionService = mock(EncryptionService.class);
        UserService userService = new UserService(mockedUserRepository, mockedEmailService,
        mockedEncryptionService);

        // Given
        User user = new User("admin@test.com", "admin", "xxx");

        // When
        userService.register(user);

        // Then
        verify(mockedEmailService).sendEmail(
                eq("admin@test.com"),
                eq("Register Notification"),
                eq("Register Account successful! your username is admin"));
    }
}
```

在上述代码中，mock 方法帮我们创建了一个模拟对象，而非真实的对象。mock 方法是一个静态方法，来自 Mockito，为了让内容更简短，我们一般直接导入静态方法。Mockito 类是 Mockito 的门面类，它提供了大量的静态方法供开发人员使用。

上述示例以 Given...When...Then 风格来组织测试代码，这可以让测试看起来更为清晰。此风格在前面介绍单元测试时已经使用过，由于这里使用了测试替身，这种风格的优点体现得更加明显，下面简单介绍一下。

很多文章认为这种风格是行为驱动开发（BDD）的一部分，部分 E2E 测试框架将其作为默认的代码组织形式。其基本思想是将编写场景（或测试）分解为以下三个部分：

- Given 部分描述在开始执行指定的行为之前程序的状态，可以将其视为测试的前提条件；
- When 部分触发被测试对象的调用；
- Then 部分检查和断言因执行指定的行为而产生的变化。这种变化可以是方法调用成功的返回值、抛出的异常和下游的方法被调用等。

Mockito 提供了一个门面类 BDDMockito 来让开发人员使用相关 API 编写 BDD 风格的测试。在单元测试中，我们也可以基于此风格来组织测试代码。

根据前面的说明可知，一个测试中应该只包含一组 Given...When...Then，如果出现多组，则建议将其拆分成多个测试。

对 register 方法来说，想要让测试更有效，就需要验证传给 sendEmail 方法的参数是否符合我们的预期。这里可以使用 verify 方法传入模拟对象，并调用相关方法。verify 方法还可以传入验证的次数，如果是一个循环，被模拟的对象可能会不止一次被调用，不传入的情况下验证的次数默认是 1。示例代码如下。

```
verify(mockedEmailService).sendEmail(
                eq("admin@test.com"),
                eq("Register Notification"),
                eq("Register Account successful! your username is admin"));
```

在上述代码中，verify(mockedEmailService) 等价于 verify(mockedEmailService, 1)。这里还需要验证发送邮件的参数是否是我们所期望的。比如验证发送邮件的地址是否为 admin@test.com，发送的内容中是否包含了用户名信息等。

上述代码使用 eq 方法进行对比，需要注意的是，eq 方法和 assertThat 方法中的 equalTo 来源不一样。eq 方法是通过对参数进行验证来实现对比的，它来自于 ArgumentMatchers 类。而 equalTo 通常来自 Hamcrest 断言库中的 Matchers 类。

我们知道，只有被成功拦截的对象才能用 verify 方法验证。verify 方法验证的内容包括调用的次数、参数和延时等，而实现的细节和每步的逻辑 verify 方法并不会验证。

4.2.2 捕捉参数对象

前面我们验证了发送的邮件内容是否符合我们的预期，但是并没有验证传入 userRepository. saveUser 方法的内容是否按照我们的预期执行。因此我们不仅需要验证 userRepository. saveUser 方法的调用次数，还需要验证传入的对象。

在 Java 中，如果修改了一个对象的属性值，在进行相等判断时，只会通过引用来比较对象，因此无法起到断言和校验的作用。所以在使用 verify 方法进行验证时，需要先捕捉传入的参数对象，再通过前面介绍的断言来完成验证。

在这种情况下，可以先通过参数捕获器 ArgumentCaptor 构建一个 Argument 对象，再捕捉参数，最后进行断言。示例代码如下。

```
ArgumentCaptor<User> argument = ArgumentCaptor.forClass(User.class);
verify(mockedUserRepository).saveUser(argument.capture());
```

```
assertEquals("admin@test.com", argument.getValue().getEmail());
assertEquals("admin", argument.getValue().getUsername());
```

4.2.3 设置模拟对象的行为

通常情况下，我们可以通过修改模拟对象中方法的行为，来实现一个完整的单元测试。

在不预设返回值的情况下，调用模拟对象的方法会按照下面的规则返回值。

- 如果方法的返回类型是包装类型，则方法默认会返回 null。
- 如果方法的返回类型是基本类型，则方法返回相应的默认值，例如数字类型会返回 0，布尔类型会返回 false。

为了测试各种行为，需要让模拟对象按照我们的意图返回数据或者做一些操作。通过 when(…).thenReturn(…) 语句可以修改模拟对象中被模拟的方法被调用时的行为或返回值。

在前面的 register 方法中，我们通过 sha256 方法来对密码进行 Hash 计算。在下面的示例中，sha256 方法传入了一个 any 方法，此方法是参数匹配器，通过匹配一些条件来决定是否修改被模拟方法的行为或返回值。如果 any 方法不带参数，则意味着任何参数都满足条件。如果 any 方法使用 any(Class<T> type) 的形式传入了一个参数类型，那么它会限定具体的参数类型。ArgumentMatchers 类中还有 eq、contains 等方法用于更精确的匹配。

```
when(mockedEncryptionService.sha256(any()))
    .thenReturn("cd2eb0837c9b4c962c22d2ff8b5441b7b45805887f051d39bf133b583baf6860");
```

when 方法可接收一个模拟对象或间谍对象作为参数，且可调用以下方法预置行为。

- thenReturn：预置一个返回值。
- thenThrow：抛出一个异常。
- thenCallRealMethod：调用间谍对象上被代理的原始方法。
- thenAnswer：返回一个 Answer 对象。Answer 对象是预置行为的封装类，上面三种方法都是 Answer 对象的实现。

仔细观察你会发现，这里赋予一个模拟对象相应行为的操作是通过直接调用这个模拟对象上的方法，并传递一个参数匹配对象来实现的。使用这种语法设置模拟对象的预期行为，就像调用普通方法一样方便，但是容易让人感到困惑。

我第一次使用这个语法的时候感到不可思议，这驱使我去阅读了 Mockito 的源码。Mockito 线程的上下文中会记录模拟对象的状态。如果模拟对象上的方法还没有被赋予期望的行为就已被调用，则会认为此为设置阶段。若模拟对象的方法已经被设置了行为，那么它再被调用会返回先前设置的返回值或触发相应的逻辑。这有点像一把设计特殊的枪，第一次扣下扳机只是为了让子弹上膛，第二次扣下扳机才会发射子弹。

Mockito 还有一些隐藏的规则，为避免掉入陷阱，下面来了解一下。

- 可以多次定义预置行为，后续的定义会覆盖前面的设置，以最后一次定义为准。但是不推荐这种做法，这是一种代码坏味道，引入了一些无效的代码，会让可读性下降。

- 一旦预置了行为，无论调用多少次，每次调用都会返回相同的内容。

Mockito 还提供了其他形式的语法，可以更灵活地给模拟对象设置预期行为。

1. do(…).when(…)语法

注意，对于没有返回值的方法，不能使用 when(…).thenReturn(…)这种语法设置预期行为，这是因为 when 方法需要接收一个被模拟方法的返回值作为参数。如果被模拟方法没有返回值，可以使用 do(…).when(…)语法。在下面这种情况下，把预置的行为写在前面即可。

```
doThrow(new RuntimeException()).when(mockedList).clear();

// 下面的调用会触发异常
mockedList.clear();
```

在该语法中，一系列 do 方法的说明如下。

- doReturn：预置一个返回值。
- doThrow：抛出一个异常。
- doNothing：什么都不做。
- doCallRealMethod：调用间谍对象上被代理的原始方法。
- doAnswer：前面几种方法都是 doAnswer 的封装，当方法没有返回值的时候，可以直接使用 doAnswer。

需要特别注意的是，该语法中的 when 不接收方法调用后的返回值，而是接收模拟对象本身。

2. BDD 风格的语法

还记得前面提到的 Given...When...Then 风格吗？在 Mockito 默认 API 提供的方法中，when 方法被用于定义模拟对象的预置行为，但这样一来就与 BDD 风格不一致了，可读性会受到一定的影响。

Mockito 为了鼓励使用 BDD 风格，也提供了一套 API，在这套 API 里，以 BDD Mockito 类中的方法代替了 Mockito 类，这样就可以模仿 BDD 风格进行测试了。BDD 风格的语法很简单，将前面的 When 修改为 given，将 Then 替换为 will 即可。示例代码如下。

```
given(mockedEncryptionService.sha256(any()))
        .willReturn("cd2eb0837c9b4c962c22d2ff8b5441b7b45805887f051d39bf133b583baf6860");
```

在团队达成共识的情况下，利用上述方法别名可以提高测试的自解释性。

4.2.4 参数匹配器

参数匹配器是 Mockito 的一个特色功能，用于区分同一个方法多次被不同的参数调用的情况，可以让 Mock 变得更加灵活。参数匹配器和 JUnit 中断言匹配器是类似的模式。

Mockito 需要借助参数匹配器来绑定预置行为，参数匹配器也可用于 verify 方法，起到断言的作用。

为了暴露 ArgumentMatchers 类中的 API，Mockito 类直接继承了 ArgumentMatchers 类。

前面的例子中使用了 any 参数匹配器，其用途是让任何参数都可匹配到。如果使用了 any 参数匹配器,下面的代码执行后会打印 true。

```
List mockedList = mock(List.class);
when(mockedList.add(any())).thenReturn(true);

System.out.println(mockedList.add(null));
```

如果想要得到更为细致的类型匹配,可以使用 any(Class)、anyxxx 等关于类型的参数匹配器。
如果没有匹配的参数,下面的代码会打印 false,这是 Mockito 默认的行为导致的。

```
List mockedList = mock(List.class);
// 等价于 any(Boolean.class);
when(mockedList.add(anyBoolean())).thenReturn(true);

System.out.println(mockedList.add(null));
```

在上述代码中,最容易弄错的是 null 值的处理,由于字面量(不经过定义在代码中直接使用的
值)、参数匹配器和断言匹配器均有多种的写法,因此开发人员非常容易被误导。

理解在不同的情况下对 null 值的不同处理方式,可以避免很多未知的问题。使用下面这段代码
可以体验不同的匹配方式带来的不同效果。

```
List mockedList = mock(List.class);
// 等价 isNull()
when(mockedList.add(eq(null))).thenReturn(false);

// 这里是真实调用,传入字面量
System.out.println(mockedList.add(null));

// 这里是在验证,仍然使用参数匹配器
verify(mockedList).add(isNull());

// 这里是在断言,使用断言匹配器
assertThat(mockedList.get(0), nullValue());
assertThat(mockedList.get(0), equalTo(null));
assertThat(mockedList.get(0), new IsNull());
```

4.2.5　使用 spy 方法

如果项目中的对象很多,对所有待测试对象所依赖的对象都进行模拟,工作量会非常大,我们
不得不想办法减少相应的工作量。假设需要测试对象 B,对象 B 依赖 A,对象 A 已经通过了单元测
试,那么可以认为对象 A 是可信任的。对象 A 的结果可以在多数情况下直接用于测试,它并不影响
测试的正确性。

要想实现上述假设,可以使用 spy 方法。spy 方法相当于是被测试对象需要依赖的方法的代
理。在不改变原有逻辑的情况下,它可以对所依赖的对象进行监听,也可以对部分方法设置预
期行为。可以说 spy 方法实现了一种特殊的模拟,其内部实现和 mock 方法类似,可以看作局部
模拟行为。

由于应用了 spy 方法的对象往往有自己的实现，因此可以省去 given 方法。

间谍对象可以和模拟对象一样被验证，也可以给部分方法预置行为。

为了演示 spy 方法的使用，下面基于 EncryptionService 类给出 sha256 方法的真实实现。

```
public String sha256(String text) {
    MessageDigest md = null;
    try {
        md = MessageDigest.getInstance("SHA-256");
        return new BigInteger(1, md.digest(text.getBytes())).toString(16);
    } catch (NoSuchAlgorithmException e) {
        e.printStackTrace();
    }
    return null;
}
```

在 register 的单元测试中，修改 EncryptionService 类的 mock 方法为 spy 方法，并删除 mockedEncryptionService 的 Given 操作，示例代码如下。

```
EncryptionService mockedEncryptionService = spy(new EncryptionService());
```

重新运行测试，可以得到与使用 mock 方法相同的测试结果。使用 spy 方法可以大大减少测试样板代码数量，避免重复工作。使用 spy 方法就像是让一个间谍侵入需要注入的对象观察下游对象的行为，并记录一切，然后在测试完成后汇报他看到的信息一样。

应用了 spy 方法的对象也可以被验证，在下面的示例中，仍然可以验证 register 方法确实调用了 sha256 方法。

```
verify(mockedEncryptionService).sha256(eq("xxx"));
```

4.2.6　使用注解

如果每次都编写 mock、spy 方法来创建模拟对象，代码会显得冗长且不易阅读。利用 Java 注解，可以让模拟行为提前自动准备好。在实际工作中，大多数情况下会通过注解完成测试，从而减少测试的代码数量。

用注解代替手动调用 mock 和 spy 方法的示例代码如下。

```
@Mock
UserRepository mockedUserRepository;
@Mock
EmailService mockedEmailService;
@Spy
EncryptionService mockedEncryptionService = new EncryptionService();
```

如果只是加上注解，测试方法并不知道这个测试类需要处理注解并初始化模拟行为，因此需要在测试类上添加一个 Runner 让 Mockito 有机会去处理注解。Runner 中的逻辑运行在所有生命周期钩子的最前面，具有很大的灵活性。

我们可在测试类上增加下面的注解。

```
@RunWith(MockitoJUnitRunner.class)
```

想要充分利用 Mockito 的特性，可以使用 MockitoJUnitRunner，还可以配合使用 PowerMockRunner 和 PowerMock，或者 SpringRunner 和 Spring。

@Mock 注解等价于 mock 方法，@Spy 注解等价于 spy 方法。拿到模拟对象或间谍对象以后，还需要将模拟对象或间谍对象注入被测试类中。Mockito 提供了@InjectMocks 注解来完成这部分工作。@InjectMocks 注解的注入工作是基于类型实现的，类似于依赖注入。

使用注解的完整测试代码如下，也可以在 GitHub 上的示例代码仓库中找到此代码段。

```java
@RunWith(MockitoJUnitRunner.class)
public class UserServiceAnnotationTest {

    @Mock
    UserRepository mockedUserRepository;
    @Mock
    EmailService mockedEmailService;
    @Spy
    EncryptionService mockedEncryptionService = new EncryptionService();

    @InjectMocks
    UserService userService;

    @Test
    public void should_register() {
        // Given
        User user = new User("admin@test.com", "admin", "xxx");

        // When
        userService.register(user);

        // Then
        verify(mockedEncryptionService).sha256(eq("xxx"));
        verify(mockedEmailService).sendEmail(
                eq("admin@test.com"),
                eq("Register Notification"),
                eq("Register Account successful! your username is admin"));
        // 想要验证传入方法的参数是否正确，可以使用参数捕获器 ArgumentCaptor 来捕获传入方法的参数
        ArgumentCaptor<User> argument = ArgumentCaptor.forClass(User.class);
        verify(mockedUserRepository).saveUser(argument.capture());

        assertEquals("admin@test.com", argument.getValue().getEmail());
        assertEquals("admin", argument.getValue().getUsername());
        assertEquals("cd2eb0837c9b4c962c22d2ff8b5441b7b45805887f051d39bf133b583baf6860",
        argument.getValue().getPassword());
    }
}
```

4.2.7 其他技巧

在使用 Mockito 的时候，还有一些技巧可以用来排错。

1. 清理模拟状态

如果需要在一个测试方法中反复设置模拟对象的行为，以及重复验证被模拟的方法是否被调用，导致模拟对象上的状态反复变化，干扰到了测试，那么可以使用 reset 方法清理掉此状态。

当然，一般情况下不必手动清理模拟状态，测试结束后 Mockito 会自动清理。如果在一些测试场景中，必须使用 reset 方法手动清理，也请先考虑是否应该将其拆分成多个不同的测试。

2. 获取模拟状态

使用 Mockito 时，可能会因为操作错误导致模拟不生效，为方便调试，可以打印出模拟对象的信息来探查情况，示例代码如下。

```
EncryptionService mockedEncryptionService = mock(EncryptionService.class);

given(mockedEncryptionService.sha256(any()))
    .willReturn("cd2eb0837c9b4c962c22d2ff8b5441b7b45805887f051d39bf133b583baf6860");

MockingDetails mockingDetails = Mockito.mockingDetails(mockedEncryptionService);
System.out.println(mockingDetails.isMock());
System.out.println(mockingDetails.getStubbings());
```

执行上述代码即可输出当前对象的模拟状态。通过检查输出的结果，我们可以判断参数匹配器是否工作。

```
true
[encryptionService.sha256(<any>); stubbed with: [Returns: cd2eb0837c9b4c962c22d2ff8b5441b7b45805887f051d39bf133b583baf6860]]
```

3. 使用 Lambda 风格的参数校验

如果使用参数捕获器来验证下游对象是否正常工作的代码冗长，那么可以使用 Matcher 方法来实现 Lambda 风格的参数校验。因为参数匹配器 argThat 接受一个 ArgumentMatcher 接口的实例，所以可以使用匿名的方式实现该接口。这个接口只有一个 matches 方法，在 Java 1.8 之后，可以将其简写为箭头函数，这就是 Lambda 风格的写法。

校验 mockedEncryptionService 的 sha256 方法的示例代码如下。

```
verify(mockedEncryptionService).sha256(argThat(new ArgumentMatcher<String>() {
    @Override
    public boolean matches(String argument) {
        return argument.equals("xxx");
    }
}));
```

改写成 Lambda 风格后，代码变得非常简洁。

```
verify(mockedEncryptionService).sha256(argThat(argument -> {
    return argument.equals("xxx");
}));
```

甚至可以写成一行。

```
verify(mockedEncryptionService).sha256(argThat(argument -> argument.equals("xxx")));
```

上面的例子可能过于简单，更复杂的例子参考示例代码库中的 lambda_verify_object_example 测试示例。

4.3 增强测试：静态、私有方法的处理

Mockito 很强大，能帮我们完成大部分模拟工作，但是对于一些特殊的方法它还是无能为力。例如，当我们获取系统当前的时间戳时，可能会调用 System.currentTimeMillis 方法，但我们无法模拟这个方法。我们在测试时有可能会遇到一些有趣的现象，部分测试过了一段时间后就无法通过了，这可能是因为测试代码中有对系统时间戳进行检查的逻辑。再比如测试财务报销单的相关逻辑时，费用产生几个月后再报销测试就会失败。这可能是因为我们在初次测试时，使用的模拟数据是一个固定的时间。

另外，在实际项目中进行测试时，不可避免地需要模拟系统中的静态方法和私有方法，且有可能要对一些私有方法进行测试（虽然不推荐测试私有方法），如果遇到的是遗留系统，public 方法又很大，测试的成本非常高，那么可以考虑使用一些特殊手段。

配合 Mockito 使用的另外一个框架是 PowerMock。PowerMock 支持各种模拟框架并为这些框架提供了拓展。powermock-api-mockito 是一个拓展库，它通过拓展 Mockito 并结合 PowerMock 来做增强测试，解决了模拟静态方法和私有方法的困难，并且可以在必要时测试静态方法和私有方法。

虽然应尽可能地避免使用 PowerMock 这类对封装破坏性较大的库，但是在特殊的场景下还是可以少量使用，因为它可以快速解决一些不必要的麻烦。PowerMock 主要面向有测试经验的开发人员，初级开发人员尽量不要使用。

虽然 PowerMock 和 Mockito 都是通过操作字节码来实现模拟功能的，不过两者在实现上有较大的区别，定位也不一样。Mockito 是通过对被模拟的类进行字节码处理来实现代理类的，它用于控制预置的所有逻辑。PowerMock 则是对被测试的代码进行处理，通过替换被测试代码的字节码来实现一些高级功能，因此它也额外提供了一些访问私有方法、变量的功能，可以方便地访问被测试类的内部状态。

4.3.1 模拟静态方法

为了便于演示模拟静态方法的过程，下面给前面示例中的 User 对象增加 createAt 字段，createAt 字段在 register 方法内被填充，然后进行持久化。

更新后的 User 对象如下。

```
public class User {
    private String email;
    private String username;
    private String password;
    private Instant createAt;

    public User(String email, String username, String password, Instant createAt) {
        this.email = email;
        this.username = username;
        this.password = password;
        this.createAt = createAt;
    }

    ...
}
```

下面给 User 对象设置对应的值，也就是 Instant.now 方法的返回值，即系统当前的时间。

```
user.setCreateAt(Instant.now());
```

依据前面的测试可知，这会给测试带来不便，因此需要想办法模拟 Instant.now 方法。

要模拟上述方法，首先要引入 PowerMock 的相关依赖。PowerMock 有两个模块，一个是对 JUnit 的封装，另外一个是对 Mockito 的封装。它们分别间接地依赖 JUnit 和 Mockito，因此可以先把原来的测试依赖移除，再添加这两个依赖。由于 powermock-api-mockito2 对 Mockito 的版本有一定的兼容性要求，所以建议使用下面的方式添加依赖，避免冲突。

```
<dependency>
    <groupId>org.powermock</groupId>
    <artifactId>powermock-module-junit4</artifactId>
    <version>2.0.2</version>
    <scope>test</scope>
</dependency>
<dependency>
    <groupId>org.powermock</groupId>
    <artifactId>powermock-api-mockito2</artifactId>
    <version>2.0.2</version>
    <scope>test</scope>
</dependency>
```

然后，使用 PowerMockRunner 代替 Mockito 的 Runner，并使用@PrepareForTest 注解对用到该静态方法的地方进行初始化。示例代码如下。

```
@RunWith(PowerMockRunner.class)
@PrepareForTest(UserService.class)
```

如此，在测试过程中，我们就可以模拟 Instant 类中的静态方法了，而这会影响 UserService 中使用此静态方法的地方。示例代码如下。

```
Instant moment = Instant.ofEpochSecond(1596494464);
```

```
PowerMockito.mockStatic(Instant.class);
PowerMockito.when(Instant.now()).thenReturn(moment);
```

模拟完成后，Instant.now 方法就会返回我们期望的值，测试代码自然也就可以按照预先设定的值来进行断言了。由于 PowerMock 与 Mockito 能很好地在一起工作，因此可以继续使用 Mockito 的 API 来编写测试。对于特殊的模拟行为，使用 PowerMock 中的语法代替 Mockito 中的语法即可。完整的测试如下。

```
@RunWith(PowerMockRunner.class)
// 使用 PrepareForTest 让模拟行为在被测试代码中生效
@PrepareForTest({UserService.class})
public class UserServiceAnnotationTest {

    @Mock
    UserRepository mockedUserRepository;
    @Mock
    EmailService mockedEmailService;

    @Spy
    EncryptionService mockedEncryptionService = new EncryptionService();

    @InjectMocks
    UserService userService;

    @Test
    public void should_register() {
        // 模拟前生成一个 Instant 实例
        Instant moment = Instant.ofEpochSecond(1596494464);

        // 模拟并设定期望的返回值
        PowerMockito.mockStatic(Instant.class);
        PowerMockito.when(Instant.now()).thenReturn(moment);

        // Given
        User user = new User("admin@test.com", "admin", "xxx", null);

        // When
        userService.register(user);

        // Then
        verify(mockedEmailService).sendEmail(
                eq("admin@test.com"),
                eq("Register Notification"),
                eq("Register Account successful! your username is admin"));

        ArgumentCaptor<User> argument = ArgumentCaptor.forClass(User.class);
        verify(mockedUserRepository).saveUser(argument.capture());

        assertEquals("admin@test.com", argument.getValue().getEmail());
        assertEquals("admin", argument.getValue().getUsername());
```

```
        assertEquals("cd2eb0837c9b4c962c22d2ff8b5441b7b45805887f051d39bf133b583baf6860",
        argument.getValue().getPassword());
        assertEquals(moment, argument.getValue().getCreateAt());
    }
}
```

下面介绍一下使用 PowerMock 时需要特别注意的地方。需要给@PrepareForTest 注解中的参数传入一个被处理的目标类，一般是被测试的类（业务代码），目的是让被测试代码中的特殊模拟生效。在上面的示例中，被测试的类是 UserService，我们需要模拟的是 Instant.now 方法，这个方法要在 UserService 中使用，因此我们需要处理的类是 UserService 而不是 Instant。这是使用 PowerMock 时最常见的一个陷阱。静态方法是类级别的方法，需要在加载被测试类之前准备完毕。想要让特殊模拟在被测试代码中生效，就需要使用@PrepareForTest 注解进行处理。具体的实现是在 PowerMockRunner 中完成的，其中用了很多字节码级别的技术，关心具体实现的开发人员可以参考源码。

在上面的例子中，我们不需要验证 Instant.now 方法的调用情况。如果在某些情况下需要验证静态方法，可以使用 PowerMock 的 verifyStatic 方法重新加载修改后的类，然后进行验证。示例代码如下。

```
PowerMockito.verifyStatic(Static.class);
Static.thirdStaticMethod(Mockito.anyInt());
```

需要注意的是，每次验证都需要调用 verifyStatic 方法。

4.3.2　模拟构造方法

有时候我们可能在被测试代码中直接使用关键字 new 创建一个对象，这就不太好隔离创建的对象了。如果不使用 PowerMock，甚至这段代码都不能被测试。对此，有两个解决途径：一是使用工厂方法进行解耦，即用依赖注入代替直接使用关键字 new；二是使用 PowerMock 对构造方法进行模拟。

第一种方法相当于修改被测试的代码，在重构时这样做不太安全，因此可以考虑使用第二种方法。在 PowerMock 中使用 whenNew 方法可以拦截构造方法的调用，直接返回其他对象或者异常。对构造方法进行模拟是 PowerMock 中最常用的特性之一。

如果在处理一个遗留系统时，在 UserService 中的 register 方法中发现了下面这样一段代码。

```
public void register(User user) {
    user.setPassword(encryptionService.sha256(user.getPassword()));
    user.setCreateAt(Instant.now());

    userRepository.saveUser(user);

    sendEmail(user);

    // 代码中有一个直接使用关键字 new 创建出来的对象，这让该对象中的方法无法被轻易模拟
    (new LogService()).log("finished register action");
}
```

那么可以使用 whenNew 方法传入一个准备好的模拟对象，以此替换原有的实现，从而达到让上

述代码可测试的目的。

```
// Given
User user = new User("admin@test.com", "admin", "xxx", null);

LogService mockedLogService = mock(LogService.class);
whenNew(LogService.class).withNoArguments().thenReturn(mockedLogService);

// When
userService.register(user);

// Then
Mockito.verify(mockedLogService).log(any());
```

使用 Mockito 准备一个模拟对象，在 new 语句执行时，PowerMock 会将这个模拟对象返回，这样后续的断言就可以得到保障，把不可测的代码变成了可测试的代码。

如果需要验证构造方法是否被调用，可以使用 verifyNew(LogService.class). withNoArguments()。

4.3.3　模拟私有方法

与前面的问题类似，在进行重构时，我们发现类中有一些特别长的私有方法，这些私有方法比较复杂，使得测试成本很高。

一种解决方式是通过重构将这些私有方法搬到另外一个类中，从而使类的私有方法数量处于较少的状态。另外一种是使用 PowerMock 模拟私有方法。使用 PowerMock 模拟私有方法非常简单，只需要使用 PowerMockito 类中的 when 方法代替 Mockito 中的同名方法即可。因为直接调用私有方法会出现 Java 语法错误，所以 PowerMockito 类中的 when 方法提供了与 Mockito 类似的 API，但是它增加了一个参数，该参数以字符串的形式传入方法名。

假如 LogService 对象中有一个私有方法_log 用于发送日志到日志平台，在对其进行测试时，由于基础设施的原因导致测试失败，那么可以使用 PowerMock 将其隔离，让其他的测试逻辑正常进行。

下面的示例代码演示了如何使用 PowerMock 模拟私有方法。

```
public class LogService {
    public void log(String content) {
        _log(content);
    }

    private void _log(String content) {
        System.out.println(content);
    }
}
```

下面的示例代码是当私有方法_log 被调用时，不让其有副作用。

```
@RunWith(PowerMockRunner.class)
@PrepareForTest({LogService.class})
public class PrivateTest {
    @Test
```

```
    public void private_test() throws Exception {
        LogService logService = mock(LogService.class);
        PowerMockito.doNothing().when(logService, "_log", any());

        logService.log("test data");
    }
}
```

但是需要注意的是，处理私有方法时要处理以下两个对象：被测试的对象和被模拟的对象。在前面的例子中，UserService 是被测试的对象，LogService 是被模拟的对象。如果是 LogService 对象中的私有方法需要被隔离，@PrepareForTest 注解中的参数则应该设置为 LogService 而不是 UserService。如果是 UserService 对象中有一个私有方法，我们想做一些处理，该怎么办呢？首先，需要将 @PrepareForTest 注解的参数设置为 UserService；由于 UserService 是被测试的对象，无法应用 when 方法，因此随后需要使用 spy 方法包装处理。

4.3.4　反射工具箱

如果一个被测试的对象有一个私有属性，但是因某些原因无法赋予模拟对象，导致测试困难，那么可以使用反射修改它的可访问性。例如，某 Person 类上有一个私有属性 name，现在需要为其赋予一个新的值，那么可以像下面这样编写代码。

```
Person person = new Person();
Class<?> clazz = Person.class;

Field field = clazz.getDeclaredField("name");
field.setAccessible(true);
// 赋值
field.set(person, "new name");
```

上述代码比较烦琐，Mockito 和 PowerMock 都提供了一组反射工具类，用于访问私有成员，比 Java 本身的反射功能要强一些。

1.　访问私有属性

假设我们在 LogService 对象中增加了一个 prefix 属性，用于打印日志的前缀，示例代码如下。

```
private String prefix = "warning: ";
...
private void _log(String content) {
  System.out.println(prefix + content);
}
```

那么使用 Mockito（非 PowerMock）的 FieldSetter 工具类可以直接修改上述私有属性。

```
LogService logService = new LogService();
FieldSetter.setField(
        logService, LogService.class.getDeclaredField("prefix"),
        "error: "
);

logService.log("test data");
```

2. 测试私有方法

如果我们遇到某个私有方法时，想要测试它，一种比较好的方法是将私有方法修改为包级别的私有方法，并将测试代码与私有方法放到同一个包下，只是该测试代码仍处于 test 目录下（比如待测试的私有方法位于 src/main/java 中，测试代码位于 src/test/java 中），这样测试代码就能访问到该私有方法了。

另外一种方法是使用辅助工具，例如，使用 PowerMock 中的 Whitebox 类访问私有方法和属性。示例代码如下。

```
Whitebox.invokeMethod(testObj, "method1", new Long(10L));
```

大部分情况下建议避免使用反射，因为它会大大破坏封装性。不过，在处理遗留系统时，如果因为没有测试保护而不敢贸然修改源码，且遗留系统中有很多代码不具备可测试性，那么可以酌情使用这种方法添加一些测试。

对于新实现的代码，如果出现了需要用到反射才能完成测试的情况，则说明代码中存在坏味道，需要及时处理。

4.4　测试代码的结构模式

使用测试替身后，测试代码的结构会变得有些复杂，对于如何良好地组织测试代码的结构，专家总结了几种模式，下面来看看。

4.4.1　准备-执行-断言

准备-执行-断言（Arrange-Act-Assert）是一种主流的单元测试代码结构。

- 准备：准备测试数据、模拟依赖对象、初始化测试状态（如果有的话）。
- 执行：对测试目标进行调用，执行相关方法和逻辑。
- 断言：验证执行的结果是否满足预期，包括断言、对模拟对象中下游对象的参数进行验证等。

其实从本章的开始，我们就是按照这种结构来介绍单元测试的，每个测试方法基本上都采用了类似的结构。

在敏捷开发中，可以认为用户故事是一个功能特性单位。评价一个用户故事是否完成，可以使用多个验收条件。验收条件可以看作功能测试用例，单元测试只不过是其微观形态。

因为这种模式非常简单，所以很容易和团队达成一致，自然也就更容易写出结构合理、统一的单元测试。

4.4.2　四阶段测试

四阶段测试（four-phase Test）是准备-执行-断言模式的拓展，该模式描述了创建简洁、可读且结构良好的测试涉及如下 4 个阶段。

- 设置：建立测试的先决条件，包括模拟依赖对象、准备测试数据。
- 执行：对系统做一些事情，对测试目标进行调用。

- 验证：检查预期结果，包括断言、对模拟对象中下游对象的参数进行验证。
- 清理：测试结束后将被测系统恢复到初始状态。

可以看到，四阶段测试只是针对准备-执行-断言模式做了一些补充，对测试各部分的职责进行了划分。越来越多的测试框架在参考这种模式的实现。

在 JUnit 中，被@Beforexxx 注解修饰的方法可以完成一些通用的准备工作，因此可以将其视作设置的一部分。

被@Afterxxx 注解修饰的方法对应的是清理工作，大部分情况下可以自动处理。

图 4-3 展示了一个测试类（一般也是一个测套件）和多个测试之间的关系，即测试代码的结构。

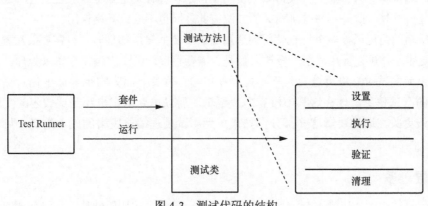

图 4-3 测试代码的结构

4.5 基于测试替身的反思

使用测试替身编写测试，会驱使我们思考如何设计出更好的业务代码结构。可测试的业务代码一般都具有清晰的层次结构，而不是"大泥球"。

4.5.1 "大泥球"

"大泥球"是一个用来比喻糟糕的软件设计的术语。一份未经过设计、随意堆砌的代码，没有清晰的结构特征，就像一个泥球一样，毫无结构可言。

所谓的大泥球就是一个随意结构化、蔓延的、不经心的、意大利面条式的代码混合体。系统展现了无可争议的表象：不受管制的增长、重复，权宜之计的修补。信息被系统中相距很远的模块杂乱地共享，重要信息常变为全局的或者重复的。

——布赖恩·富特（Brian Foote）&约瑟夫·约德（Joseph Yoder）

产生"大泥球"的原因可能有：

- 开发人员只关注如何编写代码，而不关注设计。由于缺乏前期的设计，遇到问题或者新特性时只能直接进行碎片式修改，从而让代码变得混乱；
- 用户的需求发生变化，但是架构的演进没有跟上，系统变得越来越复杂，维护也越来越麻烦；

● 受开发人员设计能力的制约。

"大泥球"代码非常难测试,这些代码往往源自遗留系统,大量使用测试替身才能勉强编写出一些测试来保护代码。

想要解决"大泥球"问题,除了使用面向对象的 SOLID 原则增强设计和开发,还需要注意使用编排和复用分离的技巧。这里的编排和复用分别指的是编排逻辑和复用逻辑。

编排逻辑指的是用于组织原子方法的逻辑,例如用户在注册时组合调用的存储、发送邮件和加密等方法,就可以看作编排逻辑。编排逻辑关注于场景,而非具体的事情。对于编排逻辑来说,重复优于复用。编排本身具有业务含义,如果复用编排逻辑会让这些业务含义混合在一起,这种复用并没有带来任何好处。此外,与编排相关的方法彼此之间也不应该互相调用。

复用逻辑指的是可以被多个场景使用的通用逻辑,例如发送邮件时,只需要关注发送邮件这个动作即可,这个动作可以复用。至于发送之后是否需要存储,则交由编排逻辑来处理。

在进行单元测试时,复用逻辑几乎不需要使用测试替身,因为它足够原子化。编排逻辑则需要使用大量的测试替身,好在这其中没有多少逻辑,所以单元测试也还是比较容易实现。另外,集成测试应该更关注编排逻辑这一部分,如果单元测试处理编排逻辑的成本过高,可以交给集成测试。

4.5.2   分层过多

另一种代码结构也会让测试变得很困难,那就是分层过多的代码结构。这种代码可能存在过度设计,比如一个简单的功能由 3～4 层代码实现。如果根据层次进行单元测试,会造成测试和测试替身的数量远远多于源码。

分层过多主要是因为设计者没有清晰地认识每个类的职责,设计者认为分层越多越清晰。实际上,这种做法反而让代码的可读性下降了,因为阅读者往往需要追溯非常多的方法才能找到真正实现业务逻辑的地方。

分层过多的问题如何解决?这需要对业务逻辑有一定的认知。如果你了解哲学中的认识论,那么可以知道,对于现实世界中的一个行为,我们可以基于主体和客体进行分析。在现实世界中,主体通过操作客体来完成一项任务。而在面向对象中,具有行为的 Service 通常会操作一些 Entity、DTO 等具有属性和数据的对象,它们之间也构成了主客体关系。在进行分层设计时,首先需要弄清楚主体的职责是什么,如果某些主体的职责一致或者类似,则应该考虑合并。

4.5.3   滥用测试替身

过多地使用测试替身也会带来问题,比如封装性受到破坏,测试代码比业务代码还长很多。在这种情况下,不使用测试替身反而会让测试更加简单和高效。

滥用测试替身会带来如下问题。

● 测试难以理解。过于复杂的模拟行为会让测试代码变得极其难理解,尤其是具有全局状态再配合模拟行为的测试。复杂的测试有可能会让不熟悉代码的开发人员花一整天的时间来修复出现的问题，极大地降低了开发效率。

● 重构成本增加。如果重构的目标代码里包含了有测试替身的测试代码，那么会导致一系列测试需要重新修改。

滥用测试替身往往是为了追求完美的单元测试覆盖率，比如试图让单元测试覆盖率达到 100%。事实上，在编写测试代码之前，应该先和团队达成一定的共识，优先覆盖最重要的逻辑，为真正需要测试的地方添加单元测试。

4.6 小结

本章介绍了什么是测试替身，以及如何使用测试替身来让单元测试更为简单。在实际工作中，被测试的代码不一定容易被模拟和测试。关注前期设计、变更适配需求，让代码具有很好的测试性，在实际开发过程中是一件非常重要的事。

当我们确实需要对私有方法进行测试和行为模拟时，可以使用 PowerMock 实现，还可以使用反射工具访问私有方法和属性。

当测试变得非常复杂时，团队成员需要就测试代码的组织结构达成契约。团队成员采用同样的代码风格和模式，可以提高开发效率。

本章最后介绍了如何基于测试替身反思代码设计中的一些问题。我们应该避免使用"大泥球"式的代码结构，在设计代码时，也要注意免去不必要的分层，当然更不能滥用测试替身，以免降低测试的可阅读性和可维护性。

第 5 章

Spring 应用的测试

为了方便开发人员更好地理解与 Spring 应用相关的测试内容，这里延续前面有关灯泡的类比。在现代社会中，人们喜欢使用一些具有装饰性或者具有某些功能的灯具。在这类灯具中，灯泡或被放到灯槽中，或被包裹在富有艺术感的金属材料里面。销售灯泡的老板往往需要按照灯具的规格挑选灯泡，然后测试其是否工作，在确定没有问题后才能卖给消费者。在集成测试环境中，Spring 一类的框架就好比灯具，待测试的组件好比灯泡，这与完全独立的组件测试略有不同。

对于 Java 开发人员来说，掌握了 JUnit 和 Mockito 的相关知识后，虽然可以编写大部分测试，但是如果项目中使用了 Spring，它独特的依赖注入方法可能还是会让我们有些无所适从。客观地说，测试需要与业务代码所处的生态环境相结合，这是无法逃避的事实。

Java 开发中目前最流行的体系就是 Spring 生态体系，日常工作中需要结合 Spring 来实现的测试非常多，而且比较重要，但大部分讲解单元测试或 TDD 的图书很少涉及 Spring 的相关知识。基于此，本章将围绕 Spring Boot 这种主流的 Spring 框架来讲解如何编写测试。

我在写这章内容时使用的 Spring Boot 版本是 2.4，在该版本中，对应的单元测试框架已经是 JUnit 5，因此，从本章开始会将 JUnit 版本切换为 JUnit 5。如果读者不熟悉 JUnit 5，可以到第 3 章查看 JUnit 4 和 JUnit 5 的区别。

本章涵盖的内容如下：
- Spring 测试的配置；
- 分层测试；
- 测试工具集。

值得注意的是，从本章开始，将会慢慢脱离单元测试的范围，在将依赖注入容器、基础设施等组件结合到一起后，我们的测试会更加"接地气"。

5.1 理解 Spring 测试体系

在 Spring 生态体系下编写单元测试，开发人员有时候会觉得概念比较混乱，难以理解。有时试着从网上找一些代码并粘贴到程序中，不知道为什么程序就工作了。在这种情况下，出现问题自然也不知道要怎么解决。Spring 每一个子项目（组件）的测试模块（比如与 Spring 对应的 Spring Test 模块，与 Spring Boot 对应的 Spring Boot Test 模块）都会提供相应的测试工具。对于刚刚开始依赖这些包编写测试的开发人员来说，有时会分不清哪些类来自哪个包，很容易感到困惑。

图 5-1 展示了 Spring 生态体系和对应测试体系的包关系。

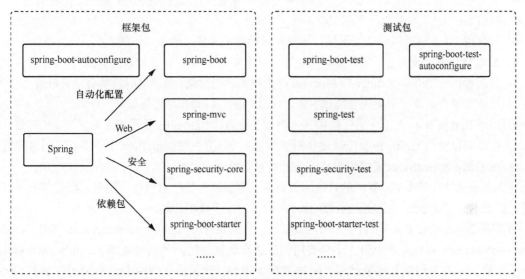

图 5-1　Spring 生态体系和对应测试体系的包关系

图 5-1 的左侧给出了 Spring 生态体系下常用的框架包，具体说明如下：

- spring-boot 包提供了 Spring 生态体系的脚手架，它是真正意义上的框架，用于集成整个 Spring 生态体系，它依赖 spring-boot-autoconfigure 包来实现自动化配置，这样我们就不用自己配置了；
- spring-mvc 包提供了与 Web 服务器编程相关的功能及 MVC 模式的实现；
- spring-security-core 包是安全框架的核心包，提供相关的过滤器来实现 Web 安全和鉴权；
- spring-boot-starter 包发布了各种依赖的 Pom 集合，方便将各种依赖包引入项目。

图 5-1 的右侧是上述包提供的相应测试包。其中，spring-boot-test 包提供了@SpringBootTest 这类自动化配置的注解及自动化测试配置；spring-test 包提供了用于单元测试的 Runner 和 MockMvc 相关类（spring-mvc 包属于 Spring Framework，没有单独的测试模块）；spring-security-test 包提供了一些模拟用户的工具。spring-boot-starter-test 的作用是初始化一些测试用的 Bean。

除了 Spring 生态体系下的这些包，我们还可能会用到其他工具，这些工具于不同的层次提供不同的功能。

- JUnit：作为单元测试工具，它已经成为 Java 单元测试事实上的标准。
- Hamcrest：JUnit 内置的依赖的断言库。
- AssertJ：流式断言库。
- Mockito：模拟工具，用于实现测试替身。
- JSONassert：用于断言 JSON 节点，做 API 测试时用得比较多。
- JsonPath：可以通过 XPath 语法访问 JSON。

虽然 Spring Boot 也能用于实现命令行、桌面工具的开发（比如 JavaFX 可以和 Spring Boot 结合开发桌面应用），但它主要用于服务端应用开发，所以它的大部分测试相关工具是为服务端应用开发准备的。因此，我们讨论 Spring Boot 的时候，应该将更多的关注放在服务端应用开发上。

在实际项目中，可以有以下测试类型。

- 只使用 JUnit 就可以进行的测试，比如测试简单的对象、静态方法类。
- 启动 Spring 上下文进行的测试。如果被测试对象是由 IOC 容器管理的 Bean 对象，那么需要使用 Spring Test 的 Runner 和 Mockito 隔离被测试的对象。虽然这时需要启动 Spring 上下文，但是容器中只放了必要的被测试对象，因此仍然可以看作单元测试。
- 启动 Spring Boot 上下文进行的测试。例如想要测试 Controller 是否能真正反馈我们需要的响应，可以使用 Spring Boot Test 这个框架启动一个模拟的 Spring Boot 上下文，不过这接近集成测试，Spring Boot 文档中也将这部分内容归为集成测试。

对于上述三种测试类型，测试的粒度由低到高，测试运行的时间也由少到多。我们需要尽可能地选用低成本的测试方法，在缩短测试运行时间的同时减少样板代码。

如果需要在 Spring Boot 项目中加入测试依赖，只需要引入 spring-boot-starter-test 包即可，因为 spring-boot-starter-test 包基本上引入了需要用到的所有测试功能，且间接依赖了 JUnit、Mockito。

至于测试需要使用的其他依赖包，则需要单独添加，后面的示例中会逐步说明。由于 Spring 使用的是统一的依赖版本管理器，因此不需要为 Spring 组件设置版本，如果希望和本书的代码保持一致，可以选择 Spring 2.4 系列的版本。对于已经存在的项目，把加入下面的依赖到 Pom 文件中即可。

```
<dependency>
    <groupId>org.springframework.boot</groupId>
    <artifactId>spring-boot-starter-test</artifactId>
    <scope>test</scope>
</dependency>
```

对于前面介绍的三种测试类型，第一种直接执行即可，无须再讨论。下面聊聊如何使用 Spring 容器加载 Bean 进行单元测试（对应第二种测试类型）和全量启动 Spring Boot 的自动化测试配置（对应第三种测试类型）。

5.2　启动 Spring 上下文测试

假设有一个简单的 Spring Boot 后端 Web 项目，里面包含 Controller、Service、Entity、Mapper

等分层和模块。为了接近国内主流的开发风格，其中的持久化库选择了 MyBatis。图 5-2 展示了该项目示例代码的包结构。

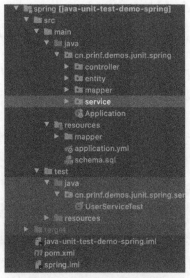

图 5-2 示例代码的包结构

一般来说，主要逻辑都会写在 Service 中，因此，Service 也就成了我们的主要测试目标，下面将对其编写测试。

UserService 中的主要逻辑用于实现列出、添加用户等功能。UserService 依赖于 UserMapper，如果只是测试 UserService，然后模拟依赖的 UserMapper 其实非常容易，示例代码如下。

```java
@Service
public class UserService {

    public static final String KEY = "ea416ed0759d46a8de58f63a59077499";

    @Autowired
    private UserMapper userMapper;

    public User add(User user) {
        user.setCreateAt(Instant.now());
        user.setUpdateAt(Instant.now());
        user.setPassword(hash(user.getPassword()));
        userMapper.insert(user);
        return user;
    }

    public List<User> listAll() {
        return userMapper.selectAll();
    }

    private String hash(String text) {
```

```
        return new HmacUtils(HmacAlgorithms.HMAC_SHA_512, KEY).hmacHex(text);
    }
}
```

在 Spring 中，常规的注入依赖对象的方法是使用@Autowired 注解注入依赖的 UserMapper，并将其设置为私有属性。这时需要模拟 UserMapper，但由于出现了私有成员，因此无法直接使用 Mockito 进行模拟。

在测试替身部分，我们提供了一些方法来解决私有成员的模拟问题，比如可以使用 PowerMock 或者反射工具（FieldSetter）来实现模拟。在 Spring Test 模块的工具集中还可以使用 ReflectionTestUtils 实现类似的效果。

也可以使用 Spring 的构造方法来注入新模拟的依赖对象，示例代码如下。

```
private final UserMapper userMapper;

public UserService(UserMapper userMapper) {
    this.userMapper = userMapper;
}
```

当需要注入的依赖对象非常多的时候，这样编写代码会稍稍有点麻烦。对于这种情况，在 Spring 中可以使用 SpringExtension 来运行测试，并集成 Spring 的依赖注入功能。

注意： 在单元测试部分曾提到在 JUnit 5 中 Runner 被替换成了 Extension，@RunWith 注解也被替换成了@ExtendWith 注解。

下面创建一个测试 UserServiceTest，并使用 SpringExtension 作为测试的 JUnit 拓展。由于这个拓展初始化了 Mockito 中一些注解的相关行为，因此可以实现与 MockitoExtension 相似的功能。

创建的基础测试环境如下。

```
@ExtendWith(SpringExtension.class)
public class UserServiceTest {

    @InjectMocks
    private UserService userService;

    @Mock
    private UserMapper userMapper;
    ...
}
```

下面添加两个测试，用来测试列出、添加用户这两个功能。

```
@Test
public void should_list_users() {
  userService.listAll();
  Mockito.verify(userMapper).selectAll();
}

@Test
public void should_add_user() {
```

```
User user = new User() {{
  setUsername("zhangsan");
  setPassword("123456");
}};

userService.add(user);

ArgumentCaptor argument = ArgumentCaptor.forClass(User.class);
Mockito.verify(userMapper).insert(argument.capture());

assertEquals("zhangsan", argument.getValue().getUsername());
assertEquals("667f1213e4a57dbee7cd9e8993b82adef1032f7681a5d5c941c30281f90e7eceba629cc9
ccf3f133fb478f3f54d9537c2dd50895380f659370c2a14147449ac4", argument.getValue().getPassword());
assertNotNull(argument.getValue().getCreateAt());
assertNotNull(argument.getValue().getUpdateAt());
}
```

如上，一段基本的测试代码就编写完了。在大多数情况下，使用 SpringExtension 和 Mockito 能完成大部分的测试工作。SpringExtension 实现了与 MockitoExtension 类似的功能，又能与 Spring 依赖注入一起使用，非常适合用于 Service 的测试工作。

SpringExtension 是 spring-test 包中的类。到目前为止，我们引入的相关库与 Spring Boot 没有任何关系，因此这里不会启动整个上下文，而这几乎不影响测试效率。

在 JUnit 4 中，测试不是通过 Extension 运行的，将@ExtendWith(SpringExtension. class)注解替换为@RunWith(SpringRunner.class)注解即可实现兼容。SpringRunner 是 SpringJUnit4ClassRunner 的子类，它是一个 final 类，不能被继承用于拓展。如果希望拓展 Runner，可以直接使用 SpringJUnit4ClassRunner 或者通过拓展 SpringJUnit4ClassRunner 来实现。

5.3　启动 Spring Boot 上下文测试

如果仅仅因要测试 Service 的逻辑而模拟 Mapper，看起来好像有点儿鸡肋，因为无法验证数据是否被真正地写入数据库中了。于是开发人员想到，既然如此，为何不启动 Spring Boot 呢？

使用 SpringExtension 后即可使用@Autowired 注解来加载其他的对象，这是 Spring Test 模块提供的功能。我们知道，Spring Boot 的作用是实现自动化配置，通过自动化配置可定义大量的 Bean。因此，利用 Spring Boot 实现自动化配置，可以简化测试环境的准备工作。

5.3.1　@SpringBootTest 注解

既然启动 Spring Boot 上下文就可以使用 Spring Boot 完整的功能进行测试，那么需要模拟的东西自然会相对较少，因为@SpringBootTest 注解帮我们启动了 Spring MVC，初始化了数据库连接、日志等配置。

基于上述特性可知，UserServiceTest 现在不用模拟 UserMapper 了，@SpringBootTest 注解会自动完成一系列配置。

在 test 目录下，创建与 Application 路径相同的包和一个测试类，并使用@SpringBootTest 注解修饰这个测试类。由于@SpringBootTest 注解中已经默认包含了@ExtendWith(SpringExtension.class)
注解，因此可以省略。

```java
@SpringBootTest
public class ApplicationTest {

    @Autowired
    private UserService userService;

    @Test
    public void should_list_users() {
        userService.listAll();
    }

    @Test
    public void should_add_user() {
        User user = new User() {{
            setUsername("zhangsan");
            setPassword("123456");
        }};

        userService.add(user);
    }
}
```

在上述代码中，userService 是上下文中真实的对象，@SpringBootTest 注解会创建依赖的 UserMapper，
以便我们访问数据库。上面的例子只是验证了被测试的代码能否运行，还没有断言，我们可以增加
一些测试数据进行断言。

严格来说，上述测试不算单元测试。虽然测试程序的起点是 Service，但是我们并没有模拟
Mapper，而是使用了真实的 Mapper 将数据写入内存数据库中。整个过程会加载所有需要用到的
Bean，会启动全部的上下文，一般这种配置方式会用在集成测试中。

在选择了 MyBatis 作为持久库的情况下，为了处理与 MyBatis 相关的配置，我们需要使用 mybatis-
spring-boot-starter 包和 H2 内嵌数据库，这在 Pom 文件中加入相关的依赖即可实现，示例代码如下。

```xml
<dependency>
  <groupId>org.mybatis.spring.boot</groupId>
  <artifactId>mybatis-spring-boot-starter</artifactId>
  <version>2.1.0</version>
</dependency>
<dependency>
  <groupId>com.h2database</groupId>
  <artifactId>h2</artifactId>
  <scope>test</scope>
</dependency>
```

mybatis-spring-boot-starter 包在这里用于处理与 Mapper 相关的逻辑，H2 充当了内存数据库，
Starter 则会根据环境需要自动进行配置。

由于这种方式没有模拟依赖的对象，因此不能进行断言，需要直接获取并判断数据库的数据（对

于 API 测试, 可以通过 API 查询来进行验证)。

Spring Test 模块提供了一个简单且常用的类 JdbcTestUtils, 该类可以使用 JdbcTemplate 来统计和操作数据库表。例如, 当执行添加用户的操作时, 可以通过使用 JdbcTestUtils 统计数据库用户表的行数来进行断言, 也可以通过使用 JdbcTemplate 查询具体的数据来进行验证, 示例代码如下。

```
@Autowired
private JdbcTemplate jdbcTemplate;

@Test
public void should_add_user() {
    User user = new User() {{
        setUsername("zhangsan");
        setPassword("123456");
    }};

    userService.add(user);
    int count = JdbcTestUtils.countRowsInTable(jdbcTemplate, "user");
    assertEquals(1, count);
}
```

要说@SpringBootTest 注解启动了全部的上下文环境也不算对, 默认情况下, @SpringBootTest 注解没有启动 Web 服务器, 只是启动了应用上下文和模拟的服务器。通过 WebEnvironment 属性可以修改设置, 启动随机端口、固定端口的 Web 服务器, 或者彻底不使用 Web 环境。

启动一个随机端口的示例代码如下。

```
@SpringBootTest(
        webEnvironment = SpringBootTest.WebEnvironment.RANDOM_PORT
)
```

相应的上下文环境模式说明如下。

- MOCK: 默认模式, 加载 Web 类型的上下文环境, 但是提供的是模拟的运行环境, 不启动 Web 服务器。
- RANDOM_PORT: 启动真实的内嵌服务器, 并使用随机端口, 可以避免测试时与其他应用端口冲突。
- DEFINED_PORT: 启动真实的内嵌服务器, 并使用定义的端口, 端口可以在测试的配置中添加。
- NONE: 不加载 Web 类型的上下文, 也不模拟任何 Web 环境。

另外, 还可以配置一个 classes 参数来确定包扫描的位置。

```
@SpringBootTest(
        webEnvironment = SpringBootTest.WebEnvironment.RANDOM_PORT,
        classes = {Application.class}
)
```

默认情况下, Spring Boot 会通过扫描入口类包下的所有类来注册相关的 Bean。如果因某些原因无法做到, 可以使用 classes 参数来配置需要扫描的目标类。例如, 在多模块项目下, 配置了多个启动应用, 它们共享一个 common 模块 (比如前台、Admin 虽然可以独立启动, 但是它们在一个代码库中）。在这种情况下，仍然可以在各自的启动应用中独立运行测试，只要替换 classes 参数的值即可实现相互之间不受干扰。

另外，@SpringBootTest 注解也可以通过 value 参数注入配置，用于激活与测试相关的 Profile 或者定义端口，示例代码如下。

```
@SpringBootTest(
        value = {"server.port=9090"}
)
```

5.3.2 对 Bean 的模拟和监视

通过测试替身部分的介绍我们知道，模拟和监视相关注解的使用与 Runner 密切相关，即必须有相应的 Runner 才可以实现。在 JUnit 5 中 SpringExtension 帮我们完成了等同于 Runner 的工作。

使用了 Spring 之后，对象之间的依赖是通过 Bean 完成的，而不是简单地赋值。所以在 Spring 的测试中使用了@Mock 注解后，被测试的类依然可以使用@Autowired 注解来注入被模拟的对象。

而在 Spring Boot 的测试中，不仅提供了@SpringBootTest 注解，还提供了另外一个注解 @MockBean。@MockBean 注解必须在 Spring Boot 的测试上下文中工作，可以简单地将@MockBean 注解理解为以模拟对象的方式定义一个 Bean，然后将模拟对象无差别地放到容器中。

来看个不使用@SpringBootTest 注解的示例。在使用 SpringExtension 的 UserServiceTest 中，UserMapper 是通过@InjectMocks 注解加载到 UserService 中的，在这个场景下不会有额外的 Bean 被加载进来。示例代码如下。

```
@ExtendWith(SpringExtension.class)
public class UserServiceTest {

    @InjectMocks
    private UserService userService;

    @Mock
    private UserMapper userMapper;
}
```

这里如果使用了@MockBean 注解就可以省略掉@InjectMocks 注解，只是这样一来，就需要使用 @Autowired 注解来获取 UserService 的 Bean 了。请注意区分这两种形式的写法。示例代码如下。

```
@SpringBootTest
public class UserServiceMockBeanTest {

    @Autowired
    private UserService userService;

    @MockBean
    // 注意，只有 UserMapper 没有被定义过才能被模拟
    private UserMapper userMapper;

    @Test
```

```
    public void should_list_users() {
        userService.listAll();
        Mockito.verify(userMapper).selectAll();
    }
}
```

使用@MockBean 注解时，内部创建的依然是 Mockito 的模拟对象，不过它是以 Bean 的方式存在的，并且会以此形式初始化 ApplicationContext。@MockBean 注解可用于任何测试类的属性上，也可以用于@Configuration 注解修饰的类的属性上（用来准备测试配置）。Spring 提供的ApplicationContext 会被缓存，这是为了节省测试的时间。使用@MockBean 创建的对象会自动在测试完以后重置。对于我们自己创建的对象，要注意是否需要清理测试过程中改变的状态。

使用@MockBean 注解的前提是容器中不存在同类型的 Bean，如果已经存在，@MockBean 注解就会失效。下文会介绍如何指定测试需要的 Bean，而不是加载全部的 Bean。如果一个 Bean 已经被其他配置定义，也可以直接使用@SpyBean 注解对这个 Bean 进行包装和监视，从而达到完成测试的目的。

如果仅仅使用 Spring Test 提供的工具配置测试环境，解决业务代码中的 Bean 和测试中需要模拟的 Bean 的冲突有时会非常麻烦，但借助 Spring Boot 的强大配置可以有很多方法绕过这些问题。

- 使用 Profile 机制专门为测试启动一个 Profile，被模拟的 Bean 在特定的 Profile 下不启动，避免与模拟的 Bean 发生冲突。
- 使用专门的 YAML 文件配置测试环境，源码中的 YAML 用于正常的业务，在测试目录下使用专门的 YAML 文件来开启和关闭某些特性。

下面就是一个专门给测试使用的配置文件示例，在该示例中使用了专用配置来配置内存数据库、日志级别、端口等，避免测试时影响正常的启动。

```
// application.yml 位于 /test/resources 下
server:
  port: 8080

logging.file: logs/application.log
logging:
  level:
    org:
      springframework:
        web: DEBUG
spring:
  datasource:
    url: jdbc:h2:mem:unit_testing_db
  h2:
    console:
      enabled: true
mybatis:
  mapper-locations: classpath:mapper/*.xml
```

5.3.3　Spring Boot 切片配置

@SpringBootTest 注解默认会启动所有的自动配置，例如：

- Web 服务器（如 Tomcat，取决于配置）；
- 数据库连接池；
- MyBatis 或者与 JPA 相关的配置，这取决于相应的自动化配置是否被引入。

正因为@SpringBootTest 帮我们启动了所有的配置，所以我们的测试也就变成了一个集成测试。但显然，这会拖慢测试速度，这样的配置对于单元测试来说太重了。事实上，在实际工作中，我们可以按需启用配置。比如需要测试 MyBatis Mapper，可以使用@MybatisTest 注解只加载相应的配置。如果只想要测试 Controller，也没必要启动 Web 服务器，使用 MockMvc 就行。

spring-boot-test-autoconfigure 包提供了很多@…Test 注解来代替@SpringBootTest 提供的局部自动化配置。@…Test 注解会启动应用上下文，并引入有限的@AutoConfigure…。相当于这些@…Test 注解帮你配置了一些 Bean 来真实地验证部分基础设施。官方使用 Testing Slices 来描述这类测试，并通过分层将代码分片加载，以达到刚好满足测试需求的目的。

@WebMvcTest 注解只会启动与 RequestMapping 相关的 Bean，比如 Controller、ControllerAdvice、JsonComponent、Converter、GenericConverter、Filter、WebMvcConfigurer 和 HandlerMethodArgument Resolver 等。

下面的示例基于 MockMvc 实现。使用@WebMvcTest 注解可以只测试引入的 Controller，而不启动其他相关的 Bean，并且也能让 Controller 上的那些注解生效，示例代码如下。

```java
@WebMvcTest(UserController.class)
public class ApplicationTestOnlyController {

    @Autowired
    private MockMvc mvc;

    @MockBean
    private UserService userService;

    @Test
    public void should_list_users() throws Exception {
        Instant createAndUpdateInstant = Instant.parse("2021-11-07T00:55:32.026Z");
        given(this.userService.listAll())
                .willReturn(Lists.newArrayList(new User(1L, "James", "123456", create
                AndUpdateInstant, createAndUpdateInstant)));

        this.mvc.perform(MockMvcRequestBuilders.get("/users")
                .accept(MediaType.APPLICATION_JSON_VALUE))
                .andExpect(status().isOk()).andExpect(
                content().string("[{\"id\":1,\"username\":\"James\",\"password\":\"123456\",
                \"createAt\":\"2021-11-07T00:55:32.026Z\",\"updateAt\":\"2021-11-
                07T00:55:32.026Z\"}]")
        );
    }
}
```

在上面的示例中，只是初始化了 Spring Boot 基本的上下文和与 Spring MVC 相关的配置。从日志中可以看出，Spring Boot 并没有启动与数据库相关的设施。这里的 UserService 被模拟，因此能正常地返回数据。被该测试影响的有效代码范围如下：

- Spring MVC 相关的逻辑（无 Web 服务器）；
- Controller 中的注解和逻辑。

@WebMvcTest 注解加载的 Bean 也非常有限，基本只有 UserController，因此仍然可以认为这是 Controller 层的单元测试。

查阅@WebMvcTest 和@SpringBootTest 注解的部分源码，可以发现它们的不同之处。@WebMvcTest 注解相当于基于 Spring 所进行的测试，它组合了很多自动化配置的注解，示例代码如下。

```
// @WebMvcTest 的关键注解
@BootstrapWith(WebMvcTestContextBootstrapper.class)
@ExtendWith({SpringExtension.class})
@OverrideAutoConfiguration(
    enabled = false
)
@TypeExcludeFilters({WebMvcTypeExcludeFilter.class})
@AutoConfigureCache
@AutoConfigureWebMvc
@AutoConfigureMockMvc
@ImportAutoConfiguration
```

而@SpringBootTest 注解则使用 SpringBootTestContextBootstrapper 构建了完整的测试上下文，示例代码如下。

```
// @SpringBootTest 的关键注解
@BootstrapWith(SpringBootTestContextBootstrapper.class)
@ExtendWith(SpringExtension.class)
```

如果我们只是想测试与框架相关的代码，比如 MyBatis Mapper、Redis 连接、Spring Data JPA 等，可以使用相应的局部测试注解。

1. @MybatisTest 注解

MyBatis 不在默认的自动配置中，如果你想通过 mybatis-spring-boot-autoconfigure 包自动配置 MyBatis，可以引入 mybatis-spring-boot-starter-test 包，这个包中包含了 mybatis-spring-boot-test- autoconfigure。示例代码如下。

```
<dependency>
  <groupId>org.mybatis.spring.boot</groupId>
  <artifactId>mybatis-spring-boot-starter-test</artifactId>
  <version>2.1.0</version>
</dependency>
```

若想实现只测试 Mapper 的逻辑，可以在使用@MybatisTest 注解时只创建与 Mapper 相关的 Bean，并启动内存模拟数据的存储（如果引入了内存数据库的 Starter），以便进行断言。示例代码如下。

```
@MybatisTest
public class TestForMapper {

    @Autowired
```

```java
    private UserMapper userMapper;

    @Test
    void should_save_user() {
        User user = new User() {{
            setUsername("zhangsan");
            setPassword("123456");
            setCreateAt(Instant.now());
            setUpdateAt(Instant.now());
        }};
        userMapper.insert(user);
        // 下面可以是一些断言
    }
}
```

2. @JsonTest 注解

在服务器上进行开发时，经常需要反复调试 JSON 的序列化。如果没有取得预期的效果，可以为其编写单独的测试，以便有针对性地进行调试。下面的示例使用@JsonTest 注解加载了与 JSON 相关的自动化配置，且会检查其与预期的是否匹配。

```java
@JsonTest
public class TestForJson {

    @Autowired
    private ObjectMapper objectMapper;

    @Test
    void should_serialize_properly() throws JsonProcessingException {
        User user = new User() {{
            setUsername("zhangsan");
            setPassword("123456");
            setCreateAt(Instant.now());
            setUpdateAt(Instant.now());
        }};
        assertEquals("{\"id\":0,\"username\":\"zhangsan\",\"password\":\"123456\",
        \"createAt\":\"2021-11-07T02:00:45.126Z\",\"updateAt\":\"2021-11-07T02:00:45.
        126Z\"}", this.objectMapper.writeValueAsString(user));
    }
}
```

Spring Boot 引入了 AssertJ、JSONAssert 及 JsonPath 来实现更好的断言，其断言方式是使用 Path 路径获取 JSON 中的值。使用 JacksonTester 类可以获取转换过程中的 JSON 对象，我们可以再结合 Helper 来编写断言。示例代码如下。

```java
@Autowired
private JacksonTester<User> userJacksonTester;

@Test
void should_serialize_properly_with_tester() throws IOException {
    User user = new User() {{
```

```
        setUsername("zhangsan");
        setPassword("123456");
        setCreateAt(Instant.now());
        setUpdateAt(Instant.now());
    }};
    assertThat(this.userJacksonTester.write(user)).hasJsonPath("@.username");
    assertThat(this.userJacksonTester.write(user))
            .extractingJsonPathStringValue("@.username")
            .isEqualTo("zhangsan");
}
```

@...Test 注解不能组合使用，如果想在@WebMvcTest 注解里配置其他的 Bean，那么必须通过 @AutoConfigure...注解选择性地自动化配置，或者直接自己创建相关的 Bean。创建 Bean 的方式是编写一个@Configuration 注解修饰的配置类，并放置到 Spring Boot 能扫描到的地方。

5.4　分层测试和测试策略

在为 Spring 实施测试时，比较头疼的是分层代码所需匹配的测试策略。Spring Boot 项目一般会分为 Controller、Service、Repository（或叫 DAO、Mapper）这三层。在编写单元测试时，需要考虑分层隔离测试。

如果在每层都编写单元测试，会出现大量毫无意义的样板代码；如果测试不分层，为了达到相同的效果，测试用例的组合就非常多，因此我们需要充分考虑分层测试策略。下面讨论一下在 Web 服务器上开发时常见的分层测试策略。

5.4.1　分层测试策略

通过对一些 Spring 项目进行观察，我们发现有以下分层测试策略可以参考。

1. 严格的单元测试

很多单元测试爱好者或者说重视代码整洁性的开发人员希望把所有代码层都拆开，进行严格的单元测试。在这种分层测试策略下，各测试都是独立的，每个测试文件的位置需要与源码的位置保持严格的对应关系。基于这种观念，Spring 的测试库不是必需的，使用 JUnit 和 Mockito 即可。

近年来，严格的分层受到越来越多的质疑，原因是 Spring 框架通过注解帮我们完成了大量的基础操作，比如数据的持久化、数据的校验等，而分层的单元测试往往测试不到这些逻辑。

不让 Controller 上的注解发生作用的单元测试几乎没有测试的内容和价值。

2. 关键的单元测试与 API 测试

另一部分开发人员认为不应该通过纯粹的单元测试来验证 API 和数据库访问，开发人员应该只关注业务逻辑的正确性，与框架相关的测试工作通过 API 测试来覆盖、验证即可，开发人员只需要针对 Service 层的逻辑进行充分测试。API 测试可以由开发人员和测试人员共同维护，测试人员不必单独维护一套 API 测试，开发人员也不必关注基础设施在单元测试中的集成问题。

Web 服务器端的开发人员往往需要与 Web 服务器、数据库打交道，但是，如果仅仅让开发人员关心单元测试，那么他们测试不到 Web 请求和与数据库相关的操作。比如 MyBatis 的 Mapper 中有错误字段，开发人员是无法及时发现的。此外，业务逻辑与数据紧密相关，如果缺乏数据库相关的逻辑，测试的性价比不高。

3. 轻量级的集成测试

另外一种思路是基于前面两种策略做出一些取舍，把部分与 Spring 框架结合的应用程序或业务代码也算作单元测试的一部分，即看作轻量级的集成测试。

对 Controller 层进行测试时，可以使用 MockMvc 测试 Controller 相关逻辑是否正确，包括输出格式、内容和异常等。为了避免出现大量注解未被测试覆盖的情况，不要直接通过 new 关键字创建 Controller 对象，建议使用 MockMvc 创建，这样不启动真正的 Web 服务器也能测试 Controller 上的注解。

对 Service 层和持久层进行测试时，可使用@DataJpaTest 注解或@MybatisTest 注解自动配置数据库连接，数据库则使用 H2 等内存数据库。至于测试数据，不要直接在数据库中创建，建议使用已验证的业务代码操作数据。比如测试列出用户的方法时，应该先确保添加用户的方法没有问题，然后使用该方法创建数据库中的用户，这样可以降低测试成本。图 5-3 展示了这种分层测试策略。

如果对 Service 层进行测试，模拟基础设施做纯粹的单元测试完全没有问题，但是这样做基础设施的特性并没有被纳入测试的范围，会造成测试性价比低。在实际项目中往往会尽可能地让基础设施通过内嵌的

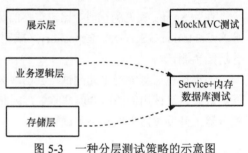

图 5-3　一种分层测试策略的示意图

方式参与测试，如果实在不能通过内嵌的方式（例如一些云基础设施）解决，则通过模拟处理。

基于上面的策略，就不需要完整地启动 Spring Boot 的上下文了，装载对应的 Bean 即可。比如对 UserService 进行测试时，只需要加载 UserService 的 Bean 以及 Mapper 层，再配合内存数据库即可完成测试。

4. 单元测试与集成测试相结合

如果希望测试代码的有效性和可靠性非常高，可以使用单元测试与集成测试相结合的策略。这种策略能兼顾测试的质量和效率，对保障质量很有帮助，当然，能做到的团队也比较少。该策略内容如下：

- 对 Controller 层进行 MockMvc 测试；
- 对 Service 层进行单元测试，校验所有的业务逻辑，模拟基础设施；
- 使用内嵌的基础设施快速验证 Mapper 或者 Repository 中与数据库相关的逻辑。

5.4.2　MockMvc 的执行原理

如果我们只需要关注 Controller，MockMvc 是非常好的测试选择。之前在介绍切片配置时展示过 MockMvc 的使用方法，下面来详细说一下 MockMvc 的执行原理。

@WebMvcTest 注解启动相应的 Bean 并把 UserController 加入模拟的 RequestMapping 中。

在测试过程中 MockMvc 不会发起真实的 HTTP 请求,因此需要注入一个 MockMvc 对象来构造请求。

我们知道,@WebMvcTest 注解不会启动整个应用的上下文,UserController 依赖的 Service 没有初始化,因此需要使用@MockBean 注解来模拟,否则会报找不到 Bean 的错误。通过@MockBean 注解得到模拟对象后,可以使用 Mockito 内部的 given 等静态方法来进行操作,比如定义返回值等。最后,我们需要使用 MockMvc 的实例构建请求、发送请求并验证返回值。

此处使用的是@WebMvcTest(MockMvc)注解而非@SpringBootTest 注解,图 5-4 展示了这两种注解的差异,它们非常容易被弄混。

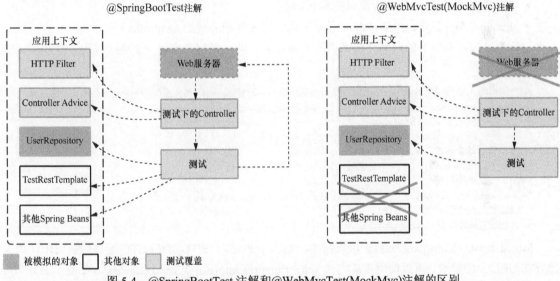

图 5-4 @SpringBootTest 注解和@WebMvcTest(MockMvc)注解的区别
图片来源:Spring 网站。

从图 5-4 可以看出,使用@WebMvcTest(MockMvc)注解的测试更加轻量级和简单,但是有时需要手动模拟或者配置一些依赖的 Bean。@WebMvcTest(MockMvc)注解模拟了 Web 服务器和 HTTP 请求,且接收和解析了一系列关于网络的逻辑,毕竟这部分是 Web 服务器应该充分测试的。

在下面的测试示例中,should_list_users 主要涉及两部分内容,一部分是对模拟的对象给予返回值,另一部分就是发出请求和验证请求。

```
@Test
public void should_list_users() throws Exception {
  // 模拟 UserService
  given(userService.listAll()).willReturn(
    Arrays.asList(new User() {{
      setId(01L);
      setUsername("Test user");
```

```
        setPassword("123456");
        setCreateAt(Instant.now());
        setUpdateAt(Instant.now());
    }})
);

// 进行测试调用和断言
this.mvc.perform(get("/users").accept(MediaType.APPLICATION_JSON)).andExpect(status()
.isOk());
}
```

this.mvc.perform 这个链式调用语句触发的动作（绕过 Web 服务器后的代码执行过程）包括：

- MockMvc 构造一些假的 HTTP 请求对象；
- TestDispatcherServlet 响应测试的 Servlet；
- RequestMappingHandlerAdapter 根据请求的路径匹配合适的 Controller。

进行测试调用和断言的这部分链式调用不易理解，现在拆解开来看一下整个过程，里面实际上有很多步骤。

```
// 1. 构建一个模拟的请求，get 方法接受请求的路径，并设置 accept 的头部值为 application-json
MockHttpServletRequestBuilder builder = MockMvcRequestBuilders
        .get("/users")
        .accept(MediaType.APPLICATION_JSON);
// 2. 执行这个请求，生成一个 ResultActions
ResultActions perform = this.mvc.perform(builder);
// 3. 定义一个匹配器
ResultMatcher okMatcher = MockMvcResultMatchers.status().isOk();
// 4. 执行这个匹配器进行断言
perform.andExpect(okMatcher);
```

MockHttpServletRequestBuilder 可以创建出 GET、POST、PUT、DELETE 等 HTTP 请求，如果需要在 URL 上带参数，可以使用重载方法 get(String urlTemplate, Object…uriVars)。要使用 POST 可以通过 content 方法设置请求的内容参数，还可以通过 multipart 方法设置文件参数，以测试文件的上传功能。

执行构造出来的请求后，会生成一个 ResultActions，可将其用于后面的断言，以确认测试结果。断言前使用 ResultMatcher 构造一个匹配器。除了匹配状态，它还可以匹配返回的头消息、消息体等。如果返回的是与 JSON 相关的内容，还可以使用 JsonPath 来断言其数据结构。

值得一提的是，必要时可以在多次请求之间通过 Cookie 传递认证信息。

5.4.3 内嵌基础设施

常见的可以内嵌的基础设施有数据库、Redis、MongoDB 等。一般这些基础设施有两种内嵌方式。

- 使用 Java 开发，通过 Jar 包引入，与 Java 开发体系融合良好。
- 使用 C 或者其他语言开发，根据运行的操作系统来确定应启动的基础设施原生发布版。

例如，内嵌 Redis 是在下载对应的 Redis 发布版后，通过 Java 的 ProcessBuilder API 实现的。

1. 内存数据库

可以选择的内存数据库包括 HSQL、H2 等，H2 相对于 HSQL 来说功能更为完整，但是稍慢。Spring Boot 对 H2 的支持比较好，相关的自动化配置已经被纳入版本管理器中。

下面以 H2 为例。如果需要在项目中使用 H2，先在 Pom 文件中加入相关依赖，并在测试的资源目录下增加相关配置，示例代码如下。

```
<dependency>
    <groupId>com.h2database</groupId>
    <artifactId>h2</artifactId>
    <scope>test</scope>
</dependency>
```

然后设置数据源连接串，并开启 H2 控制台，示例代码如下。

```
spring:
  datasource:
    url: jdbc:h2:mem:unit_testing_db
  h2:
    console:
      enabled: true
```

H2 控制台的默认访问路径是/h2-console，可以通过 spring.h2.console.path 属性修改此路径。实际上，测试前和测试后控制台上都不会有数据，因此也可以通过断点中断测试，并访问 H2 控制台的路径。

如果在项目中使用了 Flyway 等数据迁移工具，那么在测试启动时它也会生效，但由于数据库在内存中，重启会丢失数据，因此不会重复执行迁移任务。

H2 也支持将数据落盘，方式是修改连接字符串，即将连接字符串中的 mem 修改成指定的文件路径，示例代码如下。

```
spring:
  datasource:
    url: jdbc:h2:file:/data/h2:unit_testing_db
```

2. 内嵌 Redis

如果业务代码中使用了 Redis，且 Redis 的客户端是模拟的，那么测试不到与 Redis 相关的特性，这时，测试的性价比较低。事实上，可以通过内嵌 Redis 的方式来充分测试与 Redis 相关的逻辑。

目前 Spring Boot 没有支持内嵌 Redis 的自动化配置，因此需要手动配置。示例代码如下。

```
<dependency>
    <groupId>com.github.kstyrc</groupId>
    <artifactId>embedded-redis</artifactId>
    <version>0.5</version>
    <scope>test</scope>
</dependency>
```

可以通过在测试基类中编写 setup 和 teardown 方法来实现内嵌 Redis。示例代码如下。

```
public class SpringBaseTest {

    private RedisServer redisServer;

    @BeforeClass
    public void setup() throws Exception {
        redisServer = new RedisServer(6379);
        redisServer.start();
    }

    @AfterClass
    public void teardown() throws Exception {
        redisServer.stop();
    }
}
```

3. 内嵌 MongoDB

Spring Boot 默认支持内嵌 MongoDB，并且提供了相关的自动配置类，只需要增加依赖，添加 YAML 配置即可。示例代码如下。

```
<dependency>
    <groupId>de.flapdoodle.embed</groupId>
    <artifactId>de.flapdoodle.embed.mongo</artifactId>
    <version>2.2.1-SNAPSHOT</version>
    <scope>test</scope>
</dependency>
```

Spring Boot 通过 MongoAutoConfiguration 类初始化了内嵌的 MongoDB 以及 MongoClient 的配置，默认情况下它使用随机端口，且对开发人员透明。如果希望修改端口，可以在测试目录下的 YAML 文件中修改属性 spring.data.mongodb.port。

5.5　常用的测试工具集

spring-boot-starter-test 包集成了 Spring Test、spring-boot-test、Mockito、JsonPath 等库，提供了不少对测试非常有帮助的工具集。由于阅读完所有的相关文档较为费时，且部分技巧需要深入探查源码才能找到，因此这里整理了部分工具集相关的知识，供参考。

说明： 部分库官方没有明确的名称，文中以包名指代。

5.5.1　Spring Test 库提供的工具集

Spring Test 库提供了数据库统计工具和测试反射工具。

1. JdbcTestUtils

JdbcTestUtils 是 Spring Test 库中非常实用的工具，在测试过程中用于操作、统计表中的数据。使用 JdbcTestUtils 时，需要传入一个 JdbcTemplate 作为实际操作数据库的渠道。

JdbcTestUtils 中提供了以下方法。

- countRowsInTable、countRowsInTableWhere 方法：用于统计（或带条件地统计）给定数据库表的行数。
- deleteFromTables、deleteFromTableWhere 方法：用于清除（或带条件地消除）给定表中的数据；
- dropTables：用于删除给定表。

2. ReflectionTestUtils

在测试中不可避免地要对私有属性、方法进行操作，这可以使用 PowerMock 等工具来完成，但是大部分情况下没有必要引入很多库。其实 Spring Test 库也内置了一个工具，它可以通过反射来简化此类操作。

给私有属性设置新值的示例代码如下。

```
User user = new User() {{
    setUsername("zhangsan");
    setPassword("123456");
}};

ReflectionTestUtils.setField(user, "username", "wang");
assertThat(user.getUsername(), equalTo("wang"));
```

访问私有属性的示例代码如下。

```
assertThat(ReflectionTestUtils.getField(user, "username"), equalTo("wang"));
```

调用私有方法的示例代码如下。

```
// user 对象中有一个 testPrivateMethod 私有方法
assertThat(
        ReflectionTestUtils.invokeMethod(user, "testPrivateMethod"),
        equalTo("this is private method")
);
```

在方便的时候，ReflectionTestUtils 可以修改@Autowired 注解修饰的私有方法，快速搞定依赖注入，并且它也可以用于被@Value 注解修饰的方法。

5.5.2 spring-boot-test 库提供的工具集

spring-boot-test 库主要提供了与自动配置相关的工具。

1. TestPropertyValues

一般来说，被@Value 注解修饰的属性都是私有属性，这会给测试造成困难。Spring Boot 提供了 TestPropertyValues 工具类来注入配置属性。下面这个例子需要配合@ContextConfiguration 来使用，在测试初始化的时候会通过 TestPropertyValues 工具类来注入需要的配置属性。

```
@SpringBootTest
@ContextConfiguration(initializers = PropertyTest.MyPropertyInitializer.class)
public class PropertyTest {
```

```
    @Autowired
    private ApplicationContext context;

    @Value("${testProperty}")
    private String testProperty;

    @Test
    public void test() {
        assertThat(testProperty).isEqualTo("foo");
        assertThat(this.context.getEnvironment().getProperty("testProperty")).isEqualTo
        ("foo");
    }

    static class MyPropertyInitializer
            implements ApplicationContextInitializer<ConfigurableApplicationContext> {
        @Override
        public void initialize(ConfigurableApplicationContext applicationContext) {
            TestPropertyValues.of("testProperty=foo").applyTo(applicationContext);
        }
    }
}
```

这个工具类我们日常用得不多，在动态注入配置属性时可以使用此方法。如果要静态注入配置属性，可以使用@SpringBootTest 注解的 value、properties 和 args 参数。

2. OutputCapture

Spring Boot 提供了 OutputCaptureExtension 来捕获控制台信息，如果代码中使用 System.out 或者 System.err 输出信息到控制台，那么就可以使用此工具来捕获控制台信息，示例代码如下。

```
@ExtendWith(OutputCaptureExtension.class)
public class OutputCaptureTest {

    @Test
    public void test_capture(CapturedOutput output) throws Exception {
        System.out.println("Hello world!");
        assertThat(output).contains("world");
    }
}
```

3. TestRestTemplate

TestRestTemplate 是一个专门用于测试的 RestTemplate，其主要的功能是在返回状态码为 400、500 等的错误时不抛出异常，而是将异常信息放到返回的 ResponseEntity 对象中，以便进行断言和做进一步处理。

它默认使用 Apache HTTP Client 作为 HTTP 客户端，但不是强制性的。如果以 Apache HTTP Client 作为客户端，则还有两个额外的特性。

- 不会自动发生跳转，例如 302 响应一般会在返回的 HTTP 报文头部加入 location 属性，以此表明期望的下一跳。可以使用 TestRestTemplate 来断言。

● Cookie 会被忽略，并且会被当作无状态的 HTTP 客户端。

5.6　小结

使用 Spring Boot 会大大简化测试环境的搭建，这都归功于 spring-boot-test、spring-boot-autoconfigure、spring-test 这三个包。一些模拟注解与工具由 Spring Test 和 Mockito 共同提供。正因如此，Spring Boot 环境中的测试工具变得难以理解。我们在使用的过程中需要注意相关的特性都是由哪个具体的组件提供的，这样排查问题时会高效很多。

在 Java 开发中，纯粹的单元测试往往更适合公共库、框架类的代码。对于应用程序来说，因为不得不和很多基础设施打交道，所以单元测试需要模拟大量的类和组件，工作量变大却收益甚微。对于这种情况，可以考虑通过内嵌基础设施的方式局部进行集成测试，从而有效减少测试代码，节省大量的编程时间。

第 6 章

RESTful API 测试

API 测试属于集成测试的范畴,手动进行 API 测试有很多方法,例如以下几种方法:
- 使用 Curl 命令;
- 使用 Postman;
- 使用 Swagger 附带的 UI(用户界面)工具。

但这些方法有一个共同的问题,就是实现自动化的反复执行比较困难。比较好的做法是通过编码的方式进行 API 测试,最好是放到代码仓库中以自动化的形式完成,并集成到 CI(持续集成)流水线中。

在一些企业中有专门的 API 测试平台管理相关测试。这种方式的灵活性稍弱并与企业内部的基础设施强关联,因此本章选用的工具都是基于开源软件实现的。

本章主要介绍如何基于源码编写可以维护的 API 测试,涵盖的内容如下:
- RESTful API 测试工具集;
- 第三方 API 的处理。

6.1 RESTful API 测试工具集

Spring Boot 的 spring-boot-starter-test 包已经为我们准备了一套测试工具,不过为了让 API 测试更有效和便利,除了 Spring 测试套件,还需要准备一些额外的基础设施。例如,REST Assured 可以作为 API 测试的基本框架,DbUnit 可以用来在多个测试之间隔离数据库的状态,WireMock 可以用来模拟第三方依赖的 API。这些工具可以帮助我们更好地完成测试用例的编写和运行,但并非必选项。

在 Spring 的测试体系下,MockMvc 也是 API 自动化测试的一个重要工具,但是我们很少选用它作为 API 测试的工具。这是因为 API 测试是集成测试,它所关注的是服务是否能提供完整的功能,故而希望启动完整的上下文来进行端到端的测试,而 MockMvc 是用来模拟 Web 服务器的,目的是让 Controller 上的注解可以被测试到,所以它常常在分层的单元测试中用于验证 Controller

部分的逻辑，而不是作为 API 测试的工具。

更多的情况下，我们会选用专业的 API 自动化测试工具，比如 REST Assured、Karate DSL 等。本书基于市场占有量选择以 REST Assured 为例详细讲解 API 测试。实际上，MockMvc 也可以配合 REST Assured 使用。

6.1.1 REST Assured

REST Assured 由约翰·海尔比（Johan Haleby）在 Jayway 公司创建。与 MockMvc 不同的是，REST Assured 更像是 Java 中关于测试的领域特定语言（DSL），它提供了一套链式的 API 来编写 Given...When...Then 风格的测试。示例代码如下。

```
given().
    param("key1", "value1").
    param("key2", "value2").
when().
    post("/somewhere").
then().
    body(containsString("OK"));
```

在上述代码中，通过声明 Given...When...Then 语句块，让 API 测试具有与单元测试类似的风格。

REST Assured 的优秀之处还在于提供了 xml-path、json-path 这两个强大的断言库，它可以直接断言返回的数据结构，使用起来非常方便。json-path 也被吸收到了 spring-boot-starter-test 包中，基本已成为断言 JSON 数据的必备工具。

REST Assured 只是一个单独的测试套件，内含一个 HTTP 客户端。使用 REST Assured 测试时需要启动全量的 Web 服务，且需要依赖@SpringBootTest 注解启动完整的应用上下文，并创建一个随机端口，避免测试被干扰。如果觉得 Web 服务器启动得太慢，REST Assured 也可以结合 MockMvc 来使用。

创建一个 Maven 项目或者模块，除了要引入 Spring 生态下基本的依赖，还需要引入下面的依赖包。

```
<dependency>
    <groupId>io.rest-assured</groupId>
    <artifactId>rest-assured</artifactId>
    <version>4.4.0</version>
    <scope>test</scope>
</dependency>
```

RESTAssured 的配置非常简单，使用下面的脚本即可完成初始化。

```
@SpringBootTest(webEnvironment = RANDOM_PORT, classes = {Application.class})

....

@LocalServerPort
private int port;

@BeforeEach
```

```
public void setup() {
    System.out.println("port:" + port);

    RestAssured.port = port;
    RestAssured.basePath = "/api";
    RestAssured.enableLoggingOfRequestAndResponseIfValidationFails();
}
```

@LocalServerPort 注解可以读取@SpringBootTest 注解在启动时创建的随机端口，并将其用于后续的测试。在 setup 方法中，我们为 REST Assured 配置了端口、API 前缀，并打开了一个特性开关，以便测试失败时打印出请求和返回的详情。

上面的代码启用了 REST Assured 的全部配置，后面会在测试实例中给出完整的使用示例。如果需要实现使用 MockMvc 的效果（不启动真实的服务器），可以使用 spring-mock-mvc 库中的 RestAssuredMockMvc 类进行桥接，加快测试速度。

6.1.2　MariaDB

上一章讨论过单元测试中关于基础设施的问题，我们知道，涉及数据库的测试可以使用内嵌的数据库比如 H2 来实现相应的模拟。但是 H2 的功能有限，有时候不一定能满足需要。比如在做集成测试时，H2 无法模拟出与 MySQL 同样的功能，它们在 SQL 语法上也存在一定的差异。这时，可以使用 MariaDB 来模拟 MySQL，可通过 MariaDB4j 这个工具从测试中启动 MariaDB。

MariaDB 是数据库管理系统 MySQL 的一个分支，主要由开源社区维护，在一定程度上可以将其看作 MySQL。

MariaDB4j 实际上只是一个启动器，真正的数据库还是会由与操作系统相关的二进制包启动。为了使用随机的数据库端口，我们不再使用 Spring Boot 的自动配置，而是直接给上下文配置一个 DataSource。来看个示例，老规矩，先引入一个依赖。

```
<dependency>
    <groupId>ch.vorburger.mariaDB4j</groupId>
    <artifactId>mariaDB4j</artifactId>
    <version>2.4.0</version>
    <scope>test</scope>
</dependency>
```

然后在测试模块中引入一个配置类。在测试模块中定义的 Bean 也会被加载到 Spring Boot 的上下文中，但是不会对业务代码产生影响。

```
@Configuration
public class MariaDB4jSpringConfiguration {

    @Autowired
    private DataSourceProperties dataSourceProperties;

    @Bean
    public MariaDB4jSpringService mariaDB4j() {
        MariaDB4jSpringService mariaDB4jSpringService = new MariaDB4jSpringService();
        mariaDB4jSpringService.getConfiguration().addArg("--user=root");
```

```
        mariaDB4jSpringService.getConfiguration().addArg("--character-set-server=utf8");
        return mariaDB4jSpringService;
    }

    @Bean
    @Primary
    public DataSource dataSource() throws ManagedProcessException {
        String dbname = UUID.randomUUID().toString().substring(0, 8);
        mariaDB4j().getDB().createDB(dbname);
        return DataSourceBuilder.create()
                .driverClassName(dataSourceProperties.getDriverClassName())
                .url(mariaDB4j().getConfiguration().getURL(dbname))
                .username(dataSourceProperties.getUsername())
                .password(dataSourceProperties.getPassword())
                .build();
    }
}
```

MariaDB4jSpringService 继承了 MariaDB4jService，并实现了 Lifecycle 接口，它是启动 MariaDB4jService 的原生 API，可以启动和关停数据库。MariaDB4jSpringService 实现了 Spring 的生命周期钩子，让数据库随着 Spring 的生命周期启动和关停。

DataSource Bean 基于自定义的数据库名称和获得的 MariaDB4j 中的默认配置来创建数据源。

在 DataSource 中使用了 DataSourceProperties 的配置，该配置来自我们在 YAML 文件（application.yml）中配置的数据库连接信息，这样就可以从连接真实 MySQL 切换成连接内置的临时数据库。

6.1.3 DbUnit

通常情况下，我们会结合数据库来进行 E2E 测试，这样一来，每执行一个测试用例，都会存在测试数据污染数据库的风险。为避免出现这种情况，可以使用 DbUnit 在测试前暂存数据库的状态，并在测试后恢复。

如果我们的数据库中没有初始数据，可以直接做清空操作，这时不需要 DbUnit 的帮助。但是，一般来说我们会使用 Flyway 管理数据库的表结构，而且为了开发方便，也会将一些初始数据同步写入。系统中总是需要初始化一些默认数据，例如超级管理员的账号和密码等，通过 Flyway 管理会非常方便。如果测试运行前数据库中有一些默认数据（而且是通过 Flyway 管理的），就不能简单地通过清空数据库来重置数据库的状态，这时 DbUnit 就派上用场了。

按照惯例，将 DbUnit 加入项目中时，先要引入需要的依赖包。

```
<dependency>
    <groupId>org.dbunit</groupId>
    <artifactId>dbunit</artifactId>
    <version>2.7.0</version>
    <scope>test</scope>
</dependency>
```

DbUnit 的使用方式比较简单，它提供了一个 IDataSet 接口，可通过 CSV、XML、SQL 等实现方式把数据临时存储下来。DbUnit 暂存数据的方式如图 6-1 所示。

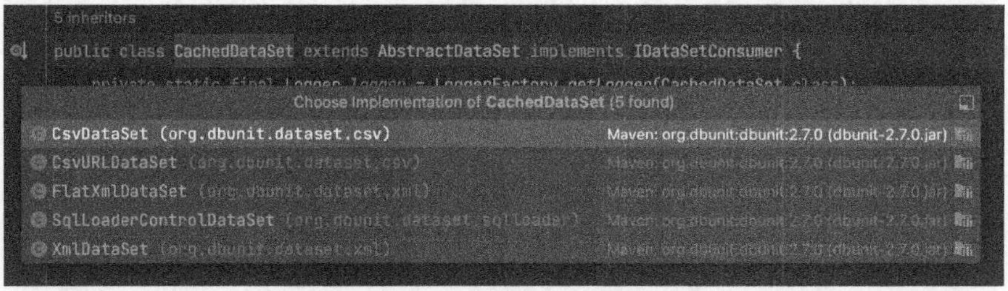

图 6-1　DbUnit 暂存数据的方式

　　DbUnit 还提供了一个工具类 DatabaseOperation，可以通过它来操作数据库和数据集，实现备份、还原和清空等功能。

　　下面是一个封装好的服务，将其加载到测试之前和之后的方法中即可。

```
@Service
public class ResetDbService {

    private static IDatabaseConnection connection;

    @Autowired
    private DataSource dataSource;
    private File tempFile;

    public void backup() throws Exception {
        this.getConnection();
        this.backupCustom();
    }

    public void rollback() throws Exception {
        this.reset();
        this.closeConnection();
    }

    protected void backupCustom() {
        try {
            QueryDataSet queryDataSet = new QueryDataSet(connection);
            queryDataSet.addTable("user");
            tempFile = new File("temp.xml");
            FlatXmlDataSet.write(queryDataSet, new FileWriter(tempFile), "UTF-8");
        } catch (Exception e) {
            e.printStackTrace();
        }
    }

    void getConnection() throws DatabaseUnitException {
        connection = new DatabaseConnection(DataSourceUtils.getConnection(dataSource));
    }

    protected void reset() throws FileNotFoundException, DatabaseUnitException,
```

```
SQLException {
    FlatXmlDataSetBuilder builder = new FlatXmlDataSetBuilder();
    builder.setColumnSensing(true);
    IDataSet dataSet = builder.build(new FileInputStream(tempFile));

    DatabaseOperation.CLEAN_INSERT.execute(connection, dataSet);
}

protected void closeConnection() throws SQLException {
    if (connection != null) {
        connection.close();
    }
}
}
```

ResetDbService 服务提供了 backup、rollback 这两个方法。backup 会在测试启动时将当前数据库的状态暂存下来，测试完成时再调用 rollback 方法恢复，这样就能始终为每个测试提供一个一致的环境，也不需要手动对特定的数据进行清理。

我们可以在测试的基类中组织这些准备和清理工作，下面通过实例介绍一种灵活的组装方法。

6.2 API 测试实例

前面介绍了几种工具的使用，这里通过最小的实例将它们组装起来。为了减少篇幅，下面只贴上必要的代码，完整的代码可以在 GitHub 仓库中找到。

示例代码的目录结构如图 6-2 所示。

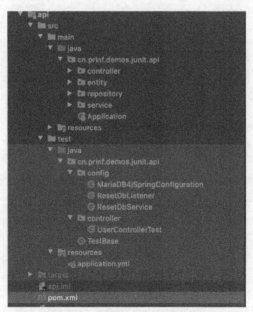

图 6-2　示例代码的目录结构

下面是示例项目依赖的包。

```xml
<?xml version="1.0" encoding="UTF-8"?>
<project
    xmlns="http://maven.apache.org/POM/4.0.0"
    xmlns:xsi="http://www.w3.org/2001/XMLSchema-instance"xsi:schemaLocation=
    "http://maven.apache.org/POM/4.0.0 http://maven.apache.org/xsd/maven-4.0.0.xsd">
    <parent>
        <groupId>org.springframework.boot</groupId>
        <artifactId>spring-boot-starter-parent</artifactId>
        <version>2.4.12</version>
    </parent>
    <modelVersion>4.0.0</modelVersion>
    <artifactId>api</artifactId>
    <dependencies>
        <dependency>
            <groupId>org.projectlombok</groupId>
            <artifactId>lombok</artifactId>
        </dependency>
        <dependency>
            <groupId>org.springframework.boot</groupId>
            <artifactId>spring-boot-starter-web</artifactId>
        </dependency>
        <dependency>
            <groupId>org.springframework.boot</groupId>
            <artifactId>spring-boot-starter-data-jpa</artifactId>
        </dependency>
        <dependency>
            <groupId>org.flywaydb</groupId>
            <artifactId>flyway-core</artifactId>
        </dependency>
        <dependency>
            <groupId>mysql</groupId>
            <artifactId>mysql-connector-java</artifactId>
            <version>8.0.25</version>
        </dependency>
        <dependency>
            <groupId>org.springframework.boot</groupId>
            <artifactId>spring-boot-starter-test</artifactId>
            <scope>test</scope>
        </dependency>
        <dependency>
            <groupId>ch.vorburger.mariaDB4j</groupId>
            <artifactId>mariaDB4j</artifactId>
            <version>2.4.0</version>
            <scope>test</scope>
        </dependency>
        <dependency>
            <groupId>io.rest-assured</groupId>
            <artifactId>rest-assured</artifactId>
            <version>4.4.0</version>
```

```
                <scope>test</scope>
            </dependency>
            <dependency>
                <groupId>org.dbunit</groupId>
                <artifactId>dbunit</artifactId>
                <version>2.7.0</version>
                <scope>test</scope>
            </dependency>
        </dependencies>
        <build>
            <plugins>
                <plugin>
                    <groupId>org.springframework.boot</groupId>
                    <artifactId>spring-boot-maven-plugin</artifactId>
                    <configuration>
                        <finalName>${project.artifactId}</finalName>
                        <outputDirectory>../package</outputDirectory>
                    </configuration>
                </plugin>
                <plugin>
                    <groupId>org.apache.maven.plugins</groupId>
                    <artifactId>maven-compiler-plugin</artifactId>
                    <configuration>
                        <source>8</source>
                        <target>8</target>
                    </configuration>
                </plugin>
            </plugins>
        </build>
</project>
```

源码下面的包中实现了两个简单的 API，便于管理员添加和列出用户。

```
@RestController
@RequestMapping("/api/users")
public class UserController {

    @Autowired
    UserService userService;

    @GetMapping("")
    public ResponseEntity<List<User>> getAll() {
        return ResponseEntity.ok(userService.listAll());
    }

    @PostMapping("")
    public ResponseEntity addUser(@RequestBody AddUserRequest addUserRequest) {
        User savedUser = userService.add(addUserRequest);
        return ResponseEntity.created(
                URI.create("/api/users/" + savedUser.getId())
        ).build();
    }
}
```

在测试目录中有一个 TestBase，它是所有测试类的基类，用于初始化测试上下文。示例代码如下。

```
@SpringBootTest(webEnvironment = RANDOM_PORT, classes = {Application.class})
@TestExecutionListeners({
        DependencyInjectionTestExecutionListener.class,
        ResetDbListener.class,
})
public abstract class TestBase {

    @LocalServerPort
    private int port;

    @BeforeEach
    public void setUp() {
        System.out.println("port:" + port);

        RestAssured.port = port;
        RestAssured.basePath = "/api/";
        RestAssured.enableLoggingOfRequestAndResponseIfValidationFails();
    }
}
```

@TestExecutionListeners 注解是 JUnit 的一种高级用法，可以注册测试生命周期函数，其作用类似于@BeforeEach 和@AfterEach 注解，但是它更加简洁，不过，使用该注解时需要实现 TestExecutionListener 接口。

下面介绍两个常用的 TestExecutionListener 接口的实现。

- DependencyInjectionTestExecutionListener：可以对测试类中的依赖进行注入，如果没有这个类，就加载不到@LocalServerPort 注解，因为它实际上是一个@Value 注解的包装。
- TransactionalTestExecutionListener：用于保证插入数据库中的测试数据在测试完成之后会进行事务回滚。也就是说，这个监听器可以将插入的数据删除，保证数据库干净。实际上，这个类能起到类似 DbUnit 的作用。但是，它俩又有所不同，DbUnit 可以完整地验证事务的结果，然后进行清理；TransactionalTestExecutionListener 则是让测试中的事务统统不提交。由于 API 测试是一个集成测试，为了提高测试的准确性，建议尽量使用完整的测试方式，在某些场景下可以酌情使用 TransactionalTestExecutionListener。

下面定义一个 ResetDbListener，用来暂存和恢复数据库的状态。

```
public class ResetDbListener extends AbstractTestExecutionListener {
    @Override
    public int getOrder() {
        return 0;
    }

    @Override
    public void beforeTestMethod(TestContext testContext) throws Exception {
        ResetDbService resetDbService =
                testContext.getApplicationContext().getBean(ResetDbService.class);
```

```
        resetDbService.backup();
    }

    @Override
    public void afterTestMethod(TestContext testContext) throws Exception {
        ResetDbService resetDbService =
                testContext.getApplicationContext().getBean(ResetDbService.class);
        resetDbService.rollback();
    }
}
```

由于 ResetDbListener 中不能使用依赖注入，因此要使用测试上下文来加载 ResetDbService。前面已经展示过 ResetDbService 的代码，我们也可以自己实现一个其他版本的 ResetDbService，这里不再赘述。

接下来就可以创建测试了。在 UserController 对应的测试目录下创建两个测试，让它们分别对应列出用户和添加用户这两个操作。示例代码如下。

```
class UserControllerTest extends TestBase {
    @Test
    void should_list_all_users() {
        given()
                .contentType("application/json")
                .when()
                .get("/users")
                .then().statusCode(200);
    }

    @Test
    void should_add_user() {
        given()
                .contentType("application/json")
                .body(Maps.of(
                    "name", "test-user",
                    "email", "test@email.com",
                    "password", "123456"
                ))
                .when()
                .post("/users")
                .then().statusCode(201);
    }
}
```

这是两个最基本的测试，由于只是演示，我们没有编写更多的测试用例。在这两个测试中，对状态码进行断言比较简单，例如在第二个测试中，验证了最终返回的是 201 状态码。但是，对返回值进行断言会复杂一些，后面会专门讨论如何实现复杂的断言。

到目前为止，基于 REST Assured 的 API 测试就完成了，这里面的每个测试都只有一个非常简洁的链式结构，可维护性和可读性都非常高。下面我们来展开看一下 API 测试的各个阶段。

以测试用例 should_add_user 为例，其测试的逻辑是提交一组数据给/users API，用于创建用户。

given 方法是门面类 RestAssured 的一个方法，它创建了一个测试规格对象 RequestSpecification 的实例。基于这个实例，在每次调用新的方法后，都会返回一个新的实例用于链式调用。

这个调用链有以下几个明显的阶段，每个阶段返回的对象不同。

（1）Given 阶段

Given 阶段返回 RequestSpecification 实例，用于组织请求的数据。它提供了设置端口、提交数据、填充 Query 参数和请求头等一系列方法，方便构建 HTTP 数据体。

（2）When 阶段

when 方法与 given 方法所做的事情一样，只是它的语法更符合 BDD 风格。When 阶段的网络请求是通过与 HTTP 动词（Method）同名的方法 get、put、post 等实现的。例如，调用 get 方法后会返回 Response 对象。

（3）Then 阶段

在 Then 阶段，可以通过 Response 对象上的 getBody、getHeader 等方法直接获得该对象中的数据并进行断言，然后中断链式调用。也可以使用 then 方法获取 ValidatableResponseOptions 对象，并将其传入各种校验器中校验 Response 对象中的数据，校验的方法有 statusCode、body、header 等。

下面是一个获取返回结果的示例，这里基于从列表接口获得的数据进行断言。

```
String body =  given()
        .contentType("application/json")
        .when()
        .get("/users").getBody().print();
Assertions.assertEquals("[{\"id\":\"admin-id\",\"name\":\"admin\",\"role\":\"ADMIN\",
\"email\":\"admin@test.com\",\"password\":\"$2a$10$Q9xt3B2Ixe0tGnbCjVWAbunD4lYdf5PpMS
YGyLNrD4S38FGUt4NMC\",\"createdAt\":\"2020-12-16T21:45:41.147Z\",\"updatedAt\":\"2020-12-
16T21:45:41.147Z\"}]", body);
```

但是如果要进一步对结果中的属性进行断言，需要先使用 JSON 解析库将字符串解析为 Java 对象，然后再对解析后的对象属性进行断言。如此一来，依赖代码就是冗长的。虽然 ValidatableResponseOptions 对象提供了直接在调用链上断言的方法，比如在 then 方法后面调用 statusCode(201)方法来判断状态码，但若面对的是 body 方法中复杂的数据结构，则不能这么简单地完成校验。

为了让断言更容易，可以借助 JsonPath 和 XmlPath 这两种工具，通过传入一个 JSON 路径表达式来访问数据中的特定节点。在 then 方法执行后，将 body 方法的多种重载与 JSON 路径表达式结合使用可以完成简洁、高效的断言。

6.3 使用 JsonPath 断言

有越来越多的应用开始使用 RESTful API（RESTful API 的数据格式为 JSON），在这种情况下，可以使用表达式 JsonPath 进行断言。这里为了演示 JsonPath 的使用，将用户列表的接口修改为了 Page 类型，这样可以让返回的结果变得更复杂一些。示例代码如下。

```
// UserController
@GetMapping("")
public ResponseEntity<Page<User>> getAll() {
```

```
    return ResponseEntity.ok(userService.listAll());
}
// UserService
public Page
    return userRepository.findAll();
}
```

这时返回的数据结构会带上分页信息，具体如下。

```
{
    "content": [
        {
            "id": "admin-id",
            "name": "admin",
            ...
        }
    ],
    "totalPages": 1,
    "totalElements": 1,
    "size": 15,
    "number": 0,
    "numberOfElements": 1
}
```

REST Assured 提供的 body 方法可接收一个 JsonPath 表达式和一个 Matcher 方法。大部分情况下，将 JsonPath 表达式和 Matcher 方法组合使用就可以完成需要的断言。

下面是常见的断言示例。

- 断言属性。例如 totalPages 属性的值为 1，断言可以写为.body("$.totalPages", is(1))。
- 断言数组长度。例如 content 属性的内容长度为 1，断言可以写为.body("$.content.size()", is(1))。
- 断言数组中具体的属性。例如 content 属性中第一个元素的 name 属性值为 admin，断言可以写为.body("$.content[0].name", is("admin"))。

在 JsonPath 表达式中提供了一些特殊的符号来匹配部分数据结构，可以把这些符号叫作操作符。表 6-1 列出了常用的 JsonPath 操作符。

表 6-1　常用的 JsonPath 操作符

操作符	用途
$	匹配根元素，标记表达式的起始位置
*	通配符操作符，用于模糊匹配
..	深度匹配，跨多层级匹配
.<name>	单个属性匹配
['<name>' (, '<name>')]	用于匹配对象的多个属性
[<number> (, <number>)]	基于数组索引访问
[start:end]	访问数组切片

6.4   鉴权

API 测试中常用如下鉴权方式：
- 针对 API 使用 Basic 鉴权。现实中，对于暴露给用户的 API 几乎不会使用这种鉴权方式，但是服务之间鉴权时常使用这种方式；
- 针对 API 使用 Token 鉴权。每个测试可以生成一次鉴权 Token，并在 HTTP 报文头部使用；
- 针对 API 使用 Cookie 鉴权。鉴权信息使用 Session 方式传递，REST Assured 提供的 SessionFilter 可以作为一种更方便的方法。

6.4.1   Basic 鉴权

在这种鉴权方式中，认证信息是使用 HTTP 报文头部传递的，Basic 认证就是将用户名和口令拼接，并进行 Base64 编码，然后放到 Authorization 头信息中。

例如，用户名 "admin"、口令 "123456"，使用 ":" 拼接并编码后变为 YWRtaW46MTIzNDU2。在 HTTP 包中发送的数据如下。

```
Authorization: Basic YWRtaW46MTIzNDU2
```

可以手动使用 HTTP 报文头部来完成鉴权。

```
given().header("Authorization", "Basic YWRtaW46MTIzNDU2")
```

也可以使用快捷方法。

```
given().auth().basic("admin", "123456")
```

如果需要全局增加鉴权，可以直接使用 RestAssured 类的全局属性，不过这会降低灵活性。示例代码如下。

```
RestAssured.authentication = basic("admin", "123456");
```

6.4.2   Token 鉴权

Token 鉴权是最灵活的方式，与 Basic 鉴权类似，它也是使用 HTTP 报文头部传递认证信息。一般使用 Token 鉴权时都会使用 Bearer 前缀，示例代码如下。

```
Authorization: Bearer a1e1eb29-2733-4ce3-b2cc-4569df7fdf0e
```

与 Token 鉴权类似的还有 JWT 鉴权、OAuth 鉴权等。这些鉴权方式都是通过生成一种简单的凭证实现的，不同之处在于 JWT 鉴权是自包含凭证，它会将鉴权信息编码到 Token 中，而 OAuth 鉴权为分布式鉴权，需要使用 access_token 和 refresh_token 这两种 Token。

使用 Token 鉴权时，可以在测试中提前准备一个 Token，并在每个测试中复用。这里因为是在同一个项目中编写的测试用例，所以会在测试中直接使用源码中的方法，这样更方便。示例代码如下。

```
@Autowired
private AuthorizeService authorizeService;
private String token;
```

```
...

@BeforeEach
public void setup() {
    // 调用父类的初始化方法
    super.setup();
    // 设置一个默认的测试用户
    ...
    this.token = authorizeService.login(User user);
}

@Test
public void test() {
    given().contentType("application/json").header("Authorization","Bearer " + token);
    ...
}
```

6.4.3 Cookie 鉴权

对于一些使用 Cookie 鉴权的 API，可以通过暂存 Cookie 的方法来实现测试中的鉴权。Cookie 鉴权的原理是用户在初次访问页面或 API 时，服务器生成一个 Session，此 Session 由 Session ID 标识，并返回给用户存储在 Cookie 中。用户登录后，关联用户凭证信息到这个 Session ID，只要用户每次发送请求时都带上这个 ID，服务器就能识别。

由于 Cookie 的自动附加是浏览器的默认功能，因此使用这种方式时开发人员不需要做太多工作。

我们可以在登录后抽取出 Cookie，然后在下次请求时带上。示例代码如下。

```
// 1. 登录并抽取出 Cookie
Map<String, String> cookies = given()
  .contentType("application/json")
  .body(Maps.of("email", "test@email.com", "password", "123456"))
  .when().post("/authorizes")
  .then().statusCode(201).extract().cookies();

// 2. 使用 Cookie 获取用户个人信息
given()
  .contentType("application/json")
  .cookies(cookies)
  .when().post("/authorizes/me")
  .then().statusCode(200);
```

REST Assured 在 2.0.0 版本之后提供了一个使用 SessionFilter 来保持会话的方式，示例代码如下。

```
SessionFilter sessionFilter = new SessionFilter();
given()
  .contentType("application/json")
  .filter(sessionFilter)
  .body(Maps.of("email", "test@email.com", "password", "123456"))
```

```
.when().post("/authorizes")
.then().statusCode(201);
```

还有一种方式是在测试中关闭鉴权，不过这会让测试的价值降低，因此并不推荐。

6.5　文件处理

有一些 API 需要上传文件，比如导入、上传图片等。下面介绍几种可以从测试目录的资源文件夹中读取文件的方法。

假设在测试资源目录中有一个文件用于测试，文件地址为 classpath:file/test.pdf。第一种读取文件的方法是使用 ClassLoader。这时可以直接使用类加载器来加载相应的文件。示例代码如下。

```
ClassLoader classLoader = getClass().getClassLoader();
File file = new File(classLoader.getResource("file/test.pdf").getFile());
```

第二种方法是使用 Google 的 Guava。如果项目中引入了 Google 的 Guava，那么可以使用 Resources 工具类来实现文件的加载，非常方便。示例代码如下。

```
Resources.getResource("file/test.pdf").getFile();
```

如果是文本文件，还可以使用 Resources.toString 来读取文本的内容。示例代码如下。

```
Resources.toString(Resources.getResource("file/test.txt"));
```

获取文件或者文件内容后，可以将其用于后续测试，在 given 方法后可以使用 multiPart 方法来构建表单中的文件数据。示例代码如下。

```
given()
  .multiPart(Resources.getResource("file/test.pdf").getFile())
  .when().post("/upload");
```

采用这种写法时，默认文件表单控件的 name 属性为 file，某些 API 可以自定义 name 属性，不过，这时需要增加相应的参数。示例代码如下。

```
given()
  .multiPart("custom_file_name", Resources.getResource("file/test.pdf").getFile())
  .when().post("/upload");
```

6.6　模拟第三方 API

如果我们需要测试的应用依赖于第三方 API，那么我们要先模拟所依赖的 API，然后才能完成测试，尤其是在微服务架构下，否则测试会变得比较困难。

除了搭建真实的服务，我们还可以使用一些工具和方法来模拟第三方 API。在实际工作中，我们可根据自己的需要从形形色色的方法中寻找一个合适的方法。

6.6.1　使用适配器模式模拟

一般来说，我们在和第三方 API 对接时，需要先定义一些客户端对象，以便根据场景的不同把与第三方对接的这部分逻辑封装起来，这种模式称为适配器（Adapter）模式。如果适配器的设计良好，只需要模拟对应的对象或者 Bean。

xkcd 是一个程序员四格漫画网站，我在 any-api 网站发现了它的 API。这个看上去极其简单的 API 可用来发布一些漫画信息，下面就用它来演示模拟 API 的方法。访问 API 的地址，可得到 JSON 格式的返回值。

```
{
  "month": "6",
  "num": 2472,
  "link": "",
  "year": "2021",
  "news": "",
  "safe_title": "Fuzzy Blob",
  "transcript": "",
  "alt": "If there's no dome, how do you explain the irregularities the board discovered in the zoning permits issued in that area!?",
  "img": "https://imgs.xkcd.com/comics/fuzzy_blob.png",
  "title": "Fuzzy Blob",
  "day": "4"
}
```

在 Spring Boot 的生态体系中，可以选择的 HTTP 客户端挺多，比如 RestTemplate、Feign 或者简单的 OkHttp 等。在这个例子中，使用的是 RestTemplate。

在项目中添加一个 DailyComicController 和与之相关的类，用于调用远程的 API，更新后的代码目录结构如图 6-3 所示。

图 6-3　更新后的代码目录结构

DailyComicController 会调用 XkcdClient 类，并返回 DailyComicResponse 对象，这个对象目前只有一个 imageLink 属性，从 API 中返回的对应字段为 img。示例代码如下。

```
@RestController
@RequestMapping("/api/daily-comic")
public class DailyComicController {
    @Autowired
    private XkcdClient xkcdClient;
```

```
    @GetMapping("")
    public ResponseEntity<DailyComicResponse> getCurrentComic() {
        XkcdVO xkcdVO = xkcdClient.getXkcdResponse();
        return ResponseEntity.ok(DailyComicResponse.builder().imageLink(xkcdVO.
        getImg()).build());
    }
}
```

XkcdClient 类使用 RestTemplate 的 getForObject 方法来获取远程 API 的数据。Spring 框架已经帮我们封装好了 HTTP 客户端，我们只需要定义一下 RestTemplate 的 Bean 即可。示例代码如下。

```
@Service
public class XkcdClient {
    @Autowired
    private RestTemplate restTemplate;

    public XkcdVO getXkcdResponse() {
        return restTemplate.getForObject("https://xkcd.com/info.0.json", XkcdVO.class);
    }
}
```

下面来编写一个测试，验证这个接口是否能返回需要的内容。

```
class DailyComicControllerTest extends TestBase {
    @Test
    void get_current_comic() {
        given()
                .contentType("application/json")
                .when()
                .get("/api/daily-comic")
                .then().statusCode(200)
                .body("imageLink", is("https://imgs.xkcd.com/comics/fuzzy_blob.png"));
    }
}
```

如果代码编写无误，这个测试可以通过。这时还没有使用任何模拟工具，测试运行时会有如下两个问题：

- 每次运行测试都需要依赖外部的 API，并且要保证能访问到服务目标；
- 如果对方的 API 发生了变化，测试就会失败。

接下来模拟 XkcdClient 类的 Bean。首先在 TestBase 类中添加如下代码，实现对 Bean 的模拟，这部分在前面章节已经讲过。

```
@MockBean
private XkcdClient xkcdClient;
```

然后在测试中使用@Autowired 注解获得这个模拟对象，并给予特定的返回值。这里需要注意的是，必须先在 TestBase 类中定义@MockBean 注解，然后再使用@Autowired 注解。下面就是完整的测试示例。

```
class DailyComicControllerTest extends TestBase {
    @Autowired
```

```
    private XkcdClient xkcdClient;

    @Test
    void get_current_comic() {
        BDDMockito.given(xkcdClient.getXkcdResponse()).willReturn(new XkcdVO() {{
            setImg("https://imgs.xkcd.com/comics/fuzzy_blob.png");
        }});

        given()
                .contentType("application/json")
                .when()
                .get("/daily-comic")
                .then().statusCode(200)
                .body("imageLink", is("https://imgs.xkcd.com/comics/fuzzy_blob.png"));
    }
}
```

通过@MockBean 注解的方法模拟第三方 API 时，因为对源码的侵入性较强，所以对实现代码有一些要求。一些比较复杂的系统访问第三方 API 时，相关的实现可能没那么规范，使用@MockBean注解也就没那么方便了，这时可以使用外部的 API Mock 工具。这些 Mock 工具的工作原理是通过启动一个服务来加载相应的 JSON 文件，从而实现定制的返回。它们也提供了实现不同的响应需求的简单规则。

开源的 Mock 工具非常多，比如 WireMock、Moco 和 json-server。下面介绍一个最具有代表性的 Mock 工具——WireMock。

6.6.2 WireMock

WireMock 是一个基于 HTTP 的模拟服务器，它的核心是一个 Web 服务器，可以为特定的请求规则返回相应的内容。另外，它还提供了验证功能，可保证测试的有效性。

WireMock 实现的录制请求功能可大大减少测试的工作量。当一个网络请求被发送时，WireMock工具会先把请求转发到服务目标上，或者在返回相应的值后将其缓存下来，并为测试生成对应的文件。WireMock 另外一个比较有意思的功能是可返回错误或延迟的数据，常用于测试一些特殊的场景。

书中讨论的是 Java API 测试，WireMock 刚好构建于 JVM 平台之上，它可以独立启动，也可以内嵌在项目中启动，稍后会演示这两种启动方式。由于可以独立启动，因此只要安装了 JRE 环境就可以运行。

1. 独立启动

根据官网的介绍可知，WireMock 通过 Jar 包直接启动时，与命令行程序没有区别。可以在 Maven仓库中找到 Jar 文件的下载地址 https://repo1.maven.org/maven2/com/github/tomakehurst/wiremock-jre8-standalone/2.28.0/wiremock-jre8-standalone-2.28.0.jar。

WireMock 启动的命令如下。

```
java -jar wiremock-jre8-standalone-2.28.0.jar
```

官网给出的参数比较多，这里选择几个常用的进行说明。

- --port：设置一个 HTTP 端口。这是为了与 HTTPS 端口区分开，因为在 Web 服务器中，两种端口是不同的实现。
- --https-port：设置一个 HTTPS 端口。需要注意的是，WireMock 依然会默认开启 HTTP 端口（默认值为 8080），如果开启了多个 WireMock 实例，最好也同时指定 HTTP 端口。大部分情况下，应用依赖的远程服务地址都是可以配置的。可以让生产使用 HTTPS 端口，测试依然配置为 HTTP 端口。如果测试需要配置 HTTPS 端口，则需要相应的证书和密钥。
- --bind-address：主机绑定，默认绑定的是本地网络适配器（0.0.0.0），如果没有多个网卡，可以忽略。
- --root-dir：设置模拟数据文件的存放目录，用于存放 mappings 和 __files 这两个子目录，默认为当前程序的工作目录。
- --record-mappings：开启记录模式，把请求到后方的数据记录下来，并存放到目录中。
- --match-headers：开启记录模式后，把一些请求头中的值也记录下来。
- --enable-stub-cors：允许自动发送 CORS 响应头，可以解决前端调试时存在的跨域问题，这里默认为关闭状态。
- --help：显示命令的帮助提示。

此外，WireMock 还提供了 HTTPS 证书、代理和线程控制等相关参数，但是用得不多，如需使用，查询手册即可。

这里还是以 xkcd 网站的访问值为例进行说明，我们启动 WireMock 时不使用任何参数，而是通过 API 动态地添加模拟数据。为了减少代码，只输出示意字符串。服务启动后，发送下面的 API 请求。

```
curl -X POST \
--data '{ "request": { "url": "/info.0.json", "method": "GET" }, "response": { "status":
200, "body": "{\"hello\":\"world\"}" }}' \
http://localhost:8080/__admin/mappings/new
```

/_admin/mappings/new API 是 WireMock 的管理 API，可以使用它设置特定的模拟内容。我们来看一下设置是否成功。

```
curl http://localhost:8080/info.0.json
{"hello":"world"}
```

大家可能注意到了，每次使用模拟数据时，都需要先调用 API 设置此数据。这样做比较麻烦，可以直接编写配置文件来实现模拟数据的准备工作。

实例启动时会自动创建 __files 和 mappings 这两个目录，编写的配置文件可以放到这两个目录中。下面介绍一下这两个目录的使用方法。

- __files 目录：当 WireMock 启动时，这个目录会被当作一个静态服务器的根路径。例如，在这个目录下编写 hello.html，则可以通过 http://localhost:8080/hello.html 访问。通常，这个目录用于一些没有特定规则的场景，也可以用于大的文件 API。
- mappings 目录：这个目录可以用于请求映射返回需要的内容，比如匹配请求中的 URL、Header，并返回特定的数据；也可以用于定义更为复杂的交互场景，这适合较为动态的 API。另外，它也具有比__files 目录更高的优先级。

mappings 目录不能像__files 目录一样直接放静态文件（因为这样就不能发挥动态模拟的价值了），如果要放，需要使用规定的 DSL 语法来实现。依然使用 xkcd 网站作为示例，不过这次是通过定义配置文件的方式来实现模拟数据的准备。

在 mappings 目录的 info.0.json 中放入下列文件内容，注意 body 方法接收的还是 String 类型，因此需要将其转为 JSON 格式。

```
{
    "request": {
        "method": "GET",
        "url": "/info.0.json"
    },
    "response": {
        "status": 200,
    "body":"{\"month\":\"6\",\"num\":2472,\"link\":\"\",\"year\":\"2021\",\"news\":
    \"\",\"safe_title\":\"Fuzzy Blob\",\"transcript\":\"\",\"alt\":\"If there's no
    dome, how do you explain the irregularities the board discovered in the zoning
    permits issued in that area!?\",\"img\":\"https://imgs.xkcd.com/comics/fuzzy_blob.png\",
    \"title\":\"Fuzzy Blob\",\"day\":\"4\"}"
    }
}
```

2. 内嵌在 JUnit 平台中使用

WireMock 不仅可以独立启动，还可以使用依赖包在测试中启动。通过 WireMock 暴露出来的 API 可灵活地实现配置、验证、重置和录制等功能，这为测试带来了无限的可能。下面演示如何使用 WireMock 在测试中动态地模拟第三方服务。

首先，依然是在 Pom 文件中添加依赖项，这里参考官网的例子使用了 wiremock-jre8 这个版本，建议大家根据 Java 版本选择合适的 WireMock 发行版。

下面创建一个测试类来演示如何启动一个 WireMock 实例。这与前面介绍的 RedisServer 类似，都是需要启动一个实例。

```java
public class UserMockServerTest extends TestBase {
    private WireMockServer wireMockServer;

    @Autowired
    RestTemplate restTemplate;

    @BeforeEach
    public void setUp() {
        super.setUp();
        wireMockServer = new WireMockServer(options().port(9090));
        wireMockServer.start();
    }

    @AfterEach
    void tearDown() {
```

```
            wireMockServer.stop();
        }

        @Test
        void test_mock_server() {
            String response = restTemplate.getForObject("http://localhost:9090/users",
            String.class);
            System.out.println(response);
        }
    }
```

为了简化演示，这里没实现源码中的客户端代码，而是直接使用 RestTemplate 请求启动了 WireMock 的模拟服务。在 test_mock_server 测试中，我们访问 http://localhost:9090/users 会得到一个 404 的错误，因为这里还没有设置任何模拟数据。

接下来，编写一个最基本的动态模拟代码，并说明对应方法的用途。

```
configureFor("localhost", 9090);
stubFor(get(urlEqualTo("/users"))
        .willReturn(aResponse()
                .withHeader("Content-Type", "text/json")
                .withBody("{\"name\":\"john\"}")));
```

configureFor(String host, int port)方法用于给后续的方法 stubFor 配置 WireMock 的地址和端口，stubFor 的工作原理与调用 WireMock 的/__admin 一样，这也是为其配置上述端口的原因。

stubFor(MappingBuilder mappingBuilder)方法用于配置模拟数据，由于 get 方法的重名方法太多（Mockito、JDK 等包中也有 get 方法），建议将 com.github.tomakehurst.wiremock.client.WireMock 这个包使用 "*" 引进来。get、urlEqualTo、aResponse 都是用于构建匹配规则和返回值的相关方法。

添加以上的方法后，再次运行测试。顺利的话，测试会通过并打印出需要返回的数据内容。上面通过 Java 语言描述的模拟数据等价于下面的 JSON 文件。

```
{
    "request": {
        "method": "GET",
        "url": "/users"
    },
    "response": {
        "status": 200,
        "body": "{\"name\":\"john\"}",
        "headers": {
            "Content-Type": "text/json"
        }
    }
}
```

WireMock 类中提供了非常多的 Builder 方法，这样就可以更加灵活地构建模拟 API，这对于模拟异常特别有用。比如我们可以省略 urlEqualTo 方法，直接使用 okJson 方法构建 JSON 返回的内容。示例代码如下。

```
@Test
void test_mock_json() {
```

```
    configureFor("localhost", 9090);
    stubFor(get("/users")
            .willReturn(okJson("{\"name\":\"john\"}")));

    String response = restTemplate.getForObject("http://localhost:9090/users", String.class);
    Assertions.assertEquals("{\"name\":\"john\"}", response);
}
```

当测试服务异常时，也可以使用 unauthorized、forbidden 和 notFound 等方法模拟异常。示例代码如下。

```
@Test
void mock_status() {
    configureFor("localhost", 9090);
    stubFor(get("/limited-resources")
            .willReturn(unauthorized()));

    Assertions.assertThrows(HttpClientErrorException.Unauthorized.class, () -> {
        restTemplate.getForEntity("http://localhost:9090/limited-resources", String.class);
    });
}
```

还可以使用 temporaryRedirect 方法模拟 HTTP 重定向，比如测试状态码为 302、301 的 HTTP 跳转。默认情况下，RestTemplate 开启了自动跳转功能，这里为了演示方便，断言了跳转到/redirect-to 后的返回值。示例代码如下。

```
@Test
void mock_redirect() {
    configureFor("localhost", 9090);
    stubFor(get("/redirect-to")
            .willReturn(ok("new-url")));
    stubFor(get("/redirect")
            .willReturn(temporaryRedirect("/redirect-to")));

    String response = restTemplate.getForObject("http://localhost:9090/redirect-to",
    String.class);
    Assertions.assertEquals(response, "new-url");
}
```

如果想关闭 RestTemplate 的自动跳转功能，可以自己定义一个 Bean 进行配置。关闭 RestTemplate 的自动跳转功能后，可以使用 getForEntity 获取返回的 HTTP 包实体，并获取真实的状态码。示例代码如下。

```
@Bean
public RestTemplate restTemplate() {
    RestTemplate restTemplate = new RestTemplate();
    final HttpComponentsClientHttpRequestFactory factory =
            new HttpComponentsClientHttpRequestFactory();
    CloseableHttpClient build =
            HttpClientBuilder.create().disableRedirectHandling().build();
    factory.setHttpClient(build);
```

```
        restTemplate.setRequestFactory(factory);
        return restTemplate;
}
```

3. 调用验证

WireMock 实例在启动后会记录所有的测试请求，并且在重置之前都不会清理掉。它的作用是获取请求的实际情况，从而判定测试结果。同时，它也可以获取所有请求的详情，为调试 Bug 带来便利。

通过 Jar 包独立启动的 WireMock 可以通过管理 API 来获取匹配结果，但是使用独立启动的 WireMock 时，很少会去验证模拟数据的匹配情况。

通过内嵌方式启动的 WireMock 使用 Java API 来实现对 API 的验证时比较简单，只需要调用 verify 方法即可。

```
@Test
void verify_mock_server() {
    // 准备 Mock 数据
    configureFor("localhost", 9090);
    stubFor(get(urlEqualTo("/users"))
            .willReturn(aResponse()
                    .withHeader("Content-Type", "text/json")
                    .withBody("{\"name\":\"john\"}")));

    // 调用被测试的内容
    String response = restTemplate.getForObject("http://localhost:9090/users", String.class);
    System.out.println(response);

    // 验证依赖 API 是否被调用
    verify(getRequestedFor(urlEqualTo("/users"))
            .withHeader("Content-Type", equalTo("text/json")));
}
```

示例代码中的 verify 方法与 Mockito 中的相关方法重名，所以要注意引入的包是否正确。这里的 getRequestedFor 获得 Builder 对象的语法与准备 Mock 数据时的非常相似。verify 方法没有别的参数时，会验证匹配的规则是否至少调用了一次。

在这个例子中，restTemplate 对象发出去的请求没有带上 Content-Type，因此测试会失败。测试失败后，可以在控制台查看错误信息，如图 6-4 所示。可使用 IntelliJ IDEA 运行测试，点击错误信息查看实际结果和期望结果的差异，进而分析问题产生的原因。

图 6-4   错误信息

当然，与 Mockito 类似，除了默认执行至少一次的校验，verify 方法还提供了多种验证操作。

```
verify(lessThan(5), postRequestedFor(urlEqualTo("/many")));
verify(lessThanOrExactly(5), postRequestedFor(urlEqualTo("/many")));
verify(exactly(5), postRequestedFor(urlEqualTo("/many")));
verify(moreThanOrExactly(5), postRequestedFor(urlEqualTo("/many")));
verify(moreThan(5), postRequestedFor(urlEqualTo("/many")));
```

4. 自定义 JUnit 5 Extension

回顾之前介绍的 Rule 我们知道，Rule 是 JUnit 4 的一种拓展方式，可以让测试更为灵活，它能起到类似插件的作用。Rule 最基本的使用方式就是通过@Rule 注解在测试类中声明。示例代码如下。

```
@Rule
public WireMockRule wireMockRule = new WireMockRule();
```

也可以为@Rule 注解增加一些参数。

```
@Rule
public WireMockRule wireMockRule = new WireMockRule(options().port(8888).httpsPort(8889));
```

但是，我们的例子现在已经升级到了 JUnit 5 版本，在 JUnit 5 中使用 Extension 代替了 Rule，这让编写的拓展更容易理解。这里使用 WireMock 的原生 API 编写了一个 JUnit 5 的 Extension。编写 Extension 的方法比较简单，因为我们可以直接使用 WireMockServer 对象作为父类，然后实现相应的接口。

```
public class WireMockExtension extends WireMockServer implements BeforeEachCallback,
AfterEachCallback {
    public WireMockExtension() {
    }

    @Override
    public void afterEach(ExtensionContext context) {
        stop();
        resetAll();
    }

    @Override
    public void beforeEach(ExtensionContext context) {
        start();
    }
}
```

一个极其简单的 Extension 就开发完了，使用@RegisterExtension 注解可以用注入的 Extension 代替每次手动编写的 start、stop 方法。示例代码如下。

```
public class WireMockExtensionTest extends TestBase {
    @RegisterExtension
    WireMockExtension wireMock = new WireMockExtension();
    ...
    }
}
```

WireMockServer 提供了根据参数构建模拟服务的方法，在 Extension 中也可以提供相应的方法。示例代码如下。

```
// 根据配置构建 WireMockServer
public WireMockExtension(Options options) {
    super(options);
}
// 根据端口构建 WireMockServer
public WireMockExtension(int port, Integer httpsPort) {
    super(port, httpsPort);
}
```

6.7　API 自动化测试策略

在编写 API 测试时，一些技术问题相对比较好解决，测试策略反而是一件比较令人头疼的事情。原因是应用架构的水平参差不齐，API 的职责不是那么清晰。

良好的 API 设计会尽可能地考虑我们之前所说的 MECE 原则，也就是说，在功能穷尽的情况下，设计者还会设法做到各 API 彼此独立。API 的职责单一了，自然我们的测试工作也会相对简单。

不同类型的 API，其测试策略也会不一样。这里的测试策略与通常意义上的测试策略略有不同，因为已经限定了是 API 测试，所以它的测试目标、类型基本都是确定的，那么我们讨论的重点也就变成了如何更好地为 API 组织测试、如何提高测试的有效性，以及如何让测试的编写变得更加便利。

在实际工作中，测试策略往往与架构有关，API 测试受架构的制约。例如，在微服务架构中，面向应用的 API 在一些公司叫作 Experience API、前台或 BFF 等，而面向内部服务的 API 则叫作领域 API 或核心服务 API。

下面以餐饮系统为例，说明上述两种 API 的细微差异。用户可以在手机上点餐，通过浏览器或者 APP 访问用户端 API，管理员可以通过管理端 API 管理用户等资源。这些请求最终都会通过不同的应用 API 到达领域 API 中，如图 6-5 所示。

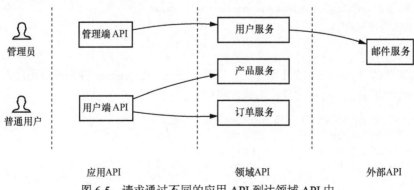

图 6-5　请求通过不同的应用 API 到达领域 API 中

6.7.1　应用 API

应用 API 只是用于对领域 API 进行组织和编排，它没有特别多的业务逻辑，因此我们的测试重点是验证这套 API 能否完成端到端的验证。这类 API 的测试工作最好按照场景来组织，可使用用户旅程（User Journey）测试风格。

由于应用 API 依赖于用户服务、产品服务等，因此需要通过模拟这些依赖来让场景测试顺利进行。又因为应用 API 中的业务逻辑和分支条件较少，所以测试覆盖率也会很高。这类 API 测试不需要关注后端 API 的业务逻辑中发生了哪些业务异常。

1. 测试目的

针对应用 API 进行测试时，目标是测试它的业务场景、验证字段是否正常返回，以及最终的后端 API 是否被合理调用。

2. 测试准备

主要使用 WireMock 对依赖的后端 API 进行模拟。在实践中，可以把常用的模拟方法组合成通用的方法，避免重复编写测试代码。这类测试往往与用户认证有关，因此需要模拟与用户认证相关的行为，具体请参考前面的鉴权内容。

3. 测试组织方式

使用用户旅程来组织测试在 JUnit 中有两种方式。

第一种是通过类的方式来组织。先在类的级别中设置通用的模拟行为，然后通过设置测试方法的运行序列来运行测试。在 JUnit 5 中，可以使用@Order 注解让测试顺序执行。示例代码如下。

```
@TestMethodOrder(MethodOrderer.OrderAnnotation.class)
public class BuyScenarioTest {
    @BeforeAll
    static void beforeAll() {
        // 这里进行通用的准备
    }

    @AfterAll
    static void afterAll() {
        // 这里进行通用的清理
    }

    @Test
    @Order(1)
    void should_list_products() {
        System.out.println("should_list_products");
    }

    @Test
    @Order(2)
```

```
    void should_get_product_detail() {
        System.out.println("should_get_product_detail");
    }

    @Test
    @Order(3)
    void should_add_product_to_shopping_cart() {
        System.out.println("should_add_product_to_shopping_cart");
    }
    ...
}
```

由于在应用 API 中，我们放弃了对异常的测试（只测试关键流程），因此整个测试变得非常容易理解，也非常容易维护。低成本的自动化测试让团队更有动力持续地维护下去。

但习惯了采用这种方式组织测试之后，很多开发人员会对那些无意义的@Order 注解感到厌烦。既然我们是按照场景组织 API 测试的，何不就以场景作为单位划分测试呢？这就是第二种方式，直接以场景为粒度进行测试，由一个测试调用一系列 API。在其他的 BDD 测试框架中，对此有专门的语法支持。示例代码如下。

```
public class ScenarioTest {
    @Test
    void buy_scenario_test() {
        // 这里进行通用的准备
        shouldListProducts();
        shouldGetProductDetail();
        shouldAddProductToShoppingCart();
        ...
        // 这里进行通用的清理
    }
    void shouldListProducts() {
        System.out.println("should_list_products");
    }
    void shouldGetProductDetail() {
        System.out.println("should_get_product_detail");
    }
    void shouldAddProductToShoppingCart() {
        System.out.println("should_add_product_to_shopping_cart");
    }
}
```

6.7.2 领域 API

领域 API 不是为最终的场景服务的，它主要是提供通用的业务功能。以产品服务为例，它提供的是基本的服务功能，例如添加产品、删除产品。各领域 API 彼此之间的关联性相对较弱，因此可以独立地组织测试。

1. 测试目标

针对领域 API 进行测试时，目标是测试此类 API 的业务功能，以及单元测试不能覆盖的异常行为。

2. 测试准备

除了会依赖少量的第三方 API 之外，领域 API 还会依赖数据库、文件等基础设施。这里参考之前的内容为不同的基础设施准备测试条件：

- 启动内嵌的数据库等基础设施；
- 直接使用源码中的 Service、Repository 等 Bean 来准备数据库中的内容；
- 使用 WireMock 处理外部系统。

3. 测试组织方式

由于领域 API 基本是原子性的 API，因此其与单元测试的组织风格类似，即保持一个 Controller 对应一个测试类。若为每个 API 单独准备、执行和验证测试用例，那么一个测试类可能会有很多个测试。想让测试结构更加清晰，可以把正向、异常测试组织到一个嵌套测试中。示例代码如下。

```java
public class ProductControllerTest {
    @Nested
    @DisplayName("query product list suite")
    class QueryProduct {
        @Test
        void should_list_product_list_with_default_page() {
            System.out.println("should_list_product_list_with_default_page");
        }
        @Test
        void should_list_product_list_with_specify_page() {
            System.out.println("should_list_product_list_with_specify_page");
        }
    }
    @Nested
    @DisplayName("add product test suite")
    class AddProduct {
        @Test
        void should_add_product_success() {
            System.out.println("should_add_product_success");
        }
        @Test
        void should_add_product_failed_when_exceed_product_limitation() {
            System.out.println("should_add_product_failed_when_exceed_product_limitation");
        }
    }
}
```

嵌套类尤其适合这种场景，在 IntelliJ IDEA 中运行测试时，可以在测试结果中看到非常清晰的测试结构。图 6-6 展示了嵌套测试执行后的样子。

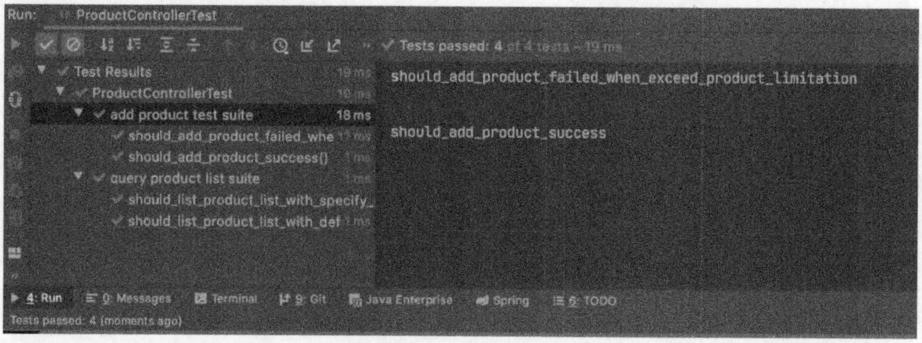

图 6-6 嵌套测试

6.8 小结

在前后端分离和微服务盛行的技术趋势下，API 测试变得越来越重要。本章介绍了如何使用 MockMvc、REST Assured 等工具实现 API 测试，以及一些相关的注意事项和技巧。API 测试不再是单元测试的范畴，它的测试工具、模拟工具、测试策略等都与单元测试有所不同。通过 WireMock 可以隔离依赖的第三方 API，让处于错综复杂的调用关系下的 API 更容易被测试。

不同类型的微服务会提供不同的 API，这些 API 需要使用不同的测试策略。

研发自测高级篇

第 7 章

性能和并发检测

我们编写的软件上线之前，必须要面对一个非常现实的问题，那就是如何保证上线后的性能和并发可靠性。软件工程没有"银弹"，在保证性能和并发可靠性这方面，并没有一个一劳永逸的方案，因此，要开发可靠的软件需要进行充分的测试，性能和并发问题也是测试中的一部分。

1. 性能测试

我们可以基于架构和方案层、编码层、功能层、资源层实现不同的性能测试。

（1）架构和方案层

大多数的性能问题都是不合理的架构或方案导致的。比如在 CPU 密集型的应用中选择了一些异步框架，而异步框架往往更适合 I/O 密集型的应用。

对于架构和方案带来的问题，目前不太好通过技术进行验证，虽然业界已有架构仿真技术，但不是很成熟。不过，如果是让有经验的工程师来做方案评审，往往能在早期发现问题。

（2）编码层

在编码层，技术经理会基于经验或者通过代码审查来评估某个编程实践的性能。在这个层面产生的性能问题可能不是用户能直接感知的，但很有可能是软件性能低下的原因之一。

仅仅基于编码层对性能进行评估，结果往往是偏颇的，因为局部性能的好或坏对最终性能的影响可能并不大，如果我们投入很多的精力去优化它，很可能会事倍功半。在解决编码层的性能问题之前，可以先通过一些测试工具进行局部的基准测试。

（3）功能层

用户通常是基于功能来评价软件性能的，而不是各种测评指标。比如用户提交表单后系统处理的时间、打开一个页面需要的时间等。

对于 Web 系统来说，功能层的性能大多可以通过 API 性能测试来验证。我们平常说的性能测试大多是这一类，相关的测试工具也比较多，比如 Gatling、JMeter、K6 和 Locust 等。

（4）资源层

如果应用处于高负载的状态，它的资源消耗情况也需要关注，比如内存的增长情况是否正常，如果不正常，则说明可能有内存泄露等问题。常见的资源如下：

- 内存；
- 磁盘；
- 网络带宽；
- CPU；
- 数据库、Redis 等中间件。

部分应用的性能问题是因各种资源的配置不均衡导致的。硬件的配置可以参考参数，但是中间件却需要进行基准测试才能合理配置。

资源层的测试往往是测试人员容易忽略但又极其重要的，因此需要开发人员主动重视起来。如果优化资源消耗就能在不修改方案和代码的情况下提高性能，那么这是一件性价比极高的事。

2. 并发检测

除了关注不同层次的性能，我们还需要关注并发问题。为了避免出现并发问题，我们需要做好并发检测。并发问题指的是多个用户争用同一个资源导致的系统异常，它不只会导致性能降低，更重要的是多个用户在争用资源时，业务也会受到破坏。

本章主要介绍验证程序（包括某个方法）性能的方法和程序并发安全的相关知识，所涵盖的内容如下。

- 微基准性能测试。
- API 性能测试。
- 并发检测。

7.1 微基准性能测试

我们有时会凭借经验或者写一个简单的循环来测试某个Java语法特性的性能或一段业务代码的性能。实际上，JVM 的开发人员已经准备了一个非常好用的工具让我们来做方法层面的微基准性能测试。这个工具就是 JMH，它是一个用于分析代码局部性能的工具，不仅可以分析 Java 语言，还可以分析基于 JVM 的其他语言。

OpenJDK 官方推荐的运行 JMH 工具的方法是使用 Maven 构建一个单独的项目，并在此项目中集成 JMH 工具。进行微基准性能测试时，只需要把测试的项目作为 Jar 包引入即可。这样能排除项目代码的干扰，得到比较可靠的测试结果。当然也可以使用集成了 JMH 工具的 Maven 插件启动微基准性能测试，代价是配置比较麻烦，并且结果没那么可靠。

7.1.1 使用 Maven 构建微基准性能测试

根据官网的例子可知，我们可以使用一个项目模板来生成一个微基准性能测试项目，该项目模板中已经集成了 JMH 工具。示例代码如下。

```
mvn archetype:generate \
    -DinteractiveMode=false \
    -DarchetypeGroupId=org.openjdk.jmh \
    -DarchetypeArtifactId=jmh-java-benchmark-archetype \
    -DgroupId=org.sample \
    -DartifactId=test \
    -Dversion=1.0
```

创建项目后，导入 IDE，Maven 会帮我们生成一个测试类，这个测试类中没有任何内容，但是可以运行。

执行构建命令，将测试项目先构建成可执行文件 Jar。

```
mvn clean install
```

然后使用 java -jar 运行测试。

```
java -jar target/benchmarks.jar
```

运行后可以看到输出信息中包含 JDK、JVM 等信息，以及一些用于测试的配置信息。

```
# JMH version: 1.22
# VM version: JDK 1.8.0_181, Java HotSpot(TM) 64-Bit Server VM, 25.181-b13
# VM invoker: /Library/Java/JavaVirtualMachines/jdk1.8.0_181.jdk/Contents/Home/jre/bin/java
# VM options: <none>
# Warmup: 5 iterations, 10 s each
# Measurement: 5 iterations, 10 s each
# Timeout: 10 min per iteration
# Threads: 1 thread, will synchronize iterations
# Benchmark mode: Throughput, ops/time
# Benchmark: org.sample.MyBenchmark.testSimpleString
```

下面是部分配置信息的说明。

* Warmup：预热。因为有 JVM 即时编译存在，为了让测试更加准确，所以有了预热环节，这里是预热 5 轮，每轮 10 秒。
* Measurement：真实的性能测量采样，这里是 5 轮，每轮 10 秒。
* Timeout：每轮测试 JMH 都会进行 GC 操作，然后暂停一段时间，默认的迭代时间是 10 分钟。
* Threads：表示运行多少个线程，如果只有一个线程，则会阻塞执行。
* Benchmark mode：输出的运行模式，通常基于以下指标区分运行模式。

  a）Throughput：吞吐量，即每个单位时间（可以使用@OutTimeUnit 注解配置时间）执行多少次操作。

  b）AverageTime：调用的平均时间。

  c）SingleShotTime：代码运行一次的时间，如果把预热关闭，即为代码冷启动的时间。
* Benchmark：测试的目标类。

实际上还有很多配置，具体可以通过 -h 参数查看。

```
java -jar target/benchmarks.jar -h
```

在下面这个例子中，我们通过注解修改了配置，并针对 **StringBuilder** 和 **String** 构造器增加了字符串操作的性能对比。

```
@BenchmarkMode(Mode.Throughput)
@Warmup(iterations = 3)
@Measurement(iterations = 5, time = 5, timeUnit = TimeUnit.SECONDS)
@Threads(8)
@Fork(1)
@OutputTimeUnit(TimeUnit.MILLISECONDS)
public class MyBenchmark {
    @Benchmark
    public void test_simple_string() {
        String initialString = "Hello world!";
        for (int i = 0; i < 10; i++) {
            initialString += initialString;
        }
    }
    @Benchmark
    public void test_string_builder() {
        StringBuilder stringBuilder = new StringBuilder();
        for (int i = 0; i < 10; i++) {
            stringBuilder.append(i);
        }
    }
}
```

在控制台可以看到输出的测试报告，这里直接看最后一部分。

```
Benchmark                       Mode  Cnt       Score      Error  Units
MyBenchmark.test_simple_string  thrpt   5     463.634±    15.808  ops/ms
MyBenchmark.test_string_builder thrpt   5   98048.719± 52520.740  ops/ms
```

其中，Score 这列的意思是每毫秒完成了多少次操作，可见 **StringBuilder** 确实比普通的 **String** 构造器的性能好很多。

7.1.2　一个直观的示例

在 Java 开发中，局部的性能问题虽然有可能不会对系统整体的性能造成多大影响，但是注意这些细节可以低成本地避免性能问题堆积。

下面来看一个非常有意思的示例，为自动包装类型和基本类型编写一个简单的微基准性能测试，看看使用它们的代码性能如何。

```
@Benchmark
public void primary_data_type() {
  int sum = 0;
  for (int i = 0; i < 10; i++) {
    sum += i;
  }
}


@Benchmark
public void box_data_type() {
  int sum = 0;
  for (Integer i = 0; i < 10; i++) {
    sum += i;
  }
}
```

运行测试后，得到的测试结果如下。

```
Benchmark                            Mode    Cnt   Score         Error         Units
AutoBoxBenchmark.box_data_type       thrpt   5     312779.633±   26761.457     ops/ms
AutoBoxBenchmark.primary_data_type   thrpt   5     8522641.543±  2500518.440   ops/ms
```

从上述结果可以看出，相比包装类型，使用基本类型的代码其性能高出了一个数量级。当然，你可能会说基本类型和包装类型对性能的影响不大，但是性能的提高往往就是从细微处着手的。另外，编写微基准性能测试也可让团队更直观地了解性能情况。

7.1.3 使用 JUnit 运行微基准性能测试

使用集成了 JMH 工具的 Maven 运行微基准性能测试是官方推荐的做法，但是测试代码不方便与业务代码放在同一个代码仓库中。在实际工作中，时不时会有验证特定代码性能的需求，这时，可以使用 JUnit 运行微基准性能测试。

下面展示的是一个字符串助手类，其中包含 repeatString、repeatStringWithBuilder 这两个方法，这两个方法均可将字符串重复特定的次数。

```
public class StringUtil {

    public static String repeatString(String text, int count) {
        String out = "";
        for (int i = 0; i < count; i++) {
            out += text;
        }
        return out;
    }

    public static String repeatStringWithBuilder(String text, int count) {
        StringBuilder stringBuilder = new StringBuilder();
        for (int i = 0; i < count; i++) {
            stringBuilder.append(text);
        }
        return stringBuilder.toString();
```

```
        }
    }
```

根据我们的经验，使用 StringBuilder 连接字符串会比使用普通的字符串连接操作符快很多。但事实真的如此吗？我们应该如何得到直观的结果呢？这时就可以使用 JUnit 来运行测试。这里会将一个开源库与 JUnit 结合起来使用。这个库不仅收集了与性能相关的参数，还收集了 JVM 发生 GC 操作的次数等信息。示例代码如下。

```
<dependency>
    <groupId>com.carrotsearch</groupId>
    <artifactId>junit-benchmarks</artifactId>
    <version>0.7.2</version>
    <scope>test</scope>
</dependency>
```

接着就是编写测试类，开源库中提供了 AbstractBenchmark 基类，此基类封装了大部分默认的配置。我们可以使用@BenchmarkOptions 注解来配置测试迭代的次数和预热迭代的次数。@BenchmarkMethodChart 注解为可选项，用于生成图表。

```
@BenchmarkOptions(benchmarkRounds = 10000, callgc = false, warmupRounds = 5)
@BenchmarkMethodChart(filePrefix = "StringUtil test")
public class StringUtilTest extends AbstractBenchmark {

    @Test
    public void repeat_string() {
        assertEquals(
                "HelloHelloHelloHelloHelloHelloHelloHelloHelloHello",
                StringUtil.repeatString("Hello", 10)
        );
    }

    @Test
    public void repeat_string_with_builder() {
        assertEquals(
                "HelloHelloHelloHelloHelloHelloHelloHelloHelloHello",
                StringUtil.repeatStringWithBuilder("Hello", 10)
        );
    }
}
```

我在测试方法中调用了重复字符串的方法，给出了重复 10 次的参数，并设置了微基准性能测试迭代的次数为 10000。运行结果如下。

```
StringUtilTest.repeat_string_with_builder: [measured 10000 out of 10005 rounds,
threads: 1 (sequential)]
round: 0.00 [+- 0.00], round.block: 0.00 [+- 0.00], round.gc: 0.00 [+- 0.00], GC.
calls: 0, GC.time: 0.00, time.total: 0.07, time.warmup: 0.01, time.bench: 0.05
StringUtilTest.repeat_string: [measured 10000 out of 10005 rounds, threads: 1 (sequential)]
round: 0.00 [+- 0.00], round.block: 0.00 [+- 0.00], round.gc: 0.00 [+- 0.00], GC.
calls: 0, GC.time: 0.00, time.total: 0.04, time.warmup: 0.00, time.bench: 0.04
```

可以看出在总的时间上面，使用 Builder 和不使用 Builder 这两种实现方式的差距较为明显。

7.2　API 性能测试

在前面的章节中，已经介绍了如何针对 API 的功能进行测试。这里选用较为主流的工具 JMeter 来介绍如何对 API 的性能进行测试。

7.2.1　JMeter 介绍

Apache JMeter（简称 JMeter）是一款由 Java 编写的性能测试工具。它的特点是小巧、免费和开源，它同时具有 GUI 和命令行这两种运行模式。这些特点让开发人员更容易学习和使用它。

JMeter 的主要应用场景是 Web 应用，它对 HTTP 的 API 非常友好。由于具有测试套件、测试断言等特性，JMeter 还可以用来组织和管理 API 测试，也有人直接把它用于功能测试和回归测试。在实际使用过程中，我发现使用 JMeter 正则表达式编写断言具有较大的灵活性。另外，它可以导出文本测试用例，方便在版本库中管理测试文件。因为 JMeter 可以使用命令行模式运行测试，所以也让在 CI/CD 中运行性能测试变得可行。

JMeter 具有较长的发展史，它的第一个版本于 1998 年发布，本书采用的版本是 5.4.1。JMeter 最早被用来测试 JServ 的性能，其作用类似于 Apache 服务器中的 ab 命令（ab 命令源于 Apache 服务器中自带的一个迷你性能测试工具 Apache Bench），后来演变成专业的测试工具。

基于 Java 进行开发是我们选择 JMeter 的重要原因。受益于 JVM 平台，JMeter 的安装和使用都非常简单，如果需要拓展，也非常容易实现。JMeter 的源码中有一些网络编程技巧值得学习，在后续版本中，它还具有分布式测试的架构。

性能测试工具并不是只有 JMeter，为了更好地了解 JMeter，这里也对其他几款同类开源性能测试工具进行简要说明。

- K6：使用 Go 语言编写的性能测试工具，其特点是可以使用 JavaScript 编写测试脚本，也可以直接使用浏览器的网络请求文件（HAR）生成测试用例。
- Locust：使用 Python 开发的一个测试框架，需要使用 Python 来编写测试脚本。
- AB：使用 C 开发的一个极简性能测试工具，由 Apache 服务器附带，也可以单独安装。

对于开发人员来说，即使没有掌握 JMeter 中非常复杂和难以理解的部分，也可以快速使用它，并且能通过版本化的方式管理测试用例。

JMeter 的概念和功能非常多，有专门的图书深入探讨 JMeter 和相关的性能测试技术。好在开发人员只需要掌握其中的一些基本功能即可，做到这一点还是非常容易的。

JMeter 能帮助开发人员回答类似以下的问题就足够了。

- 如果有 100 个或更多用户并发访问系统，系统是否会崩溃？
- 如果有 100 个或更多用户活跃在系统中，消耗的资源有多少？
- 如果有 100 个或更多用户活跃在系统中，系统的平均响应时间是多少？

前面说过，JMeter 有两种运行模式，即 GUI 和命令行模式。GUI 模式用于构建测试计划，也就是准备测试用例；命令行模式用于运行准备好的测试计划。

实际上，也可以使用 GUI 模式来运行性能测试，但是由于各方面的限制，得到的测试结果不是那么准确。

使用 JMeter 的步骤如下。

1）安装 JMeter。

2）设计测试计划。

3）执行测试计划。

下面分别就这些步骤进行详细说明。

7.2.2　安装 JMeter

由于 JMeter 是基于 Java 开发的，因此使用它时需要先设置好 JDK 环境。这里使用的 JMeter 版本为 5.4.1，JDK 则需要采用 JDK 8 及其以上版本。将 JMeter 用于 Web 应用测试不需要安装额外的组件，但是如果需要用于测试数据库等一些技术基础设施，则需要安装对应的驱动器，比如 JDBC Driver、JMS Client 等。

图 7-1 为 JMeter 的下载页面。通过 Apache 官网下载对应的二进制包（Binaries），解压后即可使用 JMeter。

解压后，JMeter 的目录结构如图 7-2 所示。

Apache JMeter 5.4.1 (Requires Java 8+)

Binaries

apache-jmeter-5.4.1.tgz sha512 pgp
apache-jmeter-5.4.1.zip sha512 pgp

Source

apache-jmeter-5.4.1_src.tgz sha512 pgp
apache-jmeter-5.4.1_src.zip sha512 pgp

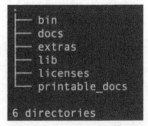

图 7-1　JMeter 的下载页面　　　　　　　　图 7-2　JMeter 的目录结构

图 7-2 所示目录结构的具体说明如下。

- bin：此目录中包含了启动和可执行的各种命令。在此目录中可以看到 ApacheJMeter.jar 文件和一些带有 .bat、.sh 等后缀的文件。
- docs：文档和用户指南。
- extras：JMeter 提供的一些测试示例。
- lib：JMeter 依赖的第三方包，以 Jar 包的形式引入。
- licenses：第三方包的开源声明。
- printable_docs：可打印的文档。

我们可以根据使用的操作系统来选择合适的命令启动 JMeter。对于 Linux 和 Mac 系统，可以打开命令行，进入命令所在的目录，然后使用 jmeter.sh 启动。对于 Windows 系统，可以直接双击 jmeter.bat 启动，也可以直接使用 java 命令来启动。示例代码如下。

```
java -jar bin/ApacheJMeter.jar
```

7.2.3 设计测试计划

JMeter 使用默认的运行方式时会以 GUI 模式启动，因此可以先通过 GUI 模式设计一个测试计划，再通过命令行模式或其他模式来运行测试计划。

我在示例代码库中增加了 jmeter 模块，并编写了一个最简单的 API 作为测试目标。

```
@RestController
@RequestMapping("/api/hello")
public class HelloController {

    @GetMapping
    public String hello() {
        return "hello world";
    }
}
```

引入项目基础设施后，使用默认的配置可以得到 API，使用 curl 命令可以得到 "hello world" 的返回值。

```
curl http://localhost:8080/api/hello
```

接下来，我们为这个 API 设计一个非常基础的测试计划。

启动 JMeter 后，可以看到 Swing 风格的软件界面，如图 7-3 所示。软件的左侧是测试计划等各种资源的管理器，顶部是一些快捷操作按钮，右侧为主要的表单、报告窗口。

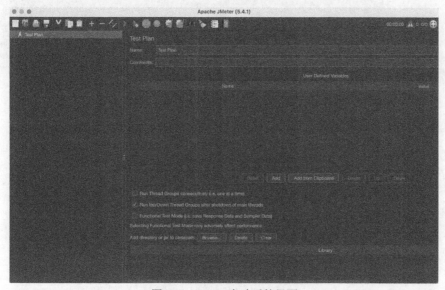

图 7-3　JMeter 启动后的界面

下面通过一些简单的步骤来设计测试计划。

1) 新建一个线程组。先使用鼠标右键点击图 7-3 左上角的 Test Plan，然后在弹出的菜单栏里依次选择 Add→Threads（Users）→Thread Group，以创建一个线程组，如图 7-4 所示。

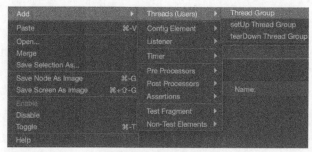

图 7-4　新建线程组

2) 设置线程组，如图 7-5 所示。

图 7-5　设置线程组

线程组中关键参数的说明如下。

- Action to be taken after a Sampler error：表示当测试用例断言失败时如何处理，下面有几个配置选项。为了统计断言失败的测试用例，一般采用默认配置。

  a）Continue：继续运行后续的测试用例。

  b）Start Next Thread Loop：停止运行后续的测试用例，启动测试用例循环。

  c）Stop Thread：停止当前线程（可以认为是一个模拟的用户退出）。

  d）Stop Test：在当前运行的测试用例执行完以后停止测试。

  e）Stop Test Now：直接中断当前运行的测试用例，立即停止测试。

- Number of Threads（users）：可以认为是模拟的用户数量。

- Ramp-up period（seconds）：所有线程启动的时间，如果设定了 10 个线程在 100 秒内启动，实际效果是每隔 10 秒启动一个线程。第一个线程是立即启动，而非延迟 10 秒启动。如果设置为 0，所有线程会在第一时间同时启动。
- Loop Count：执行测试用例的次数。如果勾选了 Infinite，则可以使测试一直运行，直到手动停止或线程生命周期结束。

3）创建测试用例。使用鼠标右键点击图 7-4 中的 Thread Group，然后在弹出的菜单栏里依次选择 Add→Sampler→ HTTP Request，以创建一个 HTTP 请求（该请求即为一个测试用例），如图 7-6 所示。除了 HTTP 请求，JMeter 还支持多种类型的请求。

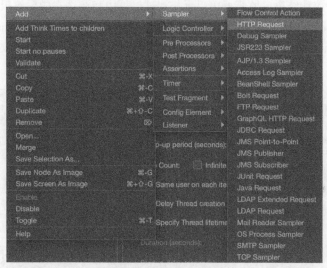

图 7-6　创建 HTTP 请求

4）设置 HTTP 请求（测试用例），如图 7-7 所示。

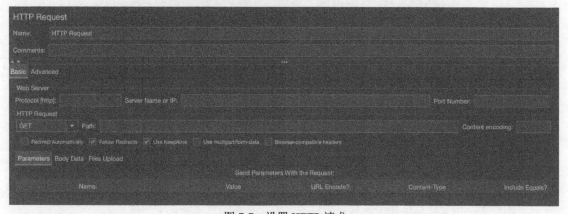

图 7-7　设置 HTTP 请求

图 7-7 中的关键参数说明如下。

- Protocol[http]：协议，可以设置为 HTTPS 或者 HTTP。
- Server Name or IP：测试目标地址，这个例子中填入 localhost。
- Port Number：端口号，这个例子中填入 8080。
- HTTP Request：HTTP Method 可以设置为 GET，在后续的测试用例中，可以根据需要来设置。Path 为请求的路径，这个例子中填入/api/hello。
- Parameters：用于填写 URL 中的 query 参数。
- Body Data：请求为 POST、PUT 类型时，表示具体的表单信息。

5）HTTP 请求设置完以后，就可以设置监听器了。JMeter 是模块化的，需要设定一个监听器才能看到测试完成后的统计结果，监听器可以看作测试过程中和测试完成后的报告收集器。使用鼠标右键点击图 7-4 的 Thread Group，然后在弹出的菜单栏里依次选择 Add→Listener→Summary Report，即可创建一个名为 Summary Report 的监听器（如图 7-8 所示），它的作用是收集测试完成后的聚合信息。

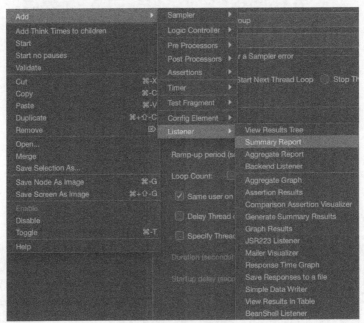

图 7-8　创建监听器

以下是我们常用的监听器的功能说明。

- View Results Tree：查看结果树监听器。它会记录所有的结果数据，并将其渲染为列表，可用于查看某个测试具体的细节。一般来说，我们可以使用这种监听器来调试测试计划，如果测试失败，还可以分析失败的原因。但需要注意的是，由于记录每一个测试细节会消耗大量的性能，这会让测试结果失真，所以要避免在真实的负载测试中使用。
- Aggregate Report：聚合报告监听器。它会聚合所有的请求数据，并统计出一些测试指标（比如吞吐量、响应时间和花费时间等）。

- Aggregate Graph：图形聚合监听器。与聚合报告监听器类似，只是它会提供一套图形渲染机制，用于保存图表信息。
- Response Time Graph：响应时间监听器。不同于图形聚合监听器，它会采集时序数据，然后渲染基于时间的图形报告。通过它可以直观地分析性能变化的趋势。

在设定好线程组、测试用例和监听器后，一个最小化的测试计划就设计完了。当然，JMeter 还提供了很多其他组件，这些稍后探索。在使用 GUI 模式运行测试计划之前，需要先保存测试计划。JMeter 使用.jmx 文件后缀来保存测试计划，JMX 是一种 XML 格式的文本文件，常用于测试计划的版本管理。

保存上述设置后，选中线程组，点击如图 7-9 所示的两个运行按钮（左侧是直接运行的按钮，右侧是停掉测试重新运行的按钮）即可运行测试。

如图 7-10 所示，运行进度和结果会出现在 JMeter 主界面的右上角。

图 7-9　运行测试的按钮　　　　　　　　　　图 7-10　运行进度和结果

本节的测试示例是让 500 个线程在 1 秒内启动，且运行 1000 轮，图 7-11 为测试结果。

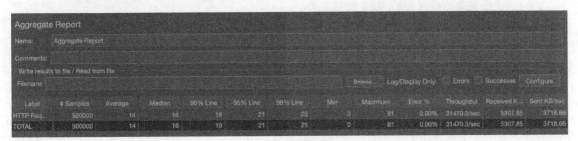

Label	# Samples	Average	Median	90% Line	95% Line	99% Line	Min	Maximum	Error %	Throughput	Received K...	Sent KB/sec
HTTP Req...	500000	14	16	19	21	25	0	81	0.00%	31470.3/sec	5307.85	3718.66
TOTAL	500000	14	16	19	21	25	0	81	0.00%	31470.3/sec	5307.85	3718.66

图 7-11　测试结果

在图 7-11 中，聚合报告监听器提供了测试计划运行后的统计数据，下面说明一下这些数据的含义。

- Label：测试用例的标签，可以双击修改，一般是根据测试用例生成的。
- #Samples：测试用例被执行的次数。
- Average：这组测试用例运行的平均耗时。
- Median：中位数耗时，50%的测试不超过这个时间。
- 90%Line：90%的测试不超过这个时间。
- 95%Line：95%的测试不超过这个时间。
- 99%Line：99%的测试不超过这个时间。
- Min：所有测试中最短的耗时。
- Maximum：所有测试中最长的耗时。
- Error%：发生错误的比例（是否是错误可以通过自定义一些断言来确认）。
- Throughput：吞吐量，描述了单位时间内完成的请求数量，需要注意当前的单位选择。吞吐率是测试结果中比较重要的性能参数。

- Received KB/sec：接收数据的速率，此速率是用于分析性能问题的重要参考数据。比如在吞吐率相同的情况下，接收数据的速率非常高，则说明有一些不必要的数据被返回了。
- Sent KB/sec：发送数据的速率，这项指标用得比较少，对于大多数服务器应用来说，接收数据的速率远大于发送数据的速率。

7.2.4　执行测试计划

前面提到过，由于各方面的限限制，GUI 模式并不适合用来运行性能测试，因为得不到相对准确的结果。因此，我们需要使用其他途径来运行测试。通过命令行模式或者其他非 GUI 模式的测试方式，不仅可以获得准确的测试结果，维护测试用例也更方便。使用 GUI 模式设计好测试计划后，可以将测试计划保存为 JMX 文件，进而基于命令行模式、Maven 和集群等执行测试计划。

1. 命令行模式

JMeter 有以下命令行选项可用于非 GUI 模式。

- -n：表示以非 GUI 模式运行。
- -t：指定包含测试计划的 JMX 测试文件。
- -1：指定 JTL 测试结果文件。
- -j：指定运行的日志文件。
- -r：远程启动，运行预先配置在 remote_hosts 属性指向的测试服务器中的测试。
- -R：接收一个远程服务器列表，远程启动，运行指定的测试服务器中的测试。
- -g：接收一个 CSV 文件，生成数据报表。

简单地启动只需要使用-n -t 参数即可，示例代码如下。如果需要支持代理模式，可以使用--help 查看帮助，获得参数示例。

```
./bin/jmeter.sh -n -t hello.jmx -l output.jtl
```

提示：想要让命令的执行更方便，可以将 JMeter 的 bin 目录添加到操作系统的 Path 路径下，这样就可以在任何地方执行 JMeter 的命令了，否则只能在 JMeter 的安装目录下执行。

图 7-12 为使用命令行模式执行测试计划的结果。

```
CNnlin:apache-jmeter-5.4.1 nlin$ ./bin/jmeter.sh  -n -t hello.jmx
Creating summariser <summary>
Created the tree successfully using hello.jmx
Starting standalone test @ Mon Jun 28 22:25:31 CST 2021 (1624890331972)
Waiting for possible Shutdown/StopTestNow/HeapDump/ThreadDump message on port 4445
Warning: Nashorn engine is planned to be removed from a future JDK release
summary +      1 in 00:00:00 =     2.3/s Avg:    30 Min:    30 Max:    30 Err:     0 (0.00%) Active: 210 Started: 210 Finished: 0
summary + 499999 in 00:00:22 = 22511.3/s Avg:    21 Min:     0 Max:   369 Err:     0 (0.00%) Active: 0 Started: 500 Finished: 500
summary = 500000 in 00:00:23 = 22079.9/s Avg:    21 Min:     0 Max:   369 Err:     0 (0.00%)
Tidying up ...    @ Mon Jun 28 22:25:54 CST 2021 (1624890354833)
... end of run
```

图 7-12　使用命令行模式执行测试计划的结果

得到测试结果文件 output.jtl 后，就可以通过 JMeter GUI 分析该文件了。依次执行如下操作：打开 JMeter GUI，打开测试计划，选中一个 Aggregate Report 组件，点击 Browser 选择测试结果文件，即可对该文件进行分析，如图 7-13 所示。

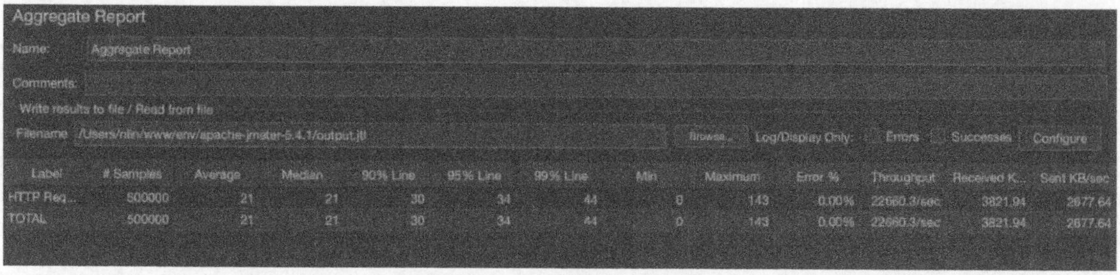

图 7-13　分析测试结果文件

2.　使用 Maven 运行 JMeter 测试

如果每次运行测试都需要下载和配置 JMeter，会非常不方便，另外在 CI 流水线上配置 JMeter 也比较困难。事实上，我们也可以使用 Maven 来运行 JMeter 测试。对于开发人员来说，Maven 的代码结构非常好管理。

使用 Maven 运行 JMeter 测试非常简单，只需要增加一个插件 Maven JMeter（比如 jmeter-maven-plugin 插件）即可，参考随书示例仓库中的 jmeter 模块。

来看一个示例。创建一个新的 Maven 项目，在 Pom 文件中配置 plugin 节点，示例代码如下。

```
<plugin>
    <groupId>com.lazerycode.jmeter</groupId>
    <artifactId>jmeter-maven-plugin</artifactId>
    <version>3.4.0</version>
    <executions>
        <!-- 生成测试配置 -->
        <execution>
            <id>configuration</id>
            <goals>
                <goal>configure</goal>
            </goals>
        </execution>
        <!-- 运行测试 -->
        <execution>
            <id>jmeter-tests</id>
            <goals>
                <goal>jmeter</goal>
            </goals>
        </execution>
        <!-- 检查测试结果 -->
        <execution>
            <id>jmeter-check-results</id>
            <goals>
                <goal>results</goal>
            </goals>
        </execution>
```

```
      </executions>
  </plugin>
```

在 Maven 中，JMeter 在真正运行测试之前会有一个配置生成阶段，下一个阶段需要使用这个配置。由于 Maven 具有多阶段特性，且每个阶段都有不同的 execution 实例，为了保证测试运行的时候能正确应用配置，因此使用 execution ID 来关联测试配置以及测试的各个阶段。默认情况下 JMeter 使用的 ID 为 configuration。

如果需要自定义配置 execution，可以按照下面的方法给测试运行阶段配置一个 selected Configuration 参数。

```
<!-- 生成测试配置 -->
<execution>
  <id>myJMeterConfiguration</id>
  <goals>
    <goal>configure</goal>
  </goals>
</execution>

<!-- 运行测试 -->
<execution>
  <id>jmeter-tests</id>
  <goals>
    <goal>jmeter</goal>
  </goals>
  <configuration>
    <selectedConfiguration>myJMeterConfiguration</selectedConfiguration>
  </configuration>
</execution>
```

按照默认的配置，要将测试计划 JMX 文件放到$[project.base.directory]/src/test/ jmeter 目录中。启动被测试的服务后，可以使用命令行或者 IntelliJ IDEA 运行 JMeter Maven 命令。

Maven JMeter 插件提供了多个命令，具体如下。

- configure：生成配置。
- gui：使用 Maven 中的 JMeter 依赖启动 GUI 模式，可以简化下载和安装过程。
- jmeter：通过运行 JMX 文件来进行性能测试。
- remote-server：远程运行，即使用其他服务器来运行测试。
- results：检查结果中的测试数据，如果不满足需求则测试通不过。

在我们的示例中，由于使用了多模块项目，因此可以在进入具体模块的路径后再使用命令。比如进入模块后，可以使用下面这个 Maven 命令启动所有的测试，JMeter 测试是其中之一。

```
mvn verify
```

如果仅仅想要运行 JMeter 测试，可以使用 mvn jmeter:jmeter 命令，它会提示先运行 mvn jmeter:configure。也可以手动执行 mvn jmeter:configure 命令，能起到相同的效果。

图 7-14 所示为使用 Maven 运行 JMeter 测试的结果。

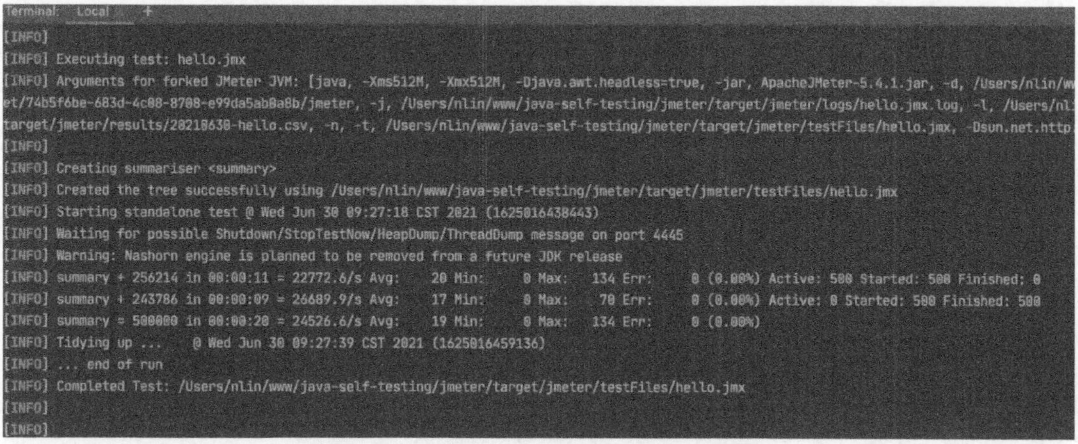

图 7-14　使用 Maven 运行 JMeter 测试的结果

在这个例子中，为了演示方便，我们将 Demo API 的项目和 JMeter 测试用例的项目放到了同一个仓库。在实际工作中，建议将两者分开，因为它们的生命周期不一样，JMeter 测试的运行需要在被测试项目部署到指定的环境中后再开始。

3. 使用测试集群运行 JMeter 测试

如果需要得到更准确的测试数据，或者需要测试出系统的极限值，那么采用分布式系统来运行测试是一种相宜的方法，它通过将多个测试机组合起来同时发起测试来获得更强大的测试能力，且可以模拟更多的用户。

JMeter 可以基于服务器模式运行，并且可以让运行在多台机器上的实例组合成集群。传统的测试集群是将多台虚拟机组成集群，这也是 JMeter 官方推荐的方法。但是这样做虚拟机的安装和配置比较繁杂，好在随着容器技术的发展，构建集群的任务现在可以落到容器云上。我们可以通过 Kubernetes 来运行和管理 JMeter 集群。另外还有一些压测云平台（可以直接购买）也可以用于运行和管理 JMeter 集群。

7.2.5　理解 JMeter

我们使用前面介绍的几个组件可以完成大部分的测试工作，但是 JMeter 还有许多有用的组件值得了解。下面介绍一下 JMeter 中常用的组件，以便大家更好地理解 JMeter。

1. 测试计划

测试计划描述了 JMeter 在运行时将执行的一系列操作。一个完整的测试计划由一个或多个线程组、取样器（测试用例）、逻辑控制器、监听器、定时器、断言和配置元件等组成。

测试计划中的某些组件不是必需的，比如，如果我们的测试用例彼此之间独立，尤其是在进行 API 测试时，那么就不必使用逻辑控制器。另外，在大多数情况下，断言和定时器都不必使用。

为了更好地理解 JMeter，下面通过拆解一个测试计划来看看 JMeter 的结构是怎样的。图 7-15 展示了 JMeter 的结构，可帮助大家了解各概念之间的关系。

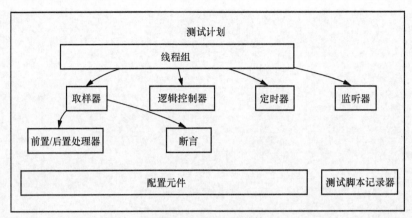

图 7-15　JMeter 的结构

测试计划是 JMeter 中最重要的组成部分,也是比较难以描述和理解的部分,主要原因是它太灵活了,比如配置元件几乎可以出现在所有的节点下,而它出现的节点位置代表其能影响的范围。JMeter 不同的版本包含的组件会有所不同,所以图 7-15 可能不是很准确,但能表达出 JMeter 大致的结构关系。

从开发人员的角度来说,图 7-15 这种设计很容易理解。这些组件构成树形结构,与 XML 的描述方式完全一致。可以推测,JMeter 的设计者是先通过 XML 设计好灵活的结构,再通过一种低成本的方式实现了 GUI 模式。使用文本文件打开 JMX 文件就能证实此推测,如图 7-16 所示。

```xml
<jmeterTestPlan version="1.2" properties="5.0" jmeter="5.4.1">
  <hashTree>
    <TestPlan guiclass="TestPlanGui" testclass="TestPlan" testname="Test Plan" enabled="true">
      <stringProp name="TestPlan.comments"></stringProp>
      <boolProp name="TestPlan.functional_mode">false</boolProp>
      <boolProp name="TestPlan.tearDown_on_shutdown">true</boolProp>
      <boolProp name="TestPlan.serialize_threadgroups">false</boolProp>
      <elementProp name="TestPlan.user_defined_variables" elementType="Arguments" guiclass="Argu
testclass="Arguments" testname="User Defined Variables" enabled="true">
        <collectionProp name="Arguments.arguments"/>
      </elementProp>
      <stringProp name="TestPlan.user_define_classpath"></stringProp>
    </TestPlan>
    <hashTree>
      <ThreadGroup guiclass="ThreadGroupGui" testclass="ThreadGroup" testname="Thread Group" ena
      <hashTree>
        <HTTPSamplerProxy guiclass="HttpTestSampleGui" testclass="HTTPSamplerProxy" testname="HT
        <hashTree/>
        <ResultCollector guiclass="StatVisualizer" testclass="ResultCollector" testname="Aggrega
        <hashTree/>
      </hashTree>
    </hashTree>
  </hashTree>
</jmeterTestPlan>
```

图 7-16　打开 JMX 文件

把前面的 JMX 示例文件另存为 XML 文件，我们发现 TestPlan 是其中主要的节点。ThreadGroup、HTTPSamplerProxy、ResultCollector 分别对应线程组、HTTP 请求测试用例、聚合监听器。

2. 线程组

线程组是线程的集合，可以认为它是测试计划的入口。线程组代表模拟用户的数量，每个线程模拟一个真实的用户对服务器发出的请求。因此，测试控制器和采样器必须放到线程组下，因为测试基于线程组进行才有意义。

一个测试计划中可以包含多个线程组，这些线程组相互独立，可以将线程组理解为 Java 中的线程池。每一个线程独立运行，且都被对应的线程组管理着。需要注意的是，存在过多的线程会消耗测试机大量的资源，且线程的启动需要花费不少时间。

由于 JMeter 需要模拟大量的线程，因此测试机对 CPU 的核心数量要求比较高。如果是基于 JMeter 集群测试线程，则会通过主机分配，并在从机上真实地运行。

线程组是 JMeter 实现统计的重要单位，因此监听器最好都放在线程组的节点下。

3. 取样器

取样器用于向测试目标发送请求，所以一般我们把它当作测试用例。大多数情况下，一个测试计划中只有一个线程组，但是有多个取样器。

JMeter 支持多种取样器，常用的取样器如下。

- HTTP 请求取样器：用于测试 HTTP API 或者静态页面。
- FTP 请求取样器：用于测试 FTP 服务的性能。
- JDBC 请求取样器：用于测试数据库的性能。
- SMTP 请求取样器：用于测试邮件服务器的性能。

取样器可以附加 JMeter 的配置元件，取样器的属性也可以进一步配置。取样器带有默认的断言机制，用来判定取样器的请求是否被成功执行，我们也可以附加自定义的断言工具。例如，有一些 API 并不遵守 RESTful API 风格，在发生错误时不会返回正确的 HTTP 状态码，而是一律返回状态码 200，但它会通过在消息体中定义错误码来表示出错了。在这种情况下，默认的断言就无法判定请求是否被成功执行了。这时我们就可以附加自定义的断言工具对消息体进行断言，一般选用 JSON 断言工具。

监听器在接收到取样器的数据后会进行分析，比如聚合统计监听器会以线程组为单位统计测试结果，并将取样器作为标签按行展示数据。

4. 逻辑控制器

为了模拟更真实的用户行为，JMeter 提供了逻辑控制器，它可在发送请求时添加自定义的逻辑。比如循环控制器可以指定发送请求的次数，而事务控制器可以把一组测试用例放到一起执行，我们可以通过报表了解一个事务完成的时间。事务控制器、随机控制器和循环控制器都是比较常用的逻辑控制器。

5. 监听器

监听器负责收集测试结果，同时也会给出报告的展示方式。监听器这个词容易让人迷惑，更好的描述是报告收集和处理器。监听器可以定义数据的收集形式，例如数据是以 CSV 还是 XML 格式收集。所有的监听器都会保存相同的数据，只是使用的方式不同。

值得注意的是，部分监听器（例如 View Results Tree 监听器）需要处理的数据比较复杂，消耗的资源非常多，会影响测试的准确性。

6. 定时器

定时器用于指定 JMeter 发送的各请求之间间隔的时间。默认情况下，线程在发送请求时会一直执行，不会暂停，这与真正的用户操作行为不一样。为了模拟真正用户的使用场景，可以通过定时器设定一个延迟。JMeter 提供了多种定时器，包括固定定时器、高斯随机定时器和均匀随机定时器等。

定时器在其作用的范围内被引用，它若和某个采样器在同一个节点下，那么这个节点下所有的采样器都会应用该定时器。如果同一个节点下出现了多个定时器，那么这些定时器将会叠加生效。如果希望在某个取样器下使用单独的定时器，可以将定时器放置在该取样器的下面。

7. 前置/后置处理器

前置/后置处理器与程序中 Interceptor 的功能类似。前置处理器可以用于设置一些全局参数，比如登录后使用前置处理器加入登录的凭证；后置处理器使用得较少，可以用于提取一些必要的数据。

8. 配置元件

配置元件可用于设置默认值和变量，以供取样器使用。配置元件在其作用范围内被应用，它会在运行同一范围内的所有取样器之前被应用并生效。

比较有用的两个配置元件是 HTTP 请求的默认值设置器和 HTTP Cookie 管理器。HTTP 请求的默认值设置器可以给 HTTP 请求设置一些通用的 Header 属性，比如 Accept Type、字符集等；HTTP Cookie 管理器作用于一些支持 Session 的 API，HTTP Cookie 管理器可以自动提取上一次请求中返回的 Cookie，并将其放入下一个请求中。

7.3　并发检测

并发是系统和软件工程中普遍存在且不可避免的事实，并发问题是指多个实例同时运行时，因争用共享资源而带来的一系列问题。出现并发问题会导致非确定性和多种类型的软件缺陷，这些问题具有不容易发现、不容易重现和解决耗时等特点，大大增加了系统和软件的复杂性，直接影响了软件质量。常规的测试比较难检测出这类问题，因此需要采用特定的测试手段。

在一些测试用例、测试计划和编程手册中，并发问题的检测并未被明确说明，遇到问题时，通常依靠有经验的开发人员解决。并发问题一旦发生，往往会带来巨大的损失或隐患，接下来我们就针对这类问题进行讨论，并给出一些解决方案。

7.3.1　几种并发模型

并发问题其实主要涉及两个事件：**争用和同步**。在多用户操作系统出现后，并发问题就出现了，它在计算机科学中非常重要。在一些专门讲解并发编程的图书中，会根据实现方式将并发问题进一步细分，这使问题变得更复杂，但不管有多复杂，也基本都是围绕争用和同步这两个话题展开的。

1. 争用

争用是指多个用户或者多个程序实例对同一份资源的争用，这些资源包括 CPU 时间片、内存和磁盘等。

争用问题无处不在，不过，大部分由操作系统帮我们解决了。也是基于这个原因，争用成为被研究得非常成熟的一个话题。操作系统可以运行多个程序（进程），并通过虚拟的方式为这些程序（进程）分配独立的内存区域，甚至在一些操作系统中还会为其分配专属的存储沙盒。

由于程序运行的基本单位是进程，因此一旦涉及多个进程访问同一个资源，争用就产生了。例如当不同的进程都需要打开同一个文件时，争用就发生了。

事实上，争用在进程内也会发生。由于进程的切换开销非常大，现代操作系统需要对 CPU 时间片、栈空间和寄存器进行进一步隔离，因此就产生了线程。当多个线程访问同一个进程空间时，就会发生进程内的争用。图 7-17 展示了争用出现的位置。

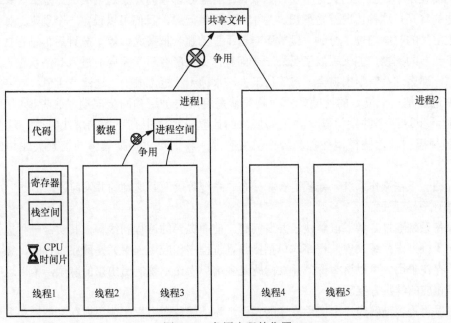

图 7-17　争用出现的位置

在分布式系统中，争用发生得更普遍，针对远程文件、数据库和 Redis 等资源的抢占都属于争用。

2. 同步

同步是指系统针对多个用户或者多个程序实例进行有序的调度，以避免出现争用或者资源空闲等情况。在研究同步问题时，不得不提的是一个著名的计算机科学问题——哲学家进餐问题，如图 7-18 所示。

哲学家进餐问题是计算机科学中一个有趣的比喻，用来阐述多用户系统针对多任务进行调度时遇到的困难。假设有五位哲学家围坐在一张圆形餐桌旁，这些哲学家有两种状态——谈话和吃东西。吃东西的时候，他们就停止谈话，谈话时则停止吃东西，总之同一时间只能做一件事情。餐桌中间有一份披萨，每两个哲学家之间有一把餐叉。我们知道用一把餐叉其实是很难撕开披萨的，假设哲学家必须同时用两把餐叉才能吃到东西，且他们只能使用自己左右手边的那两把餐叉。在用餐过程中，如果哲学家的状态是随机切换的，那么整个用餐过程会很顺利。如果在这个过程中，突然有一位哲学家讲了一个幽默的故事，所有人都停下听他讲话。这位哲学家讲完后，大家又同时拿起餐叉准备吃东西，这时就会发生关于餐叉的争用事件。

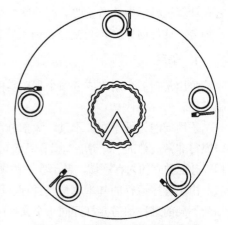

图 7-18　哲学家进餐问题示意图

在我们的设定中，餐叉的数量不够，如果每个哲学家都拿着左手边的餐叉，那么大家就永远都在等右手边的餐叉，这种情况就是**死锁**。为了解决死锁问题，我们可以设定一个规则，如果哲学家等待另一把餐叉的时间超过 1 分钟，则放下自己手里的那一把餐叉，等 1 分钟后再进行尝试。这种策略消除了当前的死锁，但又引发了另外一个问题，如果所有哲学家同时进入等待状态，又同时进入抢占状态，那么这些哲学家将会一直等待下去，永远无法抢占成功，这就是**活锁**。

哲学家进餐是一个很好的比喻，它面临的就是复杂的争用和同步问题（或者说调度问题）。解决争用和同步这两个并发问题，在不同层次的计算机科学中有不同的解决方案，这些方案里又包含着各种模型，这些模型往往与程序类型有关，我们可以根据具体的场景关注相应的并发模型。

下面介绍一下在操作系统、编程语言和分布式系统等层面所遇到的并发问题。

（1）操作系统层面

单机操作系统通过各种手段解决了并发问题。前面提到的进程和线程，其实是一种虚拟的隔离技术。对于单机操作系统来说，程序（包括操作系统程序和应用程序）是顺序执行的，磁盘、内存和网卡中不存在争用。可以这么说，并发问题是多用户操作系统制造出来的麻烦，所以这类操作系统也提供了相应的解决方案。

我们可以将进程理解为一个应用程序的实例。为了避免应用程序争用内存，单机和多用户操作系统均对内存进行了虚拟化，它们让进程有自己的内存空间，但访问共享区域的内存或者进程间通信时还是会发生争用。为了避免应用程序争用磁盘，文件系统使用文件的概念对磁盘的内容进行了隔离。文件系统标记了文件的磁盘位置，从而避免了争用。

应用程序开发人员一般较少遇到进程间的并发问题。随着操作系统的发展，应用程序开发人员也希望进程内实现多任务机制。例如，对于桌面应用来说，不能因为用户发起了一项操作而阻塞用户界面。因此，操作系统提供了线程这个特性，这样就可以允许应用程序处理多任务，在这里线程可以对 CPU 时间片进行隔离。但是，多任务机制可能会导致多个线程同时访问相同区域的内存，从而带来并发问题。

　　由于线程的创建和使用主要是由应用程序开发人员完成的，因此线程带来的并发问题也需要由应用程序开发人员根据编程语言提供的一些 API 和特性来解决。

　　（2）编程语言层面

　　大部分编程语言为并发问题提供了解决方案，一些脚本语言因为有特殊的执行环境，所以让开发人员感知不到并发问题的存在。

　　PHP 脚本在 Apache 服务器中运行时，Apache 服务器会通过 prefork 提前为每个请求准备一个子进程，因此每次请求进来时都是"干净"的，PHP 开发人员几乎不需要处理并发问题；Node.js 通过让事件循环使用一个线程来实现对众多请求的响应，基于闭包特性，开发人员基本上也不需要处理并发问题。当然，它们这样做的代价也很明显，PHP 的性能稍差，各请求之间共享资源比较困难，而 Node.js 一旦发生阻塞，就会带来灾难性的影响。

　　Java 在处理并发问题时取中庸之道，它在语言层面提供了一些非常有用的关键字、特性、原子类和锁，用以解决并发问题，但是若使用不当也会陷入误区。

- Volatile 关键字：实现内存可见性保障。它的主要作用是保证多个线程访问变量时的可见性和有序性，使用 Volatile 关键字修饰的变量可以确保每个线程都能看到其他线程对该变量所进行的修改（其原理与内存屏障和 CPU 缓存有关）。
- Synchronized 关键字：一种典型的锁。在 Synchronized 关键字作用的范围内，受保护的方法、对象只能由一个线程顺序访问。
- ThreadLocal 特性：可以为每个线程建立一个特殊的内存空间，实现资源隔离。
- 原子类：主要包括 AtomicBoolean、AtomicInteger、AtomicLong 和 AtomicReference 等类，通过这些类对 Java 的基本数据类型进行包装，可实现多线程争用更新时的安全访问。
- 锁：Java 提供了一套规模巨大的锁体系，包括可重入/非可重入锁、共享/排他锁、乐观/悲观锁等。

尽管编程语言层面的并发技术五花八门，不过还是可以从以下角度来理解。

- 如果需要隔离资源，在业务代码中应尽量使用局部变量和 ThreadLocal，避免出现争用。
- 对于无法避免的争用问题，可以使用锁以及 Synchronized 关键字来保证一致性，但还是建议尽量避免使用锁或减少使用锁的时间，可以使用 CAS（Compare And Swap）、COW（Copy On Write）等技术代替使用锁。

　　（3）分布式系统层面

　　设计分布式系统是现代应用程序开发人员不得不掌握的技能。可将分布式系统想象为多个进程运行在多个计算节点上，这些节点通过网络协议通信，而非系统总线。分布式系统层面的并发问题和单机操作系统类似，它们都会将需要处理争用和同步问题的资源设置到中心节点上。分布式系统通常有两种经典的模型，即 Master-Slave 模型和发布-订阅模型。

　　Master-Slave 模型的基本思想是在分布式系统的节点中寻找一个主机节点，然后由这个主机节点实现任务调度，但主要的计算功能都是在从机上实现的。一般来说，在这种模型下，从机通常是无状态的或者只依赖本地状态。如果系统出现了全局状态，我们需要在单独的节点上部署中心化的数据库。全局状态的存储往往由以下三种资源提供。

- 关系型数据库：用来存储结构化的数据，它利用表模式来存储低冗余的数据。
- 内存键值对数据库：利用 Hash 算法和内存存储模式来实现高性能的随机访问。
- 网络文件系统：用来实现大文件的存储。

图 7-19 为 Master-Slave 模型的简化示意图，多从机带来了存储设施的争用。

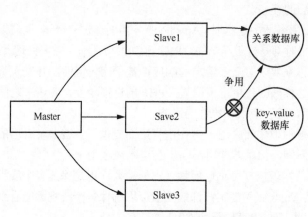

图 7-19　Master-Slave 模型的简化示意图

顾名思义，发布-订阅模型就是通过发布、订阅的方式实现并发功能。该模型有点类似市场经济中的生产者-消费者模型，它会将系统计算节点角色化。发布-订阅模型如图 7-20 所示，这种模型可以作为 Master- Slave 模型的补充，它不需要中心化的调度者，但是需要一个事件处理中心，这个中心具有类似市场的功能，可把符合供需关系的节点撮合到一起。

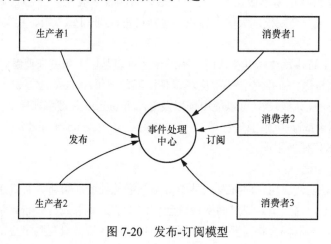

图 7-20　发布-订阅模型

7.3.2　并发问题类型

我们可以根据并发机制和模型来分析一些常见的并发问题，这样在设计测试策略和验证系统并发可靠性时才更有针对性。下面来看看并发问题都有哪些类型。

1. 死锁

死锁是比较常见的一种并发问题。在哲学家进餐问题中，我们解释了死锁产生的原因，即所有的哲学家都在持有一把餐叉的情况下，等待另外一把餐叉，也就是说，所有人都陷入了等待状态。产生死锁的条件如下：

- 至少有两个参与者，且他们互相持有和等待着对方手中的资源；
- 被争用的资源具有排他性，也就是只能被独占使用；
- 持有争用资源的参与者有权保持资源；
- 已经获得的资源不能被剥夺，只能由持有者释放；
- 存在一个资源持有、等待的环形链。

2. 活锁

活锁是指处于并发状态的两个组件同时抢占资源，同时失败后又同时等待。就好比两个相向而行的人需要通过一座独木桥，他们相遇时都试图通过，又都试图让行。这两个组件在不断地改变状态，所以叫活锁。活锁有可能自行解开，死锁不行。活锁会带来一些偶发和随机问题，这些问题的复现难度比较高。

3. 资源独占

假如应用开发人员在编写程序时没有有意识地释放资源，文件被独占，就会导致其他组件无法使用此文件；如果资源以只读的方式打开后没有释放，就会慢慢耗尽文件连接符。资源独占问题可以通过静态扫描技术发现，修复也比较简单。

4. 隔离失败

局部数据若被当作全局数据处理，就会造成业务问题，这属于隔离失败。这类隔离失败的问题在 Java 中是最常见的，比如本来应该是方法中的局部变量，却被写到了类上，如果这个类是一个单例就会带来问题。

5. 同步失败

同步失败指的是数据同时被多个用户使用，造成数据错误。如果多个组件同时修改数据，前面修改的结果会被后面的操作覆盖。比如 A、B 两个线程需要将值为 5 的 count 变量累加，两个线程同时读取 5，A 累加后修改为 6，B 因为不知道 A 已经将其修改为 6 了所以也写入 6，这样原本最终结果应该是 7，最后就变成了 6。同步失败会带来业务上的错误。

7.3.3 并发测试技术

并发问题一旦发生，往往会带来灾难性后果，比如宕机、数据错乱和服务不可用，进而造成严重的经济损失。并发问题往往具有一些独有的特征，这使得识别它们变得困难。

- 间歇性：并发问题往往会导致间歇性故障，这些故障很难重现，自然无法通过重现来测试。发生并发问题后，虽然有可能暂时只是对系统性能造成轻微影响，但是这些影响会逐渐积累，很有可能在运行一定的时间后会导致系统崩溃。

- 难以预见：并发问题大多无法提前预测，或者引发并发问题的路径非常复杂，无法被测试人员提前在测试计划中发现。

如果我们想把并发场景中的并发问题检测出来，就需要使用特定的技术。

1. 静态扫描

我们可通过一些工具对代码进行静态扫描。这其中较为优秀的工具是 FindBugs，它可以扫描出一些常见的并发问题。另外一个比较强大的工具是 ThreadSafe，但它是一个商业软件，需要付费。

2. 多线程调试

如果能大概定位到哪部分代码可能会出现多线程问题，那么可以通过 IDE 调试工具来调试检测。IDE 调试工具中有专门用于检测线程执行时机的机制。另外，单例是否生效也可以通过多线程调试来检测。

3. 并发单元测试

如果我们编写了部分业务代码后，希望通过测试来保证它们是线程安全的，那么可以使用工具（比如 tempus-fugit）来编写并发单元测试。不要等到所有代码都写完以后，再通过压力测试来发现问题。

4. 内存分析

一旦发生内存溢出等问题，第一手分析材料就是内存信息，可以通过查看内存快照、将内存信息载入分析工具来查找产生问题的原因。除了 JDK 自带的内存分析命令，比较好用的内存分析工具还有 VisualVM、HeapAnalyzer 等。

5. 浸泡测试

浸泡测试（Soak Testing）指在一定的负载压力下长时间运行系统，通过观察系统的各个指标来评估系统是否可以长期稳定的运行。

以前这种测试在银行、政府项目中用得比较多，不过，现在的项目会持续发布，就没必要持续运行浸泡测试了。况且，现在的发布周期比较短，也来不及做浸泡测试。

当然，在修复并发问题时，还是会进行这种类型的测试。

7.3.4 并发问题的检测实例

前面说明了几种并发测试技术，接下来通过几个例子说明如何检测和调试并发问题。

1. 检测同步失败

这个示例将通过 IntelliJ IDEA 的调试功能来检测在没有同步机制的情况下，A、B 两个线程同时增加 count 变量所产生的问题。这是一个简单的并发问题，示例代码如下。

```
public class SynchronizationCount {
    static Integer count = 5;
```

```
    public static void main(String[] args) throws InterruptedException {
        Thread t1 = new Thread(SynchronizationCount::count);
        Thread t2 = new Thread(SynchronizationCount::count);
        t1.start();
        t2.start();
        Thread.sleep(500);
        System.out.println(count);
    }
    private static void count() {
        SynchronizationCount.count = SynchronizationCount.count + 1;
    }
}
```

在上述示例中，线程 t1 和线程 t2 调用了同一个方法对 count 变量进行自增运算，正常情况下输出的结果是 7。不过，如果反复测试，当 CPU 压力达到一定高度时，输出的结果会是 6。

这结果令人费解，我们可以通过 IntelliJ IDEA 的多线程断点功能来重现和分析这种情况。图 7-21 是同步失败的示例代码，这里给 count 变量设置了一个断点。图 7-22 是设置中断模式中断每个线程。

图 7-21　同步失败的示例代码　　　　　　　　　　图 7-22　设置中断模式

接下来对 Main 方法进行调试。由于我们中断的位置在线程启动后，因此 SynchronizationCount.count=SynchronizationCount.count +1；这段代码中的多个线程会同时进入待执行状态。

我们可以通过切换线程的方式来观察变量信息（如图 7-23 所示），既然 t1、t2 线程同时拿到了变量值 5，那么这个变量值会被当作线程内部的局部变量。

图 7-23　观察变量信息

放开断点，代码执行完以后我们会在控制台上看到结果为 6，没有达到我们的预期（要进一步理解这个例子需要一些补充 Java 内存可见性的知识，这里只讨论怎么发现它）。

IntelliJ IDEA 官方通过另一个例子来展示同步失败问题，给一个同步列表加入某值时，为了防止列表中的元素重复，需要判断列表中是否已经有这个值，如果没有再加入。示例代码如下。

```
public class ConcurrencyTest {
    static final List a = Collections.synchronizedList(new ArrayList());

    public static void main(String[] args) throws InterruptedException {
        Thread t = new Thread(() -> addIfAbsent(17));
        t.start();
        addIfAbsent(17);
        t.join();
        System.out.println(a);
    }

    private static void addIfAbsent(int x) {
        if (!a.contains(x)) {
            a.add(x);
        }
    }
}
```

我们在 a.add(x); 语句处打上断点，通过让每个线程都中断的形式完成调试，这时会得到列表 [17,17]。这是因为多个线程同时在 contains 方法处读入了数据，但是写数据的行为被断点中断了，所以造成了同步失败。

IntelliJ IDEA 为线程单独设置断点可以非常方便地模拟多个线程同时执行造成问题的情况，从而重现同步失败的现象。

2. 检测死锁

检测死锁常用的办法是通过程序大量重复地执行需要测试的代码，以此模拟并发场景方便检测。但是这样做会让测试不稳定，且运行时间太长。好在我们可以借助一些工具来实现，并且可以获得与单元测试一致的编程体验。

开源库 tempus-fugit 可以让并发程序的编写更简单，也能更好地实现对并发程序的检测。按照惯例，我们还是先模拟一个非常简单的死锁场景。示例代码如下。

```
public class DeadLockExample {
    public static void startBusiness() {
        DeadLockSimulator deadLockSimulator = new DeadLockSimulator();
        Thread thread1 = new Thread(deadLockSimulator, "thread-1");
        Thread thread2 = new Thread(deadLockSimulator, "thread-2");
        thread1.start();
        thread2.start();
    }

    private static class DeadLockSimulator implements Runnable {
        private Object object1 = new Object();
```

```
        private Object object2 = new Object();

        public void methodA() {
            synchronized (object1) {
                synchronized (object2) {
                    System.out.println("MethodA executed");
                }
            }
        }

        public void methodB() {
            synchronized (object2) {
                synchronized (object1) {
                    System.out.println("MethodB executed");
                }
            }
        }

        @Override
        public void run() {
            for (int i = 0; i < 1000; i++) {
                methodA();
                methodB();
            }
        }
    }
}
```

　　DeadLockExample 类模拟了一个非常简单的死锁场景，DeadLockSimulator 类中有两个方法 methodA 和 methodB，它们都将 object1 和 object2 作为争用资源，满足了产生死锁的条件。

　　如果我们不想通过自动测试来检测死锁，那么可以编写一个 main 方法，然后手动启动它，并通过我们熟知的 jstack 命令来查看死锁信息。

　　启动进程后，先获取进程 ID（Linux/Mac 系统下可以使用 ps 命令获取），然后通过 jstack 命令获取死锁信息。jstack 命令的用法如下。

```
jstack [option] pid
```

　　如果在生产环境中发现了潜在的死锁信息，也可以使用 jstack 命令获取，但是如果在开发过程中希望通过测试的方式获得死锁信息，则建议使用 tempus-fugit 库。由于 tempus-fugit 库使用的是 JUnit 4 的 Rule 机制，因此这个例子中暂时使用 JUnit 4 作为测试框架。我们也可以根据此思路编写一个基于 JUnit 5 的 extension。

　　下面演示如何编写并发测试。创建一个模块 concurrence，添加相关的依赖。

```
<dependency>
    <groupId>junit</groupId>
    <artifactId>junit</artifactId>
    <version>4.13</version>
    <scope>test</scope>
</dependency>
```

```
<dependency>
    <groupId>com.google.code.tempus-fugit</groupId>
    <artifactId>tempus-fugit</artifactId>
    <version>1.1</version>
    <scope>test</scope>
</dependency>
```

为 DeadLockExample 类编写一个测试。

```
public class DeadLockTest {

    @Rule
    public ConcurrentRule rule = new ConcurrentRule();

    @Test
    public void noDeadlock() {
        DeadlockDetector.printDeadlocks(System.out);
    }

    @Test(timeout = 1000)
    public void runsMultipleTimes() {
        DeadLockExample.startBusiness();
    }
}
```

当我们基于 DeadLockTest 类运行测试时，noDeadlock 会在合适的时机触发，并打印出死锁信息。运行测试，在控制台可以得到由 runsMultipleTimes 方法输出的字符串 MethodA 和 MethodB 的日志。

```
MethodA executed
MethodA executed
MethodB executed
```

noDeadlock 输出的死锁信息如下。

```
Deadlock detected
==================

"thread-2":
  waiting to lock Monitor of java.lang.Object@1eb44e46
  which is held by "thread-1"

"thread-1":
  waiting to lock Monitor of java.lang.Object@6504e3b2
  which is held by "thread-2"
```

这里简单说明一下检测死锁时用到的一项技术，这项技术是 Java 5 引入的线程管理接口，这个接口叫作 ThreadMXBean，它在虚拟机中提供了一个可用的实现，我们可以通过 ManagementFactory 类获取该实现的对象实例，进而获取一些与线程相关的信息。也就是说，通过这个接口不仅可以获取与死锁相关的信息，还可以获取线程数量等信息。可将此接口用于检测线程泄露等问题。

3. 浸泡测试

tempus-fugit 库可以简化浸泡测试的工作，也能让一段代码反复或长时间执行，达到与 JMH 测试类似的效果，不过相比之下它更加简单。下面依然会使用 Java 中最简单的线程安全示例实现自增运算。

在下面的示例代码中，定义了一个 int 变量 counter，其初始值为 0，在并发要求不高的时候，counter++运算不会出现问题，但是在高并发状态下，运算得到的数据就不再准确了。

示例中的 tempus-fugit 库提供了两个注解，具体如下。

* @Concurrent：并发测试注解，依赖于 ConcurrentRule。
* @Repeating：重复测试注解，依赖于 RepeatingRule。

这两个注解分别用于并发测试和重复测试，它们可以分开使用，也可以组合使用。

```java
public class RunConcurrentlyTest {

    @Rule
    public ConcurrentRule concurrently = new ConcurrentRule();
    @Rule
    public RepeatingRule repeatedly = new RepeatingRule();

    private static int counter = 0;

    @Test
    @Concurrent(count = 100)
    @Repeating(repetition = 1000)
    public void runsMultipleTimes() {
        RunConcurrentlyTest.counter++;
    }

    @AfterClass
    public static void annotatedTestRunsMultipleTimes() {
        assertEquals(counter, 100000);
    }
}
```

在这个测试中，并发数量和重复次数对测试最终是否会通过存在关键性影响，当并发数量很少时，测试会通过。如果并发数量达到了 100，测试基本会失败，当然，这与持续时长也有关系。浸泡测试可以让我们确认所怀疑的代码是否存在问题。图 7-24 为同步测试失败的结果。

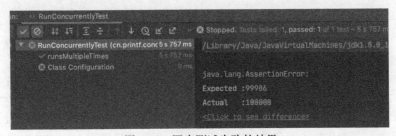

图 7-24　同步测试失败的结果

需要注意的是，这里必须使用@AfterClass 注解来做最后的断言，因为@Repeating 注解每次执行都会触发@After 注解，这会造成无法断言。配合使用浸泡测试和在检测内存泄露的案例中所使用的远程资源监控方法，足以保证写出线程安全的程序。

4. 检测资源泄露

资源泄露都是问题日积月累导致的。这里的资源指的是：

- 内存；
- 线程；
- 对象池中的对象；
- 连接池中的网络连接。

一般来说资源泄露多是未及时回收资源造成的，有些资源泄露场景静态扫描工具无法分析出来，但是通过监控工具可以观察出一些征兆。

VisualVM 是一款图形化的 Java 实例监控工具，可以代替一些 Java 性能分析命令。VisualVM 的安装非常简单，直接在官网下载安装包并运行即可。

下面给出一段代码，然后通过 VisualVM 诊断是否有发生内存泄露的可能。内存泄露的重灾区是那些被反复执行且被认为是无状态的方法，这些方法中可能存在无法被 GC 清理的内存残留。

```java
public class MemoryLeakExample {
    public static Map<Person, Integer> map = new HashMap<>();

    public static void main(String[] args) throws InterruptedException {
        for (int i = 0; i < 100000; i++) {
            MemoryLeakExample.online(new MemoryLeakExample.Person("jon"));
        }

        Thread.sleep(1000000);
    }

    public static void online(Person person) {
        if (map.get(person) != null) {
            map.put(person, map.get(person) + 1);
        }
    }

    public static class Person {
        public String name;

        public Person(String name) {
            this.name = name;
        }
    }
}
```

在这个例子中，有一个用来简单记录系统用户登录次数的 map，这个 map 将 Person 对象作为键，将在线次数作为值。代码中的 online 方法目前看起来似乎没有问题。如果开发人员认为这段代码的价值非常大，或者仍担心可能会存在内存泄露，那么可以使用 VisualVM 观察其内存状态。

为了在 VisualVM 中更容易地找到实例信息，直接通过 main 方法启动这段代码，让其循环一定的时间。

如图 7-25 所示，打开 VisualVM，非常容易识别我们需要分析的实例。

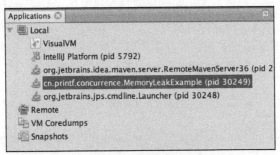

图 7-25　观察资源信息

双击该实例，点击 Sampler 标签页，然后开始收集内存信息，如图 7-26 所示。

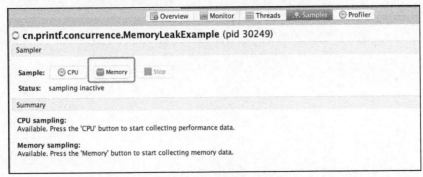

图 7-26　收集内存信息

现在可以看到内存中的各种对象信息了。为了方便找到可能存在泄漏的内存对象，可以点击 Live Objects 使对象信息倒序排列，如图 7-27 所示。

Name	Live Bytes		Live Objects	
cn.printf.concurrence.MemoryLeakExample$Person	1,600,000 B	(4.4%)	100,000	(20.9%)
java.lang.Object[]	2,371,912 B	(6.5%)	71,195	(14.9%)
char[]	4,472,632 B	(12.3%)	50,278	(10.5%)
java.io.ObjectStreamClass$WeakClassKey	1,051,008 B	(2.9%)	32,844	(6.9%)
java.lang.String	705,816 B	(1.9%)	29,409	(6.1%)
java.util.TreeMap$Entry	988,760 B	(2.7%)	24,719	(5.2%)
byte[]	7,017,944 B	(19.3%)	16,951	(3.5%)
java.lang.Long	285,000 B	(0.8%)	11,875	(2.5%)
java.lang.StringBuilder	236,568 B	(0.7%)	9,857	(2.1%)

图 7-27　点击 Live Objects 使对象信息倒序排列

　　我们会惊讶地发现，预期应该只会出现一个 Person 对象，但是这里出现了海量的 Person 对象。虽然 Person 对象占用的内存空间很小，不会发生内存溢出问题，但是如果程序在服务器中长时间运行，最终还是会导致系统崩溃。

　　如果某段代码非常重要，就可以像上面一样通过观察内存状态提前发现问题，避免在生产环境中产生不可预料的情况。通过浸泡测试检测一段创建单例的代码，也可以观察、分析内存对象是否泄露。单例模式的实现存在缺陷也是引发资源泄露的主要原因之一。除了能观察内存状态，VisualVM 也能观察与线程相关的信息，因此也可以用它来了解线程的健康状态。

7.4   小结

　　本章主要解决了与性能和并发相关的问题。对所有的代码进行性能测试和并发检测是不现实的，在实际工作中，我们需要评估当前被测试组件的业务价值。对于那些可能对大量应用产生影响的中间件，我们需要极其谨慎，尽可能提前进行性能测试并确保没有潜在的并发问题。

　　此外，我们应尽可能地减少同步问题的发生。尽可能地使用可靠的库来支持同步。

第 8 章

测试驱动开发

TDD 是使用测试驱动开发的一种工作方法，它是 XP（eXtreme Programming）的核心实践，它的主要推动者是肯特·贝克（Kent Beck）。

TDD 的布道师声称，TDD 可以缩短软件上市的时间，简化重构工作，帮助创建更好的设计。他们甚至认为在软件开发过程中遇到的各种问题都是因为没有 TDD 而导致的，比如测试困难、代码缺陷率高等。他们把 TDD 捧到了很高的位置，而一些开发人员在尝试使用了 TDD 后却发现并没有这么神奇，于是嫌弃地将其丢在一边，并对它产生了不好的印象。

事实上，要让 TDD 发挥出它该有的价值，前提是已熟练掌握测试方法，并且针对 TDD 进行过刻意训练。掌握 TDD 并不容易，这就好比有的人习惯使用拼音输入法，而有的人却说五笔、双拼输入法极大地提高了输入效率一样，如果没有针对五笔、双拼输入法进行过大量训练，普通人难以从这两种输入法上获得优势。

本章的目标是快速上手测试驱动开发，通过 TDD 改进软件开发的过程。本章涵盖的内容如下：

- TDD 的使用指南；
- TDD 的常用技巧。

8.1 理解 TDD

8.1.1 TDD 的多重含义

事实上，可以将 TDD 看作不同单词的缩写，具体如下。

- Test-Driven Development：测试驱动开发。以测试优先的方式驱动业务代码的实现，提高代码质量。为了实现测试先行，需要先拆解任务，以明确测试的验收条件。
- Test-Driven Design：测试驱动设计。通过提前设计验收条件来进行软件设计，这里并未局限于代码的编写。测试驱动设计提倡在任何软件设计活动中都优先考虑如何有效地验证结果，比如提前定义系统容量和性能指标。

- Task-Driven Development：任务驱动开发。通过将最终需要完成的任务拆解成子任务来实现开发（这与测试驱动开发有些类似）。在这种模式下，每次只关注一个子任务，最终完成整个任务。

本书讨论的 TDD 其含义为测试驱动开发，它的核心思想是测试先行。

8.1.2　TDD 的操作过程

在真正开始使用 TDD 之前，需要先理解 TDD 的工作逻辑。TDD 实际上是一种逆向思维，是一种反直觉的认知模式，它通过预设目标的方式让程序设计更为聚焦。

我们先来分别感受一下使用普通方法和 TDD 开发软件时的差异。

使用普通方法开发软件的过程如下。

1）获取需求。

2）做简单的设计。比如在大脑中规划需要使用哪几个类，大概要用什么设计模式。

3）开始编写代码。

4）对类进行筛选，如果类多余，则删除；如果现有类无法满足需求，则增加。

5）进一步确认需求。如果需求不清晰，则和产品经理确认。

6）基于需求继续编写代码。完成所有代码后，基于模拟数据执行一遍。

7）调试。

8）解决发现的问题，再次执行代码。

9）提交测试。

10）如果质量保证人员报告了 Bug，寻找产生 Bug 的原因，并进行修复。

在这种开发过程中，有可能经过多轮操作后，代码变得混乱不堪，过一段时间开发人员自己都看不懂了。

使用 TDD 开发软件的过程如下。

1）获取需求。

2）做简单的设计。

3）任务拆解。

4）针对单个任务编写测试用例，这里只关心输入和输出。

5）编写业务代码并运行测试。

6）提交业务代码，进入下一个任务。

7）联调，手动测试，如果有问题，使用 Git 快速查找出现问题的原因。

8）重构，基于测试的保护修改代码，消除代码坏味道。

9）提交业务代码并测试，如果有问题，使用测试查找问题。

在使用 TDD 的过程中，任务拆解和小步提交很重要，任务拆解可以让自己在某一刻专注于某一个子任务，小步提交可以在遇到问题时快速回溯，降低解决问题的成本。将任务拆解与小步提交相结合，可以避免反复调试，轻松写出高质量的代码。

8.1.3 TDD 的价值

我第一次了解 TDD 是在 2012 年，当时阅读了一本关于 AngularJS 的图书，该书基于测试驱动开发讲解如何使用 AngularJS 开发前端项目。那时，刚接触 TDD 的我不禁产生了疑问：为什么需要 TDD 呢？为什么需要先编写测试用例再编写业务代码呢？

一些图书给出的答案是，TDD 可以减少开发时间，缩短产品交付时间，提高产品质量，且能帮助开发人员设计出更好的软件架构等。然而，部分开发人员的实际体验并不是这样，因为只要编写了测试代码，就必须花费额外的时间去处理因测试而产生的各种问题。对于初级开发人员来说，如果项目拥有良好的建模，实现一套 CRUD 代码可能只需要半天时间，但是如果使用了 TDD，则可能得再花一天时间来完成测试。

TDD 实际上是反人性的，人们连测试用例都不愿意写，还会乐意先写测试用例再写业务代码吗？

如果考虑推动团队使用 TDD，就需要先充分了解 TDD 的价值。如果盲目要求团队成员使用 TDD 或者要求达到 100% 的代码覆盖率，会给团队成员带来困扰。

一个完整的软件产品中，大概有 20% 的代码是核心代码，另外 80% 则是胶水代码。显然，我们不应该粗暴地设定所有的代码都要按照同样的标准交付和设计。一般情况下，核心代码往往不会特别依赖外部系统，所以适合编写测试，实现 TDD 也挺简单。而对于那些胶水代码，编写测试时需要模拟大量的依赖组件，这就会导致测试的成本高，但是价值低。

确实不太适合给 CRUD 代码编写测试或使用 TDD，但是对于业务价值高的代码以及业务规则复杂的代码，为其编写测试或使用 TDD 就非常有必要。准确地说，TDD 有两层含义，第一层含义是用大量的测试覆盖业务代码；第二层含义是先写测试用例再写业务代码。先写测试用例的原因是提前约束编码的目标，让设计更加聚焦。我曾在一个中间件项目中使用了 TDD 并让测试覆盖率接近100%，因为这个中间件会用于整个系统的所有服务。

综上所述，如果考虑使用 TDD，首先要确定给哪些代码使用 TDD，以及是否需要为其提供充分的测试，以便在保证代码质量的同时为重构打下良好的基础。对于胶水代码，可以视情况投入。

8.2　TDD 的操作指南

使用 TDD 非常简单，即先写测试用例再写业务代码。红灯、绿灯、重构代表 TDD 周期中的三种状态。

- 红灯：测试未通过，代码不工作，需要处理。
- 绿灯：测试通过，代码能工作，但是并不代表代码是最合适的。
- 重构：测试通过，但是有代码坏味道，需要重构，并且需要重新通过测试。

如图 8-1 所示，这三种状态会持续穿插在开发的多个步骤中。下面介绍使用 TDD 的几个常见步骤。

1. 任务拆解

将需求拆解成多个可以具体实现的任务，一般以 Public 方法为粒度（一个 Public 方法为一个任务）。Public 方法定义了输入参数和返回结果，可以作为测试用例的边界。可以在纸、白板或其他任务管理工具上简单地为目标列一个任务清单，每完成一个任务，就在清单中划掉一个任务。

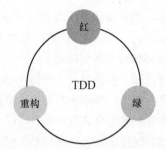

图 8-1　TDD 周期中的三种状态

2. 编写测试用例

编写测试用例时，先挑选一个任务，然后为这个任务准备一些空的类和方法，以及输入数据和测试断言。

这里断言的是 Public 方法要实现的目标以及验证点。对于编程经验不足的开发人员来说，可能断言 Public 方法要实现的目标会有点困难，因为很难预测出一个方法将要输出的数据内容和格式。但是，只要不断地训练自己像计算机一样地思考，就可以有质的飞跃，就能逐步体会到编程的乐趣。

3. 编写业务代码

为测试编写业务代码时，不要试图将代码编写得很完美，这个阶段只需要关心如何实现业务功能（先不用关心魔法数字、超大的方法等代码坏味道），让测试用例能顺利执行即可。在这个阶段，我们往往只会为 Public 方法编写测试用例，因此，暂时不需要拆分方法、抽取常量或设计各种模式。

有人将这个阶段叫作 Baby Step。完成业务代码后，可以运行测试用例，检查测试用例是否能通过。注意，这一步需要让所有的测试用例均能运行通过。

一旦通过测试，无论代码多么"丑陋"，都必须提交到版本管理仓库中。

4. 重构

测试通过后，就要开始关心代码结构了。这与我们平时的工作方式有点像，我们平时是先写一个 Demo 让代码运行起来，再进行优化。使用 TDD 带给我们的不同之处在于，所写的代码已经提交到代码仓库中，即使后面进行了破坏性的修改，也能将原先的代码找回来。测试先行能保证重构基本安全可靠，这是非常重要的一件事。

当然，并不要求每个 TDD 周期都进行重构。实际上，随着开发人员技术水平的提高和经验的增加，需要重构的代码可能会越来越少。

需要注意的是，重构是指在不修改任何既有功能的情况下优化代码，重构期间，同一时间只能修改业务代码和测试代码中的一种。

5. 循环

完成上面的步骤则表示这个任务已完成，这时我们可以循环进行重构，可以将循环的过程想象成乒乓球运动，测试和实现的切换就是发球和接球。

使用 TDD 似乎让编码变得更加烦琐，实际上，它可以让我们更加专注，因为在编写完一个任务后，我们可以暂时将它从大脑中清除，转而专注于下一个任务。有一些 TDD 布道师喜欢把这种状态叫作心流，进入心流状态后会沉浸到编码中，这也是一种有意思的体验。

以上就是使用 TDD 的全部过程，要熟练使用 TDD，少不了大量练习。下面用一个实例来演示使用 TDD 的过程。

8.3 TDD 的实例演示

下面的实例使用敏捷的用户故事来设定需求。AC（Acceptance Criteria）*n* 代表验收条件，在下面的实例中指某应用程序需要根据用户信息生成默认头像。用户信息中有英文名、中文名和性别等内容。

- AC 1：如果有中文名，则优先使用中文名中的后两个汉字；如果有英文名，名字的首字母大写；如果均没有，返回空。
- AC 2：图片的文字使用白色，如果性别为男性（Male），使用蓝色背景；为女性（Female）使用红色背景；为空则说明性别保密，使用灰色背景。
- AC 3：图片尺寸为 60×60px，MIME 格式为 image、jpeg，图片使用 Base64 格式返回。

8.3.1 任务拆解和环境搭建

1. 任务拆解

前面已提到 AC 代表验收条件，所以这里并不能直接将其当作任务。假定不需要解析用户信息的数据，拿到将"根据用户信息生成 Base64 格式的头像"这个需求，我们可能会犯两个常见的错误。一个错误是将所有的代码写到一起，不做任务拆解。因为这个业务需求本身并不复杂，往往看不出来要进行拆分。需求的具体实现过程为先写代码，将所有的代码堆在一起，形成一个大文件，然后进行调试，调试通过后提交。如果中途出现问题，使用 System.out.println 打印出相关内容，或者使用单步调试进行完整调试。这个过程可能需要花费很长时间。

另外一个错误是虽然拆解了任务，但所有的任务都是流水账。比如将上述需求拆解成根据用户信息生成头像所使用的文本和根据文本生成图片这两部分后，新手可能会直接用根据文本生成图片的方法来调用生成文本标签的方法，这会造成所有的方法都无法单独测试，也无法实现后期的复用。

2. 环境搭建

JUnit 的环境搭建可以参考之前的内容，也可以参考随书示例代码：https://github.com/java-self-testing/java-self-testing-example/tree/master/tdd。

8.3.2　第一轮任务

第一轮任务是根据用户信息生成头像所使用的文本，这里创建了一个 AvatarTextUtil 类和空的静态方法 generatorDefaultAvatar。

```
public class AvatarTextUtil {
    public static String generateDefaultAvatar(User user) {
        return "";
    }
}
```

同时创建了 User 类作为参数。

```
public class User {
    private String cnName;
    private String enName;
    private String gender;
        ....
}
```

然后编写了一个正向测试和一个期望中的断言。由于我们还没有编写业务代码，因此这里运行测试用例失败才符合我们的预期。

```
public class AvatarTextUtilTest {
    @Test
    public void should_generate_user_avatar_text_for_zh() {
        User user = new User() {{
            setCnName("王老五");
            setEnName("Mike");
        }};
        Assert.assertEquals("老五", generateDefaultAvatarText(user));
    }
}
```

在没有业务代码的情况下，方法返回的是一个空字符串，测试失败。如果测试通过了，说明断言是无效的。接下来我们编写真正的业务代码，下面这段代码会返回中文名称的后两个汉字。

```
public static String generateDefaultAvatarText(User user) {
    if (null != user.getCnName()) {
        String userName = user.getCnName();
        return userName.substring(userName.length() - 2);
    }
}
```

再次运行上述代码，这时测试通过了，我们完成了一个最基本的实现。你可能会猜到我们接下来要做什么，那就是处理中文名不存在时通过英文名生成头像文本的逻辑。按照上述方式进行多轮测试，循环执行，程序会变得越来越完善和健壮。

在实际工作中难道要一直这样反复地在编写测试用例和业务代码之间切换吗？一般来说是的。这里不得不介绍一下 TDD 的不同流派。

- 快速切换流派：领取一个任务，编写一个测试用例，编写业务代码，运行测试用例，提交业务代码，直到所有任务完成。
- 测试用例预演流派：领取一个任务，编写尽可能多的常见测试用例，编写单个任务中的业务代码，统一运行测试用例，修复问题，提交代码。

我比较倾向于使用第二种方式。另外，领取任务后，建议先考虑常见的测试用例和边界情况，再完成业务代码。

限于篇幅，下面直接给出三个测试用例（对于应用程序来说，最好在入口处做校验）。

```
public class AvatarTextUtilTest {
    @Test
    public void should_generate_user_avatar_text_for_zh() {
        User user = new User() {{
            setCnName("王老五");
            setEnName("Mike");
        }};
        Assert.assertEquals("老五", generateDefaultAvatarText(user));
    }

    @Test
    public void should_generate_user_avatar_text_for_en() {
        User user = new User() {{
            setCnName(null);
            setEnName("Mike");
        }};
        Assert.assertEquals("M", generateDefaultAvatarText(user));
    }

    @Test
    public void should_not_generate_user_avatar_text_for_empty_user_info() {
        User user = new User() {{
            setCnName(null);
            setEnName(null);
        }};
        Assert.assertEquals(null, generateDefaultAvatarText(user));
    }
}
```

下面是最终实现的业务代码。

```
public static String generateDefaultAvatarText(User user) {
    if (null != user.getCnName()) {
        String userName = user.getCnName();
        return userName.substring(userName.length() - 2);
    }
    if (null != user.getEnName()) {
        String userName = user.getEnName();
        return userName.substring(0, 1).toUpperCase();
    }
```

```
    return null;
}
```

别忘记将完成测试的代码提交到代码仓库中，并推送到远程分支上。

8.3.3　第二轮任务

第一轮我们完成了通过用户信息生成头像文本的任务，得到了如图 8-2 所示的文件。

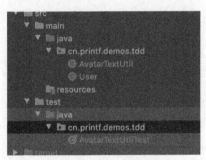

图 8-2　完成的文件

接下来领取第二轮任务——根据文本生成图片，即在 ImageUtil 中编写水印图片的静态方法，通过传入文本和背景颜色生成一张 Base64 格式的图片。

在这种情况下很难提前写出测试的断言，因此不必强求。TDD 的精髓并不是提前编写完所有的测试用例，它**真正的含义在于提前定义验收条件**。

通过以下代码测试生成的图片。

```
@Test
public void should_generate_watermark_image() {
    Assert.assertEquals("略", watermarkImage("老五", Color.BLUE));
}
```

通过以下代码生成水印图片。

```
public static String watermarkImage(String text, Color color) {
    int fontSize = 16;
    int width = DEFAULT_WIDTH;
    int height = DEFAULT_HEIGHT;
    Font font = new Font(DEFAULT_FONT, Font.PLAIN, fontSize);

    BufferedImage image = new BufferedImage(width, height,
                BufferedImage.TYPE_INT_BGR);
    Graphics graphics = image.getGraphics();
    graphics.setClip(0, 0, width, height);
    graphics.setColor(color);
    graphics.fillRect(0, 0, width, height);
    graphics.setColor(Color.white);
    // 设置画笔字体
    graphics.setFont(font);
    Rectangle clip = graphics.getClipBounds();
    FontMetrics fontMetrics = graphics.getFontMetrics(font);
```

```
    int ascent = fontMetrics.getAscent();
    int descent = fontMetrics.getDescent();
    int y = (clip.height - (ascent + descent)) / 2 + ascent;
    int x = (width - fontSize * text.length()) / 2;
    graphics.drawString(text, x, y);
    graphics.dispose();
    // 输出 jpeg 格式的图片
    ByteArrayOutputStream baos = new ByteArrayOutputStream();
    try {
        ImageIO.write(image, "jpeg", baos);
    } catch (IOException e) {
        e.printStackTrace();
    }
    byte[] bytes = baos.toByteArray();
    BASE64Encoder encoder = new BASE64Encoder();
    String base64 = encoder.encodeBuffer(bytes).trim();
    return "data:image/jpeg;base64," + base64;
}
```

完成上述业务代码后，再次运行测试。如果测试失败，则找到问题并修复，因为我们的任务粒度并不大，所以找到并修复问题的成本非常低。

虽然我们完成了业务代码，但是这段代码的质量非常差，可以直观地识别出代码坏味道，具体包括以下内容：

- 存在魔法数字；
- 存在过长且职责不清晰的方法。

好在我们基于 TDD 编写了测试用例（虽然只有一个），所以可以考虑重构这段代码。限于篇幅，这里没有将重构后的代码贴出，可以访问 GitHub 查看随书示例代码，里面有重构后的代码。

8.3.4　第三轮任务

我们已经得到了两个经过充分测试的方法——生成头像文本、通过文本生成图片，并重构了相关业务代码，接下来只需要编写一点胶水代码，将其封装成最终的 AvatarService 即可。

对胶水层的代码进行测试时，只需要测试与它相关的逻辑。比如在这个场景中，要针对"根据不同的性别生成不同背景颜色的头像"进行测试，只需要基于 AvatarService 编写三个测试用例（男性、女性和未知性别者）即可。

这一轮编写的代码增加了 AvatarServiceTest 测试类和 AvatarService 实现类。

```
public class AvatarServiceTest {
    AvatarService avatarService = null;

    @Before
    public void setUp() throws Exception {
        avatarService = new AvatarService();
    }

    @Test
```

```java
        public void generate_user_default_avatar_for_male() {
            User user = new User() {{
                setCnName("王老五");
                setEnName("Mike");
                setGender("male");
            }};
            //篇幅原因这里省略了具体的值
            Assert.assertEquals("略", avatarService.generateUserDefaultAvatar(user));
        }

        @Test
        public void generate_user_default_avatar_for_female() {
            User user = new User() {{
                setCnName("王丽丽");
                setEnName("Mike");
                setGender("female");
            }};
            //篇幅原因这里省略了具体的值
            Assert.assertEquals("略", avatarService.generateUserDefaultAvatar(user));
        }

        @Test
        public void generate_user_default_avatar_for_null_gender() {
            User user = new User() {{
                setCnName("王丽丽");
                setEnName("Mike");
                setGender(null);
            }};
            //篇幅原因这里省略了具体的值
            Assert.assertEquals("略", avatarService.generateUserDefaultAvatar(user));
        }
    }
```

这里的三个测试用例对应实现类中的三个不同分支。

```java
public class AvatarService {
    public String generateUserDefaultAvatar(User user) {
        String avatarText = generatorDefaultAvatarText(user);
        if ("male".equals(user.getGender())) {
            return watermarkImage(avatarText, Color.BLUE);
        }
        if ("female".equals(user.getGender())) {
            return watermarkImage(avatarText, Color.RED);
        }
        return watermarkImage(avatarText, Color.gray);
    }
}
```

如果这里的分层非常多，则可以选择使用模拟工具模拟所依赖的方法，让测试看起来更加清晰。

使用 IntelliJ IDEA 查看测试覆盖率（如图 8-3 所示），虽然我们还没有考虑到所有的边界情况，但还是得到了一个非常高的测试覆盖率。

从图 8-3 可以看到，除了有一个文件 I/O 异常，测试几乎覆盖了所有的代码。一般来说，在编写代码的过程中使用 TDD 可以保持清晰的逻辑，最终也能得到测试覆盖率较高的代码。

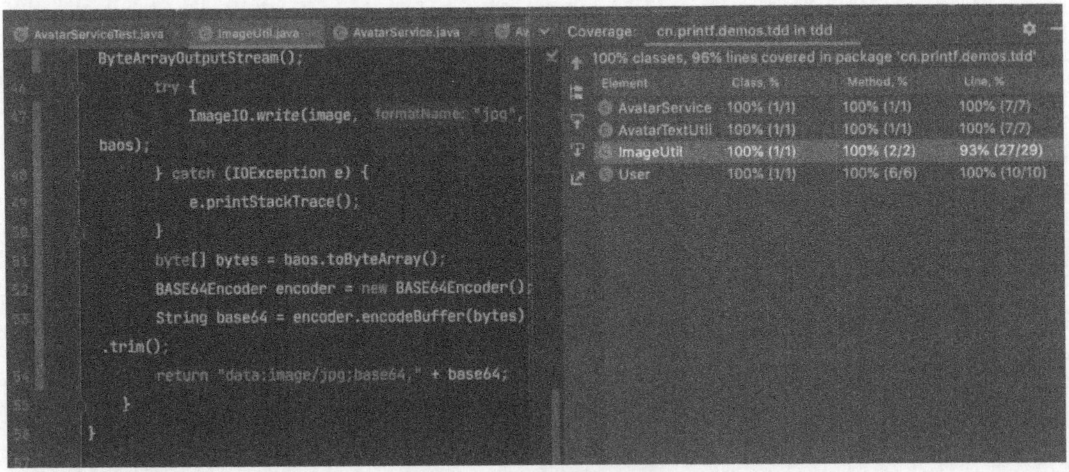

图 8-3　查看测试覆盖率

8.4　使用 **TDD** 的技巧

前面介绍了 TDD 的基本操作方法，下面介绍一些使用 TDD 的技巧。

8.4.1　任务的拆解技巧

使用 TDD 最难的地方就是任务拆解，这需要有大量的实践且有细致入微的观察。事实上，任务拆解不仅发生在 TDD 中，任何时候编写代码都需要拆解任务。

大多数人拆解任务时感到困难是因为对业务场景的上下文没有梳理清楚，同时未能很好地理解面向对象编程和函数式编程这两种思想。

1. 上下文

软件开发是现实生活在计算机中的投影，理解生活中不断切换的"上下文"，会大大提高我们开发软件的能力。在编写代码之前，我们有时需要绘制流程图，比如根据前面的示例可以绘制如图 8-4 所示的流程图。

通过流程图来表述任务确实没问题，但是，仅仅通过流程图不太能清晰地描述程序的嵌套结构。流程图的抽象层次与程序的嵌套结构是不同的，它们实际上是在基于不同的上下文思考问题。图 8-4 中的生成头像文本和生成图片实际上没什么依赖关系，这两个方法应该共同被"生成头像"的方法调用。

我们可以使用上下文切换图来表示程序结构，以及指导任务拆解，如图 8-5 所示。生成头像这个方法有点类似我们说的胶水代码，对它进行测试时，只需要运行一个正向测试用例即可。大部分的测试用例可以在具体的业务代码中运行并通过。

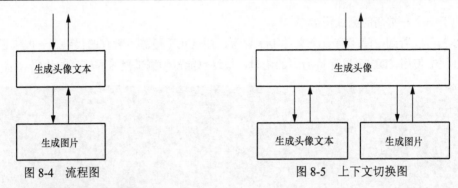

图 8-4 流程图　　　　　　　　　　　图 8-5 上下文切换图

2. 函数式编程和面向对象编程

任务拆解难的另一个原因是把函数式编程和面向对象编程这两种思想搞混了。因为 Java 代码的业务逻辑都必须通过类来承载，即使是静态方法，寻其根本也是对象，所以在面向对象编程时可以拟人化地理解具有行为的类，这样在设计方法时就更容易找到行为的"主人"。

函数式编程和面向对象编程最大的区别是一个无状态、一个有状态，函数式编程更接近计算机的运行模式，而面向对象编程更接近人类在现实世界的思维模式。

3. 任务的粒度

有些刚接触 TDD 的开发人员会对任务的粒度感到困惑，不知道基于怎样的粒度来拆解任务更合适。实践经验告诉我们，任务的拆解粒度并不是越细越好，虽然有书推荐这么做（即采用小任务快速切换的方式），但其实操作比较困难。

个人建议以一个 Public 方法为一个任务，这样编写测试和组织类时会更加方便。如果需要将 Public 方法重构，只需要拆解出更细的 Private 方法，并增加相应的测试用例即可，不需要修改原来的测试用例。

4. 没有标准的 TDD

部分 TDD 导师喜欢设定一些 TDD 规则，这可能在培训中有一定好处。但是在实际工作中，坚持使用自己习惯的 TDD 规则来编写代码，比使用"正确"的 TDD 规则重要得多。

TDD 只是一种方法，不要陷入各种 TDD 流派宣传的烦琐"仪式"中。时刻记住，我们的目的是编写软件，而不是练习使用 TDD。

8.4.2 善于使用快捷键

在使用 TDD 的过程中需要不断地在测试用例和业务代码之间跳转，借助 IntelliJ IDEA 可以提高编写测试用例的效率，这里介绍几个在使用 TDD 的过程中常用的快捷键（默认系统为 Mac，如果系统不一致，可以通过点击鼠标右键弹出的上下文菜单找到对应的快捷键）。

1. 创建测试的快捷键

如图 8-6 所示，光标停留在方法上，使用快捷键 Command + Shift + T 可快速创建测试。若要使用上下文菜单创建，可点击鼠标右键，在弹出的上下文菜单中依次选择 Generate→Tests 来创建。

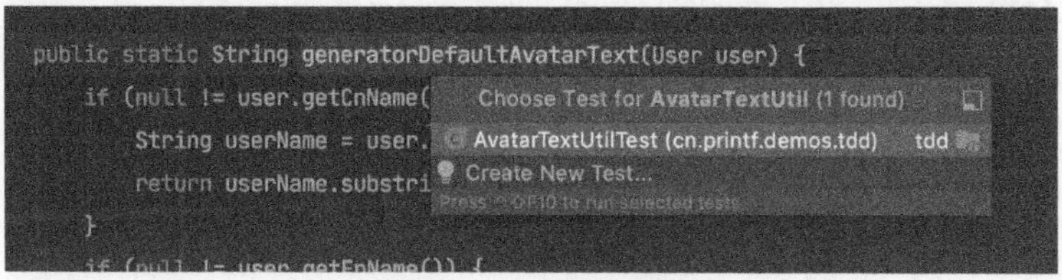

图 8-6 快捷键的使用

2. 跳转到相应的测试代码中

跳转到相应的测试代码中与创建测试可以使用相同的快捷键，但是测试代码和业务代码必须相互映射（测试类以业务类作为前缀，且以 Test 结尾）。建议使用快捷键在测试目录下创建测试，以便需要时自动跳转过去。

3. 运行当前上下文的测试用例

在方法或者类上，可使用快捷键 Control + Shift + F10 运行测试用例，使用上下文菜单中的 Run…选项可以查看快捷键。

4. 重新运行上一次的测试

在任何地方使用快捷键 Shift+F10 都可运行上一次的测试，使用 TDD 时，会反复运行测试，这个快捷键很实用。

8.4.3 只为必要的代码编写测试

刚开始学习 TDD 的人，或者对 TDD 有"原教旨"般信仰的人，会认为测试越多越好。但测试多是有代价的，比如编写测试花费的时间非常多，另外测试的运行速度也会变慢。

所以，绝对不是测试用例越多越好，而是应该用尽可能少的测试用例来保障代码质量。以下这些情况其实没必要编写测试用例以及使用 TDD。

- 是一次性代码或者调研用的 Demo 代码。
- 调用第三方 API 时，这个 API 已被验证是可以信任的，比如在 JDK 中操作文件的 API。

8.5 总结

本章介绍了 TDD 的基本概念和操作方法，并通过实例介绍了如何基于测试驱动开发写出更好的代码。

测试驱动开发是一种非常棒的思维方式，这种思维方式的背后是逆向思维。我们会发现，在工作乃至生活中随处可见测试先行的思维。比如家里要添置一件家具，需要提前思考的验收规则为家具的尺寸、颜色，以及是否能固定到墙上，防止跌落砸伤小孩等。只有提前预判验收规则，才能在众多的家具中选到合适的。

同样，也只有提前设定好规格和目标，才能从众多的软件设计方案中选出我们需要的。好在软件是"软"的，我们可以通过迭代的方式将其一步步修正为我们最终想要的样子。不过，建议每次迭代只做一件事情，避免发散和丧失目标感。

第 9 章

测试工程化

对于小规模的项目或开发人员较少的情况，前面介绍的研发自测内容已能够满足工程需要。但是，如果随着业务的增长，人员变多，代码规模变大，那么就需要让一切尽可能地自动化、规模化以及可视化。

本章引入了测试工程化（Test Engineering）的概念，并使用持续构建的工具 Jenkins 搭建了一条在服务器上可以自动运行的构建流水线，该流水线主要用于对运行的代码进行检查、测试和自动集成等操作。由于本书的主题不是介绍 Jenkins，因此关于 Jenkins 的详细信息，请参考相关的图书和文档。

本章的目标是将自动化测试的各项内容快速集成起来，通过构建服务器来提高研发自测的效率。本章涵盖的内容如下：

- 构建平台的介绍；
- Jenkins 的配置和使用；
- 流水线设计；
- 配置测试报告。

9.1 测试工程化简介

实现自动化测试一直是软件工程领域追求的目标之一。在工程实践中，自动化测试是实现 CI/CD 的关键环节。采用 CI/CD 的理想目标是，所有的测试工作都可以自动进行，在完成一系列测试后，软件就能满足直接上线条件。通过不断地测试来让软件质量达到生产环境上的要求，从某个角度来看，这与 TDD 的思路很相似。

在实际工作中，不同的公司自动化的程度有所不同，这也是 CI/CD 成熟度存在差异的体现。CI/CD 所涉及的内容非常多，虽然它并不是这里要讨论的主题，但是它的确进一步推动了研发自测的发展。在现代的软件工程中，有关 CI/CD 的实践越来越重要。基于 CI/CD 构建一条流水线后，开发人员提交代码（包括测试代码和业务代码）即可自动触发一系列流水线任务。

　　随着软件公司的规模扩大，进行软件开发时，协作便成了一个日益重要的问题，因为软件毕竟是一个整体，开发人员彼此之间需要保持交流，避免提交代码时产生冲突。CI 就是让构建、部署和集成尽可能地自动化，以便在第一时间将代码集成到一起，从而快速发现问题。

　　CI 和 CD 关注的内容略有不同。CI 关注的是各个环境的自动化部署，而 CD 更关注如何持续发布软件。开发人员提交代码后，可以经由 CI 阶段进入 CD 阶段。当然，也可以制定一些策略来控制是否进入下一阶段。

　　决定是否进入下一阶段的机制叫质量门禁。质量门禁基于下面的内容决定是否进入下一阶段：

- 代码风格检查情况；
- 代码扫描结果；
- 单元测试覆盖率；
- API 测试结果；
- E2E 测试结果；
- 性能测试结果；
- 安全测试结果；
- 开源协议检查情况。

　　对于大型公司来说，质量门禁是必不可少的。虽然部分质量策略可能由专门的质量部门来制定和实施，但大部分的质量控制工作还是会由开发人员来承担，比如单元测试和 API 测试等。随着自动化测试的发展，很多测试人员担忧自己是否真的有被取代的一天。虽然我们无法预测行业最终的发展方向，但是测试人员编写脚本自动化地完成测试工作已经成为一种趋势。

　　正是因为质量门禁具有重要意义，所以研发自测中的各项内容（单元测试、API 测试）变得更为重要，开发人员可以利用这些测试的执行结果定量或定性地衡量软件的质量，做到快速回归。图 9-1 是一条典型的流水线的示意图。

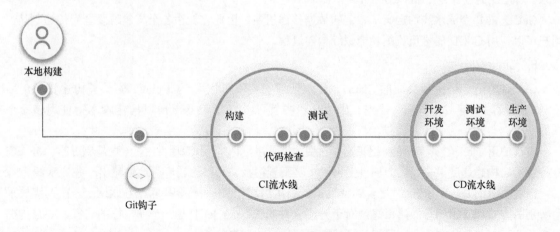

图 9-1　流水线示意图

9.2   搭建构建平台

构建平台是 CI/CD 中关键的基础设施，测试工程化需要用到的各种组件都可以通过插件等方式集成到构建平台上。市面上已经出现了很多构建工具，通过这些工具我们可以搭建出需要的构建平台。

9.2.1   CI/CD 工具选型

市面上开源和商业的 CI/CD 工具非常多，下面介绍几个目前常见的工具以及它们的使用场景，大家可根据团队的实际情况选择。

1. Jenkins

Jenkins 是一个跨平台的持续集成工具，开发人员通过它可以持续构建和测试软件项目，且可以轻松地将更改集成到项目中。Jenkins 是用 Java 语言开发的，可提供实时测试和报告，且提供了普通流水线、Freestyle 等多种构建风格。

易于安装和配置是 Jenkins 的特性，开发人员可以在 Servlet 容器中部署它（以 War 包的形式启动即可）。Jenkins 拥有强大的生态和插件系统，它几乎能和所有的代码版本管理工具或编程语言构建工具集成。在特定的情况下它还可以自定义插件，非常容易扩展。Jenkins 中的基本单位是项目，一个项目下有一个或多个作业（例如多分支流水线），作业被执行叫构建。

2. GoCD

GoCD 是 Thoughtworks 的持续集成产品，它是一个开源的持续集成和发布工具，可以将测试过程自动化。GoCD 自带流水线特性，它基于输入和输出的设计理念配置了多个构建阶段彼此依赖的关系。GoCD 的前身是 CruiseControl。

GoCD 的每个流水线均定义了特定的数据传递机制，因此它能在各个构建阶段之间传递制品。用户可以使用 GoCD 的价值流图功能跟踪构建过程。

3. CircleCI

CircleCI 是一个持续集成的 SaaS 平台，无须安装即可使用。CircleCI 提供了构建资源，用户只需要编写构建脚本即可。不过，因为平台内置了 YAML 命令，所以构建脚本得使用该命令编写。

首次使用 CircleCI 是免费的，之后必须付费才能使用，但对于开源项目，它一直是免费的。CircleCI 支持容器，构建速度很快，它为项目提供了一些配置模板，可以比较容易地搭建出一条流水线。

需要注意的是，基于 SaaS 平台的特性，CircleCI 构建管理面板会暴露在互联网上，因此需要采用特别的方式保管密钥等敏感信息。对于开源软件来说，CircleCI 是一个非常好的选择，并且构建完成后还可以获得状态徽章，我们可将其放置到项目的公告信息上。

4. Bamboo

Bamboo 是 Atlassian 公司开发的持续集成产品，Atlassian 公司因 Jira 而被人们熟知。对于选择

Atlassian 公司生态产品的团队来说，Bamboo 除了具备其他持续集成工具的基本功能，还能很好地与 Bitbucket、Jira、Confluence 等平台集成。

也就是说，Bamboo 能与项目管理软件打通，获得完整、快捷的开发和项目管理功能。开发人员提交代码后，构建状态可以反馈到相关的作业卡和开发分支中。如果测试通不过，则无法更新作业卡和合并分支上的代码。

5. GitHub Actions

GitHub Actions 是一个轻量级的、基于分支工作流的构建工具，它最大的特点是和 GitHub 以及 GitHub 的分支策略深深地绑定到了一起。开箱即用是 GitHub Actions 颇受欢迎的原因之一，用户不需要理解过多的持续集成知识，只需要创建一个代码仓库，提交一个构建脚本即可完成构建、测试和发布流程。此外，GitHub 还提供了大量的构建脚本模板。

GitLab 的 CI 工具是类似 GitHub Actions 的工具。相比于 Bamboo 这类商业产品，GitHub Actions 更适合没有太多持续集成需求的个人或者开源团队，它可满足日常的构建、测试和发布需求。

9.2.2 使用 Jenkins 搭建构建平台

前面分析了各种持续集成平台和工具，这里介绍一下如何在本地环境中搭建和配置 Jenkins。Jenkins 是一个开源且非常灵活的构建工具，非常适合公司内部使用，可用它搭建一个企业级的构建平台。

> 提示：对于企业级的运维，建议通过脚本而不是官网默认的方式安装 Jenkins 以及搭建相关的基础设施。这样做的好处颇多，不仅可以提高配置工作的效率，而且便于统一管理不同机器上的配置，确保它们的一致性，避免出现配置漂移问题。
> 一般来说，运维人员可使用虚拟机管理工具 Vagrant 在本地模拟服务器配置。至于自动化的运维工具，Ansible 脚本是一个不错的选择。Ansible 这种描述式语言可以做到基础设施即代码（Infrastructure as Code），符合 DevOps 的核心理念，即自动化和平台化。
> 为了学习简单，这里还是使用官网默认的方式来安装和配置 Jenkins。

对于 Java 开发人员来说 Jenkins 非常友好。首先，它本身就是基于 Java 语言开发的；其次，它也使用了 Java Web 技术，支持直接使用 War 包启动。Jenkins 对机器性能的要求并不高，只要拥有 256 MB 以上的内存和 10GB 以上的硬盘空间即可安装。不过，作业的执行需要使用大量的资源，所以建议尽可能地提高配置，或者增加构建节点。

在本地环境运行 Jenkins，只需要安装 Java 8 JRE 即可，但还是推荐安装 JDK，因为有一些插件会用到 JDK 的特性。采用以下步骤和命令，即可在已安装 Java 8 JRE（或 JDK）的机器上启动 Jenkins 实例。

1）进入一个工作目录，下载 War 包。

```
wget http://mirrors.jenkins.io/war-stable/latest/jenkins.war
```

2）启动 Jenkins 服务。

```
java -jar jenkins.war --httpPort=8080
```

3）打开浏览器相关链接，进入 Web 控制台 http://localhost:8080 初始化系统。进入 Web 控制台后，需要从日志中读取一个初始密码，并输入到 Web 控制台中。图 9-2 为读取初始密码的截图。

图 9-2　读取初始密码

4）选择需要安装的插件。如图 9-3 所示，Jenkins 的安装程序会询问你是安装推荐的插件还是选择插件来安装。Jenkins 可安装的插件众多，对于有经验的开发人员来说，建议选择安装必要的插件，安装过多的插件会让 Jenkins 变得不稳定，同时也会降低性能。

图 9-3　安装 Jenkins

5）安装插件后会出现一个表单，在该表单中填写管理员密码和站点网址。填写站点网址的目的是后期与其他服务集成时方便从外部回调 Jenkins。例如，与 GitLab 集成时，如果需要开发人员在提交代码时触发执行作业，那么 GitLab 会通过 Webhook 通知 Jenkins 触发。

9.2.3　Jenkins 插件的介绍

Jenkins 主体程序的配置非常简单，它的强大功能来自插件系统，可以使用 Web 控制台配置插件，也可以使用脚本自动化配置。下面介绍几个必不可少的插件和相关配置方法。在介绍这些插件的同时还会介绍一下 Jenkins 中的基本概念，因为有一些概念是特定的插件拓展出来的。

1. Git 插件

Git 插件是负责将 Git 和 Jenkins 集成的插件。在 Jenkins 的上下文中，可以使用 SCM（Source Code Management）来描述代码管理（不限于具体的代码管理平台和工具），也可以使用 SVN 等其他的代码管理工具来描述。

除了通过 Git 插件集成 Jenkins，还可以使用一些代码管理平台提供的插件（比如 GitLab、GitHub 等）来集成。目前来说，使用 Git 插件就足够了，它也是 Jenkins 中最基础的插件之一。

2. 凭据（Credentials）插件

在 Jenkins 中，凭据插件提供了凭据管理功能。凭据是软件系统中非常重要的一个部分。使用 Jenkins 时我们不得不去获取一些敏感资源，比如从代码仓库中获取代码、通过制品库发布最终的软件制品、部署测试和生产环境等，在这些情况下，就需要用到凭据插件。凭据插件是 Jenkins 为了安全而不得不使用的一个插件，也是我们必须了解的插件。

凭据插件提供的凭据使用方式包括 SSH Key、用户名和密码等。推荐使用 SSH Key，相比用户名和密码使用它更安全。Jenkins 会将密码加密，然后在必要时解开。任务运行过程中，凭据插件会把凭据解析出来放到环境变量中，然后再通过环境变量提供给脚本使用。也就是说，在任务运行时，程序并不会将凭据明文记录在所有的日志打印场景中，Jenkins 会识别出敏感信息并进行掩码处理。

切忌在构建脚本内直接保存任何明文密码，建议提前配置凭据并保存。在管理用户界面依次选择 Dashboard→凭据，即可创建和管理凭据。在此过程中，插件和 Jenkins 的语言有时可能会不一致，建议留意一下。Jenkins 的凭据系统被设计为分层结构，我们可以在全局、项目等不同的层级中定义凭据，并通过唯一的 ID 来标识。图 9-4 为在全局层级中定义凭据。

图 9-4 在全局层级中定义凭据

3. Folders 插件

Folders 插件允许使用类似文件夹的方式来管理项目。当项目很多时，Folders 插件可以对项目进行分类管理。在 Jenkins 中我们还可以使用视图来管理项目。文件夹与视图不同的是，视图仅仅是一个过滤器，文件夹则是一个独立的命名空间，使用文件夹时我们可以创建多个名称相同的内容，只要它们在不同的文件夹里即可。

通过 Folders 插件我们可以更灵活地控制权限，这为多个团队共享 Jenkins 提供了便利。

4. SSH Agent 插件

对于 Jenkins 来说，SSH Agent 插件不仅仅可以构建单机系统，还可以通过添加节点来构建分布式集群。如果节点机是 Linux 操作系统，则我们可以通过 SSH 协议获得启动节点的能力，只需要配置一个 SSH Key 就可以。这使 Jenkins 变得非常强大，当构建机算力不足时，也可以轻松扩容。有的 SSH Agent 插件版本甚至还可以连接 Kubernetes，Kubernetes 可对构建机提供弹性支持。Kubernetes 的集成可以基于其他插件实现。

如图 9-5 所示，安装好 SSH Agent 插件后，依次选择 Dashboard→Nodes 就可以添加和管理节点。

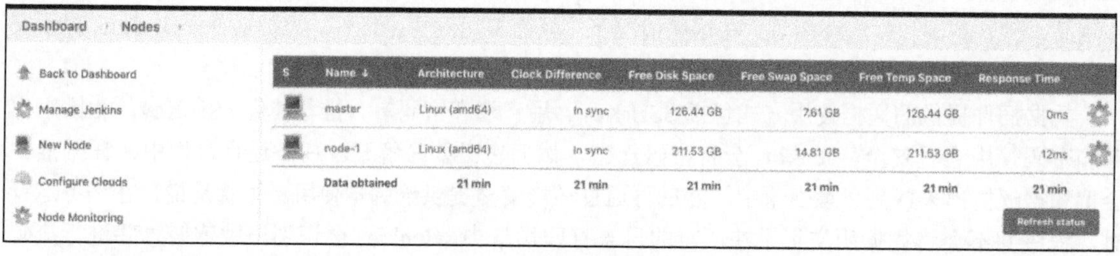

Dashboard › Nodes		S	Name ↓	Architecture	Clock Difference	Free Disk Space	Free Swap Space	Free Temp Space	Response Time	
Back to Dashboard			master	Linux (amd64)	In sync	126.44 GB	7.61 GB	126.44 GB	0ms	
Manage Jenkins			node-1	Linux (amd64)	In sync	211.53 GB	14.81 GB	211.53 GB	12ms	
New Node										
Configure Clouds		Data obtained	21 min	21 min	21 min	21 min	21 min	21 min	Refresh status
Node Monitoring										

图 9-5　添加和管理节点

5. Build Monitor View 插件

Build Monitor View 插件可以将 Jenkins 项目以一块看板的形式呈现出来，让团队协作更加简单，如图 9-6 所示。安装了 Build Monitor View 插件后，只需要在 Dashboard 的视图栏中创建一个构建视图，然后添加相关的项目即可。

6. Pipeline 插件

Pipeline 是 Jenkins 中最重要的插件之一，安装了 Pipeline 插件后，会自动安装一系列插件，以提供流水线风格的作业类型。流水线插件集合可以通过代码形式组织作业的编排工作。图 9-7 是一个典型的流水线视图。

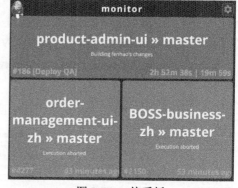

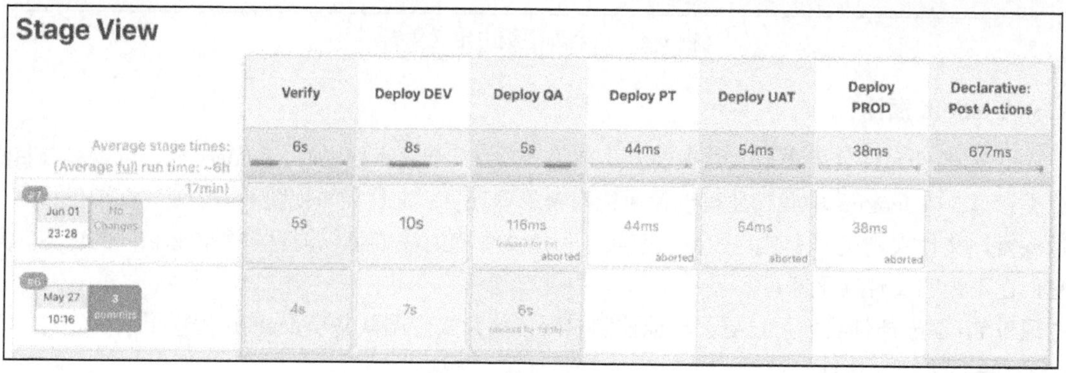

图 9-6　一块看板

图 9-7　流水线视图

Pipeline 插件是 Jenkins 中的一个亮点，它为 Jenkins 提供了非常灵活的流水线。

使用流水线有如下好处，这也是众多专业的软件公司都在往这方面努力的原因。

（1）能获得快速反馈

开发人员提交一段代码后，如果构建失败，在流水线上就能看到当前的构建结果以及状态，方便提交者根据约定及时修复，避免其他人继续提交代码。

（2）可以可视化流水线状态

我们可以通过配置一个流水线视图（例如一个大的屏幕），来观察当前的流水线状态。这在某些公司已经形成了一种文化，比如在团队工位上方通过屏幕展示流水线构建情况，方便团队成员知道其他人的代码提交动作。下班前可以要求所有人都让流水线保持构建成功的状态。

（3）能获得更高的效率

流水线会让整个开发过程更加自动化，有一些公司会手动复制软件包到测试服务器上，这种工作方式的效率极其低下，流水线就像工厂的生产线一样实现了软件制品的自动发布。

Pipeline 插件依赖于一套子插件，虽然这套子插件无须单个安装，但下面也给出相应的说明。

- Groovy 插件：在早期的流水线中，作业是通过 UI 配置的，但是这不利于版本管理或者迁移工作。后来 Jenkins 提供了一种通过代码来配置作业的方式，其中的代码是基于 Groovy 语言编写的。Groovy 是一种动态语言，非常简洁，适合描述基础设施。Groovy 插件可以运行使用 Groovy 语言编写的流水线代码。下面是一段基于 Groovy 语言构建流水线的示例代码。

```
pipeline{
    agent node
    triggers {
        pollSCM 'H/5 * * * *'
    }

    stages{
    stage('Test'){
        when{
            anyOf{
                branch "master";
                branch "release"
            }
            environment name: "RUN_TEST", value:"true"
            environment name: "IS_PROD", value:"false"
        }

        steps{
            sh
        }
    }
    }
}
```

- Shared Groovy Libraries 插件：该插件允许开发人员定义一些自己的 Groovy 脚本，并且可以通过某种方式注入特定的项目。该脚本可以复用。

- Stage View 插件：该插件提供了多阶段视图功能，在流水线视图中，一个阶段为一个列。在代码中，使用 stages 和 stage 命令来定义阶段。
- Nodes and Processes 插件：该插件用于指定流水线工作在哪个构建节点上。当我们部署多个构建节点时，可以让指定的作业运行在特定的节点上。
- Job 插件：该插件为 Jenkins 提供了流水线作业类型。安装该插件后，创建项目时就可以选择流水线作业类型了。
- Multibranch 插件：该插件提供了一种多分支流水线作业类型，它可根据代码仓库的分支来组建作业。
- SCM Step 插件：该插件在流水线脚本中提供了 checkout 指令，这个指令可以简化代码拉取和清理动作。
- Input Step 插件：该插件在流水线脚本中提供了 input 指令，该指令可以阻断执行中的作业。阻断后，输入一些参数才可以继续执行作业。
- Build Step 插件：该插件在流水线脚本中提供了 build 指令，该指令可以触发其他作业的构建。
- Stage Step 插件：该插件在流水线脚本中提供了 stage 指令，该指令用来描述流水线的构建阶段。

9.3　创建 Jenkins 项目

接下来介绍如何创建 Jenkins 项目。进入 Dashboard 页面后，单击页面左上角的 New Item，可以看到有很多项目类型（还可以通过添加插件的方式来拓展更多的项目类型）。在实际工作中，一般会用到如下三种项目类型。

- Freestyle：Jenkins 中默认的构建方式，这是一种简单、普适的项目类型，不仅可以用于构建软件项目，还可以用来做一些其他的工作。例如，可以定时执行一些脚本来清理构建机上的无用 Docker 镜像，避免磁盘占用过多。不过，Freestyle 项目不具备流水线功能，只能执行简单的作业。
- 普通流水线：带有流水线功能的项目类型，可以通过 Groovy 脚本配置阶段、超时等。但是普通流水线只能处理特定的代码分支。
- 多分支流水线：一种更高级的流水线类型，除了具有普通流水线的功能，还支持通过扫描 SCM 分支为每一个分支建立一条流水线，让流水线的能力更强大。

9.3.1　Freestyle

下面通过 Freestyle 来介绍一个 Jenkins 项目的基本配置方式。单击 Dashboard 页面左上角的 New Item 进入创建 Jenkins 项目的界面，然后选择 Freestyle project（如图 9-8 所示），并给新创建的项目取一个名字。也可以直接使用该页面底部的复制功能快速复制一个项目。

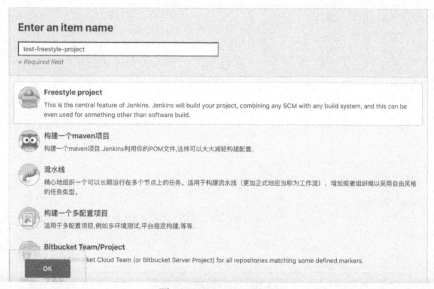

图 9-8 Freestyle project

在单击图 9-8 中的 OK 按钮后，可以看到非常多的配置和选项。对于新手来说，搞清楚如何进行配置确实是一件让人头疼的事，接下来就简单说明一下重要配置的具体内容。Jenkins 将配置分为多个标签页，分别是 General、Source Code Management、Build Triggers、Build Environment、Build、Post-build Actions 等，如图 9-9 所示。如果安装了插件，一些特别的配置也会显示出来。

图 9-9 Freestyle 项目的配置

下面逐一介绍上述标签页中的配置，便于读者理解整个项目是如何工作的。（若读者安装的 Jenkins 的版本和插件与本书中介绍的有异，部分选项也可能会有所不同。）

1. General

如图 9-10 所示，General 提供了项目的基本配置项，这些配置项可以设置作业如何被构建、是否并行构建等内容。

在图 9-10 中，Jira site 选项用于与敏捷看板工具 Jira 集成。如果我们提交代码时遵守某些约定，比如书写了要求的 Git Commit 信息（例如#1234），那么可以方便地将构建信息集成到任务卡上，从而反馈任务的状态。

Discard old builds 用于按照一定的规则保持构建记录，比如最大保留多少次或者保留多少天之类的。对于非常繁忙的流水线来说，非常有必要设置。

This build requires lockable resources 用于避免互斥的作业发生冲突，它通过一种锁机制实现。可以先在系统中配置锁定的资源，然后在这里使用。实现步骤为依次选择 Manage jenkins→System configuration→Lockable Resources Manager，然后添加全局资源配置。

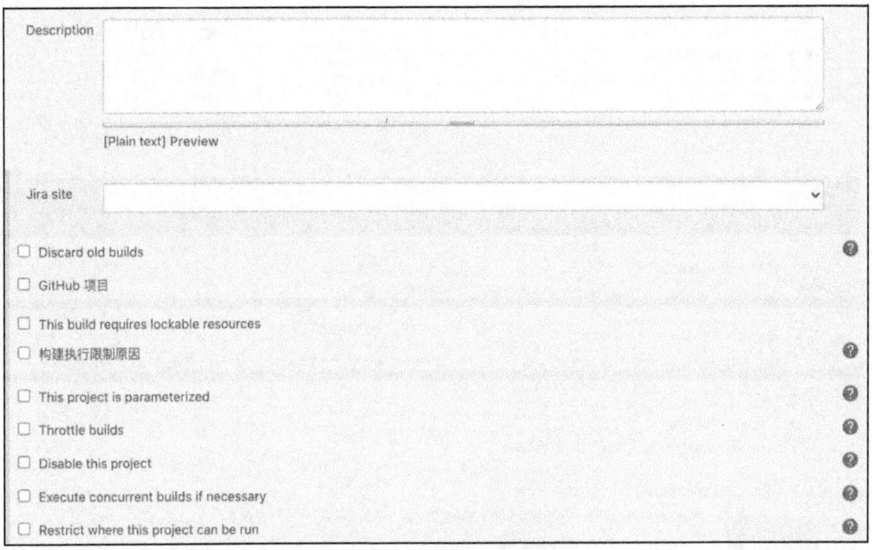

图 9-10　项目的基本配置项

Throttle builds 用于触发构建节流。当同一时间有大量的代码被提交并被推送时，每一次推送都会添加一个新的构建任务到队列中，这些重复的构建任务不仅没有意义，而且会拖慢整个系统的运行速度。节流可以把多次的构建任务合并成一次来执行。

Execute concurrent builds if necessary 用于并行执行构建任务。默认情况下，如果多次触发同一作业，那么这些构建任务就会形成队列，要等上一个构建任务完成后才会再执行下一个。使用这个特性后，Jenkins 会提供不同的目录来构建作业，避免发生冲突。大部分情况下最好不要使用这个特性，使用节流功能多次触发合并更合适。

如果为 Jenkins 配置了多个运行节点，Restrict where this project can be run 可以指定某个任务运行在哪个具体的节点上。在介绍插件的时候我们提到过，可以给 Jenkins 配置多个运行节点，只要给这些节点设置标签，它们就可以根据标签分组。该设置支持通过一种简单的逻辑表达式来实现与或非。

关于 General 的部分就介绍到这里，它还有一些高级的配置，单击 Advanced...按钮可以看到，这里不再详解。

2. Source Code Management

图 9-11 所示的配置主要用于与代码管理（SCM）工具集成，现在主流的 SCM 工具是 Git，其他的工具了解即可。几乎所有的构建任务都需要拉取代码，除非是特别简单的清理脚本类作业。

在图 9-11 中，Repositories 为需要拉取的代码仓库，这里支持配置多个代码仓库，单击 Add Repository 按钮即可添加相应的代码仓库。

Credentials 为拉取代码需要配置的凭证，需要提前配置。

Branches to build 为使用哪种代码构建。默认情况下会使用主干代码构建，也可以配置为使用特定分支的代码来构建。在这里，可以配置标签 ID、特定的 commit ID，也可以配置一个通

配符、正则表达式来进行非常复杂的匹配，甚至可以使用模板语法从环境变量中读取配置，例如
${ENV_VARIABLE}。

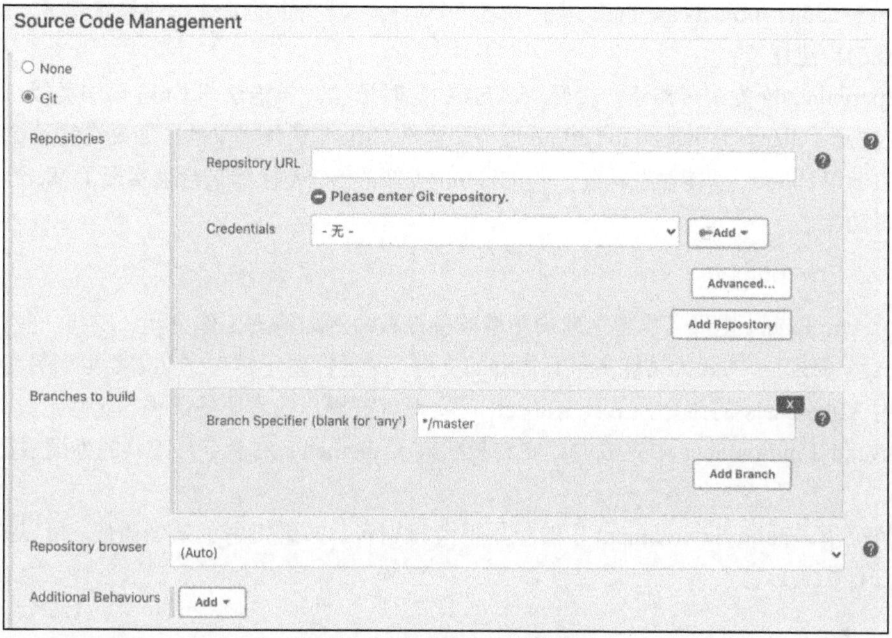

图 9-11 项目的代码源配置

Additional Behaviours 提供了一些额外的功能，比如在构建完成后及时清理代码等。其中一个非常有用的功能是给每次的构建打上一个标签，虽然我们也可以在构建脚本中自己实现此功能，但是使用 Additional Behaviours 更简单且快速。

3. Build Triggers

如图 9-12 所示，Build Triggers 用于指定如何触发构建任务，包括手动、定时或者远程触发。

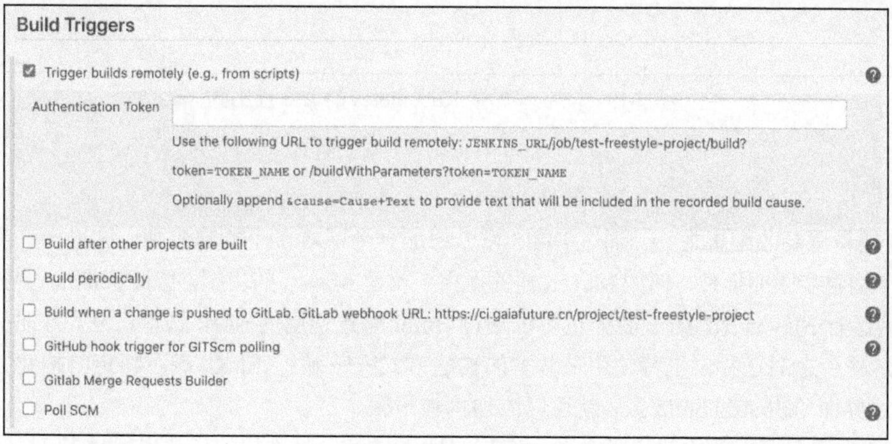

图 9-12 触发器配置

在图 9-12 中，Trigger builds remotely（e.g., from scripts）用于预设一个 Token，并访问指定的 URL，Jenkins 会通过这个 Token 来判断触发是否合法，如果合法则构建任务。

Build after other projects are built 用于指定一个项目，若指定的其他作业构建完了，就触发当前项目下作业的构建任务。

Build periodically 为定时构建，接受 Jenkins 的定时语法。该语法与 Cron 语法类似。

Build when a change is pushed to GitLab 这个配置是 GitLab 插件提供的，如果安装了 GitLab 插件，可以通过它的 Webhook 功能触发构建。与 GitHub 类似的 SCM 托管平台也实现了 Webhook 功能，它属于基本功能之一。

4. Build Environment

Build Environment 提供了构建之前的环境准备设置，例如清理工作空间、安装一些自定义工具等。我们知道，Jenkins 的强大功能离不开插件的支持，而插件要正常工作又需要用到另外一些工具。例如，使用 Kubernetes 的命令行工具 Kubectl 可实现集群操作或者服务部署，这些工具的安装和配置就是在 Build Environment 中完成的。安装和配置 Kubernetes 的命令行工具的界面截图如图 9-13 所示。

一般情况下，Build Environment 中的配置不会特别多，如果使用了某些插件，可以按照插件的说明文档进行配置。

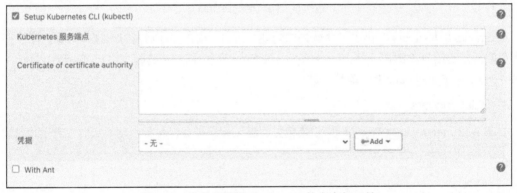

图 9-13　安装和配置 Kubernetes 的命令行工具

5. Build

Build 是最重要的配置之一，通过 Build 可以添加一个或者多个构建步骤。这里允许我们配置一些已提供了构建步骤的插件，例如 Maven 插件提供了构建 Maven 的步骤，因此 Jenkins 会先寻找 Pom 文件，然后运行 Maven 来构建。我们也可以通过 Build 配置通用的 Shell 脚本。为了方便构建脚本在不同的构建平台之间迁移，推荐使用最基本的构建方式——基于 Shell 调用特定的构建工具。在图 9-14 所示的界面单击 Add build step 就可以添加构建步骤。

图 9-15 为更多可用的构建步骤类型。安装的插件越多，可添加的步骤也就越多。

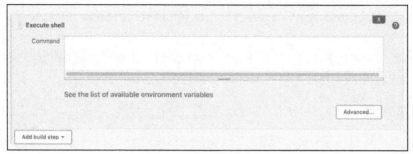

图 9-14　添加构建步骤

Execute SonarQube Scanner
Execute Windows batch command
Execute ZAP
Execute shell
Invoke Ant
Invoke Dependency-Check
Invoke Gradle script
Invoke top-level Maven targets
Jira: Add related environment variables to build
Jira: Create new version
Jira: Issue custom field updater
Jira: Mark a version as Released
Jira: Progress issues by workflow action
Provide Configuration files
Run with timeout
Send files or execute commands over SSH

图 9-15　更多可用的构建步骤类型

6. Post-build Actions

图 9-16 展示的是 Post-build Actions 提供的构建完成后的
工作配置项，一般是上传报告、触发其他项目或清理工作，
也可以基于通知工具发布通知。

下面介绍图 9-16 中两个常用的配置项。

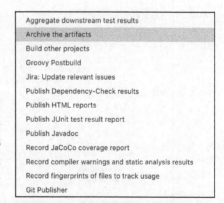

- Archive the artifacts 为打包制品。构建完成后，如果
  我们希望使用 Jenkins 构建的内容，那么可以使用这
  项功能。这里允许我们配置待保存的目录，Jenkins
  可以临时保存相关文件，并将下载链接展示到构建详
  情中。大多数情况下，不需要使用这项功能，一般可
  以将最终的构建制品发布到制品仓库中，例如
  Docker、NPM 和 Maven 仓库。

图 9-16　构建完成后的工作配置项

- Publish HTML reports 用于发布 HTML 格式的报告。大多数情况下，可以将代码扫描、测试
  的结果以 HTML 格式发布。可以在构建详情中找到发布成功的报告文件，并在线浏览。

上面的介绍已经足够支撑一个项目的构建工作。Freestyle 项目是基于 Jenkins 构建的项目的最原

始形态，里面没有流水线等概念，可通过丰富的插件来实现代码的扫描、构建、制品的发布和生成报告等功能。

我们也可以通过一些部署工具来实现服务的部署和更新，比如可以提前配置好 SSH Key，然后通过 SSH 协议来部署服务，还可以使用 Ansible 来操作服务器进行部署。

9.3.2　普通流水线

对于早期的软件构建任务来说，普通的 Freestyle 足够使用了。很多年前，Jenkins 就已经在 Java 技术栈的圈子中流行开了，但是部分团队并没有使用流水线这种方式进行持续集成和发布。

流水线可以提高测试构建等工作的自动化程度。接下来通过一个例子介绍如何配置一条流水线。

1. 搭建普通流水线

与创建普通的 Jenkins 项目类似，在 Dashboard 页面左上角单击 New Item 进入项目创建表单，然后选择流水线类型。流水线支持多阶段、多节点执行作业，甚至在一些配置下也可以并行执行某些作业（比如在多个节点上同时执行不同的测试），大大提高了构建的效率和灵活性。

完成上述操作并点击确认后，进入我们熟悉的配置界面，如图 9-17 所示。当然，这里的配置界面与普通的 Jenkins 项目还是有一点点不同，稍后我们会具体介绍。对于流水线这种类型的项目来说，几乎所有的配置都可以使用 Groovy 脚本完成。

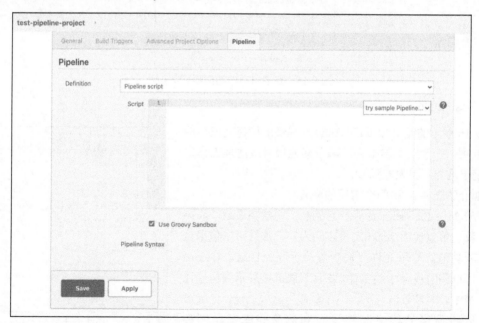

图 9-17　流水线项目的配置界面

流水线类型的项目基本上都只需要配置 Pipeline 这部分内容，Advanced Project Options 部分实际上只有一个项目名称需要配置，其他的配置和前面介绍的 Freestyle 没有区别，按照相同的方式配置即可。

在图 9-18 中，Definition 选项给出了两种配置方式。一种是 Pipeline script from SCM，这是默认的方式，可以直接把构建脚本写在图 9-18 下面的文本框中，方便调试。另外一种方式是加载从 SCM 中读取的 Groovy 文件，做到纯粹的基础设施即代码，并将构建脚本存放到代码仓库中，便于管理。SCM 的配置方式和 Freestyle 基本相同。在图 9-18 中，需要注意的是 Lightweight checkout 选项，启用该模式会放弃一些信息，比如提交的日志等，可缩减拉取的数据大小。另外，不能在构建脚本中实现提交代码等动作（基本上也不会有类似的动作）。

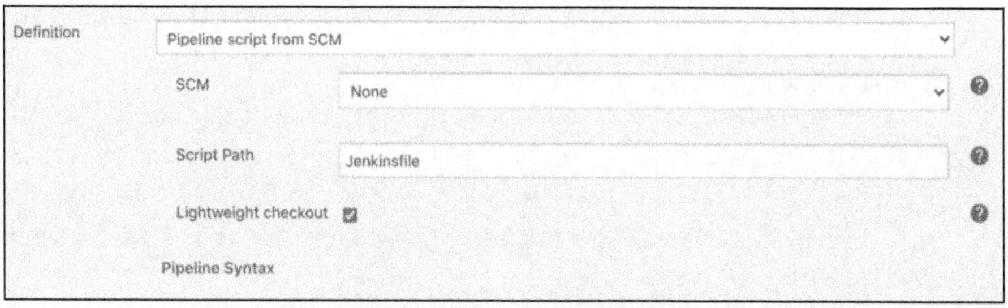

图 9-18　Definition 选项界面

2. Groovy 语法简要说明

在 Pipeline script 模式下 Jenkins 提供了几个示例来说明 Groovy 脚本的用法，这里选择一个难度适中且常用的示例（GitHub + Maven）进行说明。后面在流水线设计部分会给出一个完整的示例。

在图 9-19 所示的界面选择 try sample Pipeline... 下拉选项，Jenkins 就会把示例脚本贴到文本框中。

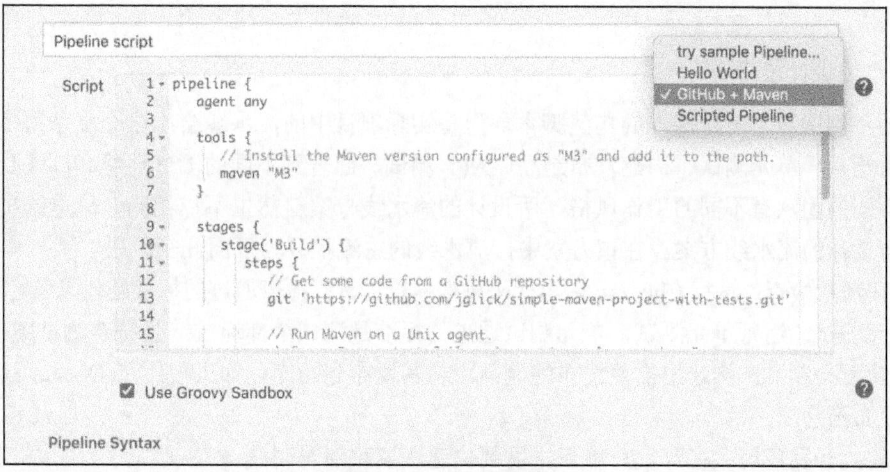

图 9-19　语法示例脚本

虽然这个示例脚本中已经给出了很多注释，但初学者往往还是一头雾水，下面将补充更多的说明。

```
//  定义这个脚本是流水线，就使用 pipeline 块下面的所有指令
pipeline {
    // 定义当前的任务运行在特定的节点上，可以根据标签来配置，any 代表任意节点
    agent any
```

```
        // 安装工具环境，比如 Maven、Gradle 等。也可以在添加构建节点时安装好工具环境，省略这一步
        tools {
            maven "M3"
        }

        stages {
            stage('Build') {
                steps {
                    // 拉取代码，如果配置了 SCM，可以直接使用 SCM 相关命令代替 git 命令
                    git 'https://github.com/jglick/simple-maven-project-with-tests.git'

                    // 运行主要的脚本
                    sh "mvn -Dmaven.test.failure.ignore=true clean package"
                }

                post {
                    // 运行结束后，发布测试报告，并打包制品。这些指令由插件提供，因此需要根据安装的插件选择命令
                    success {
                        junit '**/target/surefire-reports/TEST-*.xml'
                        archiveArtifacts 'target/*.jar'
                    }
                }
            }
        }
    }
```

在 Jenkins 中，Groovy 代码的语法比较复杂，需要一定的时间才能深入了解，但是好在要我们自己编写 Groovy 代码的时候并不多，可以先修改脚手架项目的 Jenkins 文件，遇到问题再具体学习。

3. 流水线设计技巧

前面的示例展示了一个基本的构建脚本，但是实际项目中的流水线会比这个复杂得多，可能涉及代码质量检查、单元测试、构建发布制品、API 测试、部署到不同的测试环境和部署到生产环境等阶段。不同的团队有不同的工作风格，所设计的流水线方案自然也不尽相同。这里给出我曾工作过的团队所设计的流水线方案。在该方案中，流水线的主流程分为下面几个阶段。

1）代码质量检查：运行 Checkstyle 等代码风格检查工具，检查通过的标准是代码风格符合要求。

2）单元测试：运行单元测试，单元测试通过的标准是测试全部通过，且符合测试覆盖率要求。

3）构建发布制品：构建出需要发布的制品，将其发布到仓库，如果使用了 Docker 镜像，则需要将镜像发布到仓库。

4）部署到开发环境：在开发环境下，需要快速联调和部署制品。

5）API 测试：API 测试是一种半 E2E 测试，需要花费一定的时间，通常放在部署到开发环境这个阶段的后面。

6）部署到测试环境：指将制品部署到测试环境。测试环境需要相对稳定，很多团队都只给了测试人员将制品部署到测试环境的权限。

7）部署到预发环境（用于验收的环境，通常叫作 UAT）：指将制品部署到预发环境。预发环境

的作用是便于产品经理进行验收测试以及模拟上线流程。预发环境应尽可能地与生产环境相似，这样才能发挥它应有的价值。

8）部署到生产环境：指将制品部署到生产环境。生产环境下通常需要对部署行为进行管控，比如要求输入部署口令等信息。有些团队为了更加安全，会将生产环境的流水线与测试环境的分离。

在这个流程中，没有 E2E 测试、性能测试，这是因为这类非常耗时的环节如果阻挡了主流程，会让调试高环境（流水线中靠后的阶段）非常麻烦，所以暂时将这类测试放到了独立的流水线中。

下面是一份 Jenkins 配置的参考代码。

```
pipeline {
    // 声明 agent none 意味着下面每个阶段都需要单独定义 agent
    agent none
    options {
        disableConcurrentBuilds()
    }
    stages {
        // 运行代码风格检查
        stage('Checkstyle') {
            agent {
                label 'slave'
            }
            steps {
                // 在当前脚本运行目录中定义一个 Shell 脚本来运行检查机制。sh 命令可以执行 Shell 脚本
                // sh './ci checkstyle'
                echo 'run checkstyle'
            }
        }
        // 运行单元测试
        stage('Unit Test') {
            agent {
                label 'slave'
            }
            steps {
                script {
                    // sh './ci unitTest'
                    echo 'run unitTest'
                }
            }
        }
        // 运行构建脚本，发布制品到制品仓库
        stage('Build Image') {
            agent {
                label 'slave'
            }
            steps {
                // sh './ci build'
                echo 'image built'
            }
        }
        // 部署到开发环境
        stage('Deploy DEV') {
            agent {
```

```
            label 'slave'
        }
        environment {
            ENV = 'dev'
        }
        steps {
            sh 'env'
            // sh './ci deploy'
            echo 'image deployed'
        }
    }
    // 运行 API 测试
    stage('API Test') {
        agent {
            label 'slave'
        }
        steps {
            //  sh './ci apiTest'
            echo 'run apiTest'
        }
    }
    // 部署到测试环境
    stage('Deploy QA') {
        agent {
            label 'slave'
        }
        environment {
            ENV = 'qa'
        }
        steps {
            // 如果构建内容一直无人处理，900 秒后自动关闭
            timeout(time: 900, unit: 'SECONDS') {
                // 需要测试人员确认才能部署成功
                input(message: 'deploy to QA?')
            }
            sh 'env'
            //  sh './ci deploy'
            echo 'image deployed'
        }
    }
    // 部署到预发环境
    stage('Deploy UAT') {
        agent {
            label 'slave'
        }
        environment {
            ENV = 'uat'
        }
        steps {
            timeout(time: 900, unit: 'SECONDS') {
                // 在 submitter 中配置了人员名单，只有名单中的人才能将制品部署到预发环境
                input(message: 'deploy to UAT?', submitter: 'zhangsan,lisi')
            }
            sh 'env'
```

```
                // sh './ci deploy'
                echo 'image deployed'
            }
        }
        // 部署到生产环境
        stage('Deploy PROD') {
            agent {
                label 'slave'
            }
            environment {
                ENV = 'prod'
            }
            input {
                message 'deploy to PROD?'
                submitter 'zhangsan'
                parameters {
                    // 只有提交者 zhangsan 才能将制品部署到生产环境，部署前需要输入一段确认文本
                    string(name: 'PASSWORD', defaultValue: '', description: 'Say the words...')
                }
            }
            steps {
                script {
                    if (PASSWORD != "YOUR_PASSWORD_VARIABLE")
                        error "SORRY, YOU DON'T HAVE THE PASSWORD!"
                }
                sh 'env'
                // sh './ci deploy'
                echo 'image deployed'
            }
        }
    }
}
```

在上面的脚本中通过注释说明了相关命令的含义。对于流水线脚本的编写，还有以下经验供参考。

- sh 命令是流水线脚本和 Shell 脚本沟通的桥梁，建议所有的构建任务都通过 Shell 脚本来实现，流水线脚本负责编排任务。
- 参数传递可以通过环境变量来实现，在脚本中可以通过环境变量来访问需要的参数。
- 可以通过 echo 输出调试信息。
- 通过 input 命令可以阻止流水线的自动触发。
- 每个 Shell 脚本都会通过返回值来说明构建是否通过，Shell 脚本返回 1 说明构建出现错误，返回 0 则表示构建通过。

可以将上述脚本复制到流水线的脚本编辑框中，如果构建通过，就能看到整个阶段的视图。

9.3.3 多分支流水线

普通的流水线虽然已经极大地提高了构建的便利性，但还是有一个比较麻烦的地方，因为开发人员可能是在不同的分支上进行开发，然后通过主干来部署的，所以会导致分支上的开发人员无法享受到流水线的便利。普通的流水线是一种单分支流水线，这种流水线不能满足多分支开发的需求。对于这种情况，可以使用 Jenkins 的多分支流水线。

多分支流水线会带来如下关键的功能。

- 如果是基于代码仓库的分支，每个新的分支都有自己单独的工作流水线。每条分支流水线都记录了对应分支的构建历史。
- 多分支流水线可以自动生成和删除相应分支的流水线。Jenkins 可以自动扫描代码仓库中的分支来创建和删除流水线。
- 可以通过一些控制手段来限制某些分支的功能，进而保护其余分支。

1. 多分支流水线的创建

首先检查是否有相应的插件。进入插件管理页面，依次选择 Manage Jenkins→Manage Plugins，然后查看插件 Multibranch 是否被安装。

多分支流水线的创建与其他流水线类似，也是先进入创建表单，然后选择多分支流水线，如图 9-20 所示。

图 9-20　创建多分支流水线

多分支流水线的主要配置如图 9-21 所示。

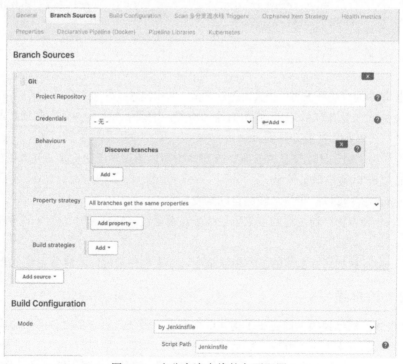

图 9-21　多分支流水线的主要配置

Jenkins 会根据 Branch Sources 的配置来扫描分支，扫描完以后会建立一组流水线，每个分支一条流水线。如果想过滤某些分支，可以通过 Behaviours 选项增加一个叫 Filter by name 的分支过滤器，它可以选择包含或者排除哪些分支，如图 9-22 所示。

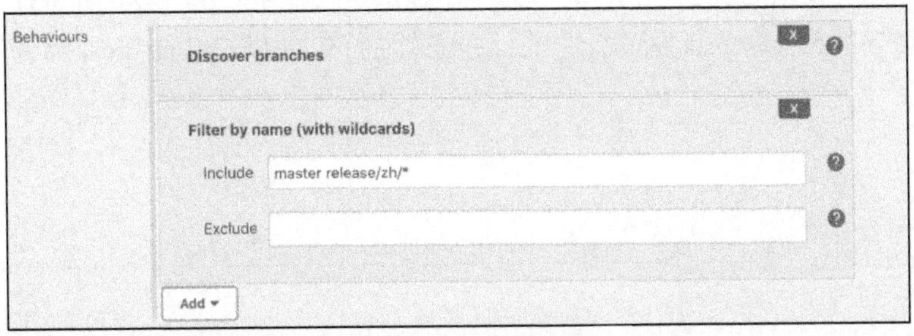

图 9-22　分支过滤器

配置完以后，Jenkins 会触发自动扫描，如果扫描没有成功，修改配置后会再次触发自动扫描。图 9-23 为项目详情页，左侧导航栏有一些按钮用于管理多分支流水线，例如 Scan 多分支流水线 Now。

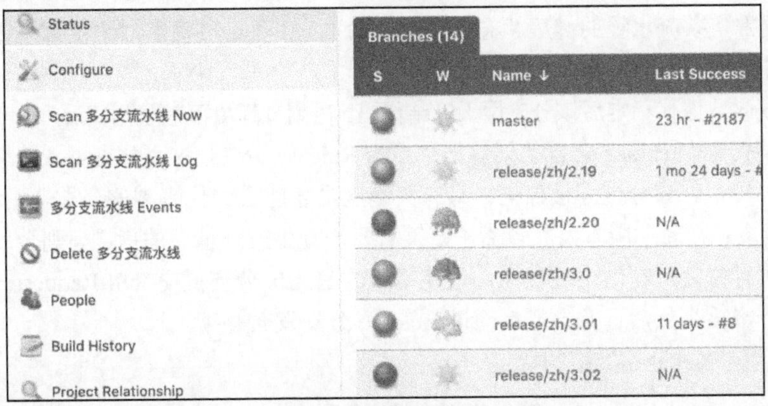

图 9-23　项目详情页

扫描成功后，多分支流水线就建立了。多分支流水线不支持在项目配置表单中直接使用 Jenkins 流水线脚本，所以我们需要将 Jenkins 文件放置到代码库中，这样才能为每个分支生成流水线。分支可以使用不同的 Jenkins 文件构建不同的视图，但是不推荐这样做，因为这会让多分支流水线变得混乱。如果需要使用不同阶段的流水线，可以单独创建。

2. 多分支流水线的设计

想要把多分支流水线使用好，需要有一个适合团队的分支流。在代码评审部分已经介绍了一些基本的分支流，比如 Git flow、GitHub flow 和 GitLab flow 等。这里说明一下如何设计多分支流水线。

多人协作时，减少发生冲突的概率和随时保持代码的可发布状态是矛盾的。比如希望主干稳定，就需要限制合入的频率，但是这样一来，分支上的开发人员就享受不到快速验证、集成的好处，因为他们开发的内容需要经过流水线处理后通过 Pull Request 合入。如果在主干上开发，就不能让主干随时保持可以上线发布的状态，因为不断会有半成品在上面。

多人协作时，建议选择分支流 GitLab flow，它能够在发生冲突的概率、主干的稳定性及持续发布之间保持相对的平衡。使用 GitLab flow，可以基于敏捷的迭代在主干上开发，并进行充分的集成，版本成熟后可以拉取新的分支进入预发环境进行上线测试。图 9-24 以 GitLab flow 为例说明了多分支流水线的设计。

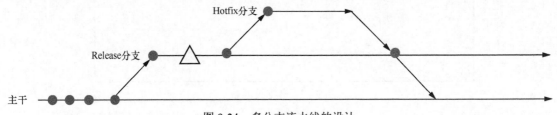

图 9-24　多分支流水线的设计

在图 9-24 中有如下三种分支类型。

- 主干：用于迭代开发，所有分支上的修改最后都需要合并到这个主干上，它也是最繁忙的流水线。通常整条流水线的健康状态会以主干为准。主干上的流水线只能部署到开发环境和测试环境中。
- Release 分支：迭代稳定后该分支用于冻结代码。在测试环境下完成测试后，就可以创建 Release 分支冻结代码。Jenkins 会自动创建一个新的 Release 分支，这个分支可以部署到预发环境以及生产环境中。该分支会被保护，只有关键人员才能合并代码到该分支。
- Hotfix 分支：在新的版本发布以后，如果需要修复生产环境中的问题，则会以已发布的分支为基准进行修复。在这个过程中，先使用新的 Hotfix 分支提交 Pull Request，再由团队关键人员进行审核，然后合并，最后通过 Release 分支发布补丁。

表 9-1 说明了这三种分支类型的特点。

表 9-1　三种分支类型的特点

分支类型	分支维护	流水线部署环境	生命周期
主干	团队全体开发人员	开发、测试	永久
Release 分支	关键人员	预发、生产	新版本代码冻结前
Hotfix 分支	问题修复者	不生成流水线	临时

在使用这些分支和流水线的过程中，会有如下关键时机。

- 代码冻结：在敏捷项目中，使用迭代分割需求，可弥补瀑布开发在应对变化方面的不足。但是，我们也应避免因随意变更而带来的混乱。代码冻结发生在迭代结束时，一个迭代工作接近尾声，就不会再有新的特性进来，系统测试的工作也已基本完成。创建新的分支后，多分支流水线就会被自动扫描出来。制品被构建并部署到预发环境后，会进入等待发布状态。在上线前夕也可以进行一些安全测试和性能测试。

- 发布上线：在预发环境下验证稳定性后，如果满足上线条件，就可以部署制品到生产环境。
- 线上问题修复：如果在生产环境下出现问题需要紧急修复，可以以 Release 分支为基准进行修复，这不会影响当前的迭代工作。
- 补丁合并：通过 Pull Request 将补丁合并到 Release 分支，然后使用 Release 分支发布。
- 合并到主干：问题修复后，需要把对应的修改合并到主干上，避免下次发布时此修改丢失。

实现并行流水线不需要对 Jenkins 的脚本进行特别的调整，但是需要限制部分分支流水线的功能，以使制品无法直接部署到相应的环境中。

使用 when 命令可以限制流水线的功能，比如对于预发环境和生产环境，在流水线阶段可以增加以下代码，这段代码会通过正则匹配来控制流水线的分支，规则是只允许名称格式类似/release/2.0 的分支部署到预发环境中。

```
stage('Deploy UAT') {
  when {
      beforeInput true
      expression {
          BRANCH_NAME ==~ /release\/\d+\.\d+/
      }
  }
}
```

值得一提的是，版本的命名可以参考语义化命名规则，这样就能通过相应的规则来有序管理版本号，比如主要版本、次要版本和修订版本。在搭配多分支流水线时，Release 分支可以使用"主要版本号.次要版本号"的方式命名，每一次发布补丁都可视为修订版本号产生了变化。

9.3.4 并行流水线

如果项目比较大，流水线的速度非常慢，会降低开发效率，此时可以考虑将并行流水线加入构建过程。例如，当单元测试多达数百个时，测试运行时间估计会超过 10 分钟，这也就意味着开发人员需要等待 10 分钟才能在开发环境中看到联调效果。为了减少测试运行时间，可以将这些测试拆分为模块，并在不同的节点中独立运行。并行流水线如图 9-25 所示。

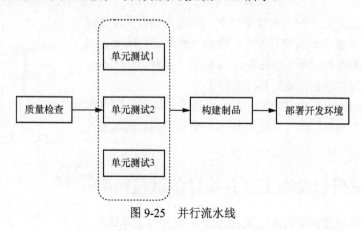

图 9-25 并行流水线

在 Jenkins 中可以使用 parallel 命令配置并行流水线。

```
stage('Unit Test') {
  parallel {
    stage {
      agent {
        label "slave"
      }
      steps {
        script {
          sh './ci unitTest1'
        }
      }
    }
    stage {
      agent {
        label "slave"
      }
      steps {
        script {
          sh './ci unitTest2'
        }
      }
    }
    stage {
      agent {
        label "slave"
      }
      steps {
        script {
          sh './ci unitTest3'
        }
      }
    }
  }
}
```

　　并行任务可以运行在不同的构建节点上，这大大加快了构建的速度。不过，由于普通流水线拥有的是普通的视图风格，因此无法在视图上直观地看到并行效果，但是 Jenkins 提供了一种 Blue Ocean 视图风格，使用它可以看到漂亮的并行风格视图。

　　进入 Blue Ocean 的方法很简单，在流水线的详情页左侧点击"打开 Blue Ocean"按钮，即可看到如图 9-26 所示的并行流水线运行效果。

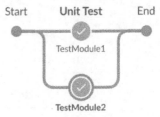

图 9-26　并行流水线运行效果

9.4　配置测试报告发布工具并统计测试覆盖率

　　在流水线的每个阶段都可以通过 Shell 脚本的返回值来确认测试通过与否。如果测试失败，我们想看具体的报告内容，该怎么办？一种方式是直接将日志打印出来，Jenkins 会读取 Shell 控制台输出的内容并将其发送到 Web 界面上。另外也可以配置专门的报告发布工具，从而得到更详细的报告。

9.4.1　配置测试报告发布工具

发布测试报告可以通过多种方式实现，比如可以使用 HTML Publisher 插件，它会以 HTML 文本的方式将报告发布到 Jenkins 平台上。也可以使用专门的插件来发布有针对性的报告，例如 JUnit 插件可以为 JUnit 测试生成更直观的测试报告。

1．HTML Publisher 插件

HTML Publisher 插件在 Freestyle 和 Jenkins 流水线中都可以使用。HTML Publisher 插件的使用方法非常简单，只需要找到报告生成的位置，然后配置相应的路径即可。

有一些测试报告是通过 XML 发布的，其实也可以使用 HTML Publisher 插件发布。例如任务运行后，在 target/checkstyle-result.xml 中找到 Checkstyle Maven 插件产生的报告，然后通过 HTML Publisher 插件发布。

使用 HTML Publisher 插件属于构建后的动作，因此可以通过 Freestyle 中的 Post-build Actions 选项来配置。图 9-27 为 Freestyle 中的 Post-build Actions 选项。

图 9-27　Post-build Actions 选项

在图 9-27 中，HTML directory to archive 用于配置一个目标目录，Jenkins 会把该目录发布出去。如果是在流水线中，可通过 publishHTML 命令发布，代码如下。

```
pipeline {
    agent {
        label 'master'
    }

    stages {
        stage('Build') {
            steps {
```

```
                  // 测试脚本
                  sh "mvn -Dmaven.test.failure.ignore=true clean package"
              }

              post {
                  // 报告发布脚本
                  publishHTML(target: [allowMissing         : false,
                                       alwaysLinkToLastBuild: true,
                                       keepAll              : true,
                                       reportDir            : './target/',
                                       reportFiles          : 'checkstyle-result.xml',
                                       reportName           : 'checkstyle',
                                       reportTitles         : 'checkstyle']
                  )
              }
          }
      }
}
```

需要注意的是，该命令要放到流水线 stage 下的 post 语句中，如果直接放到构建脚本的后面，当构建脚本运行失败时，就不会继续往后执行了。当然，也可以通过 try 语句捕获错误，然后继续运行。

2. JUnit 插件

虽然通过 HTML Publisher 插件就能看到测试报告，但是由具体的测试框架创建测试报告会更好。如果考虑使用 JUnit 框架编写单元测试，安装了 JUnit 插件后会获得更好的测试视图。在流水线脚本中使用 JUnit 命令发布测试报告的代码如下。

```
pipeline {
    agent any
    stages {
        stage('Build') {
            steps {
                git 'https://github.com/java-self-testing/java-self-testing-demo-report.git'

                sh "mvn -Dmaven.test.failure.ignore=true clean package"
            }

            post {
                success {
                    junit '**/target/surefire-reports/TEST-*.xml'
                }
            }
        }
    }
}
```

在这个例子中，假定 java-self-testing-demo-report 仓库中存在多个简单的测试，可通过 Maven 运行测试，然后生成测试报告，最后由 junit 命令将其发送到 Jenkins 平台。构建完成后，打开构建详情页，在该页右侧可以找到 Test Result 链接，点击此链接后可以看到由 JUnit 插件生成的报告视图（如图 9-28 所示）。

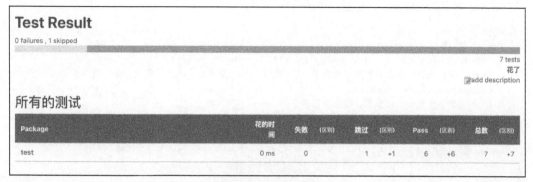

图 9-28　报告视图

如图 9-29 所示，JUnit 插件在项目详情页也会生成一个测试趋势图表，帮助判断项目的健康状态。

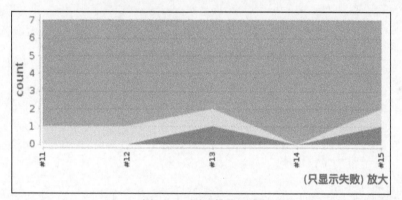

图 9-29　测试趋势图表

Maven 或者 Gradle 本身不具备运行测试的功能，它们的测试功能是由插件提供的。在 Maven 中我们需要配置 maven-surefire-plugin 来运行单元测试，代码如下。

```
<build>
    <plugins>
        <plugin>
            <artifactId>maven-surefire-plugin</artifactId>
            <version>2.22.2</version>
        </plugin>
    </plugins>
</build>
```

9.4.2　统计 Java 测试覆盖率

除有提供测试报告的诉求外，我们还需要统计测试覆盖率。JaCoCo 是一个统计 Java 测试覆盖率的开源工具，其主要工作原理是在测试启动前通过配置 Java Agent 来统计测试覆盖率。

JaCoCo 在完成测试覆盖率统计后，会生成 exec 文件并进行结构化的展示和分析。下面通过配置 jacoco-maven-plugin 来生成 exec 文件和 HTML 报告，并发布到 Jenkins 上。

在 Maven 项目的 plugins 下配置插件的代码如下。

```xml
<plugin>
    <groupId>org.jacoco</groupId>
    <artifactId>jacoco-maven-plugin</artifactId>
    <!-- 可以去官网获取最新的插件版本，虽然这个插件一直是 0 号版本，但是非常稳定   -->
    <version>0.8.7</version>
    <!-- 可以配置一些过滤器、覆盖率要求等   -->
    <configuration>
        <rules>
            <rule implementation="org.jacoco.maven.RuleConfiguration">
                <element>BUNDLE</element>
                <limits>
                    <!-- 配置方法覆盖率要求 -->
                    <limit implementation="org.jacoco.report.check.Limit">
                        <counter>METHOD</counter>
                        <value>COVEREDRATIO</value>
                        <minimum>0.8</minimum>
                    </limit>
                    <!-- 配置分支覆盖率要求 -->
                    <limit implementation="org.jacoco.report.check.Limit">
                        <counter>BRANCH</counter>
                        <value>COVEREDRATIO</value>
                        <minimum>0.8</minimum>
                    </limit>
                </limits>
            </rule>
        </rules>
    </configuration>
    <!-- 配置到 Maven 的生命周期中   -->
    <executions>
        <execution>
            <id>pre-test</id>
            <goals>
                <!-- 注入一个 Java Agent   -->
                <goal>prepare-agent</goal>
            </goals>
        </execution>
        <execution>
            <id>post-test</id>
            <phase>test</phase>
            <goals>
                <!-- 生成 HTML 报告   -->
                <goal>report</goal>
            </goals>
        </execution>
    </executions>
</plugin>
```

运行 Maven 的测试命令即可生成统计测试覆盖率的报告。一个小技巧是使用-Dmaven.test. failure. ignore=true 参数来避免测试中断。这样一来，即使测试未完全通过，我们也能得到测试覆盖率数据。

测试完成后，在 target 目录下可以找到统计测试覆盖率的 jacoco.exec 文件。另外，由于之前已为生成相应的报告进行了配置，因此在 target/site/jacoco 下也可以找到统计测试覆盖率的 HTML 文件。与测试是否通过的报告类似，统计测试覆盖率的报告也可以使用 HTML Publisher 和 JaCoCo Jenkins 插件发布。

1. 使用 HTML Publisher 插件

HTML Publisher 插件发布测试报告的脚本代码片段如下。

```
publishHTML(target: [allowMissing        : false,
                     alwaysLinkToLastBuild: true,
                     keepAll              : true,
                     reportFiles: '**',
                     reportDir            : './target/site/jacoco',
                     reportName           : 'jacoco',
                     reportTitles         : 'jacoco']
)
```

如图 9-30 所示，通过 HTML 能看到测试覆盖率的汇总信息。点击 Jenkins 构建详情就能看到着色代码（如图 9-31 所示），这些代码是被测试覆盖的代码。

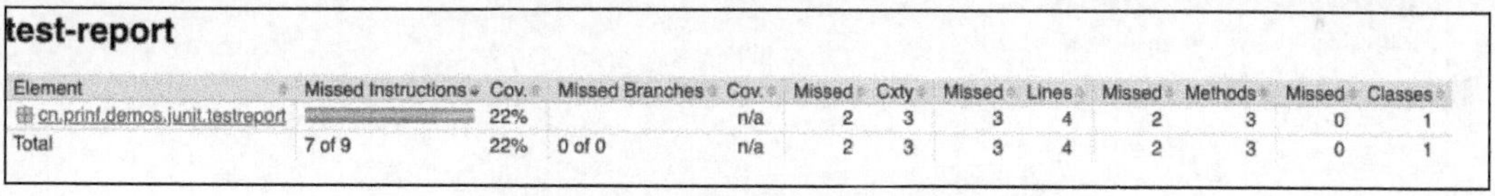

test-report													
Element	Missed Instructions	Cov.	Missed Branches	Cov.	Missed	Cxty	Missed	Lines	Missed	Methods	Missed	Classes	
cn.prinf.demos.junit.testreport		22%		n/a	2	3	3	4	2	3	0	1	
Total	7 of 9	22%	0 of 0	n/a	2	3	3	4	2	3	0	1	

图 9-30　测试覆盖率的汇总信息

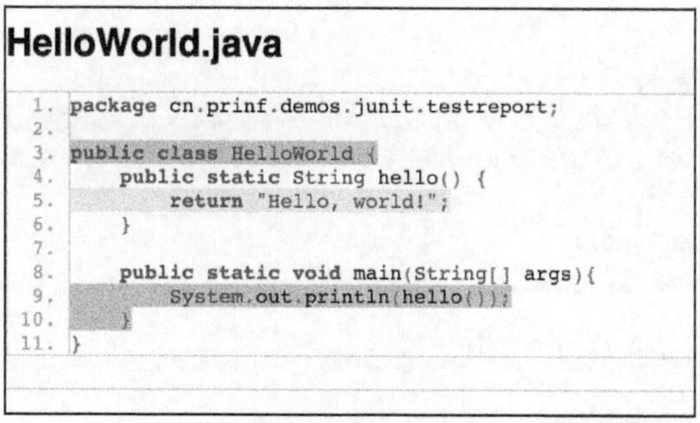

```
HelloWorld.java

 1.  package cn.prinf.demos.junit.testreport;
 2.
 3.  public class HelloWorld {
 4.      public static String hello() {
 5.          return "Hello, world!";
 6.      }
 7.
 8.      public static void main(String[] args){
 9.          System.out.println(hello());
10.      }
11.  }
```

图 9-31　着色代码

2. 使用 Jenkins 中的 JaCoCo 插件

HTML Publisher 插件毕竟不像专用的插件与 Jenkins 结合得那么紧密，Jenkins 中的 JaCoCo 插件可以提供更深层的集成，另外，直接读取 exec 文件也比读取目录中的所有 HTML 文件简洁。使用 JaCoCo 插件时，无须读取 HTML 文件，它会自动解析专门的 jacoco.exec 文件。

在 Jenkins 的插件中心安装了 JaCoCo 插件后，再将流水线脚本中与 HTML Publisher 插件有关的代码片段替换成 jacoco 命令，即可使用 JaCoCo 插件解析测试覆盖率信息。

```
jacoco(execPattern: 'target/jacoco.exec')
```

如图 9-32 所示，进入某个构建视图中，能看到测试覆盖率的汇总信息。

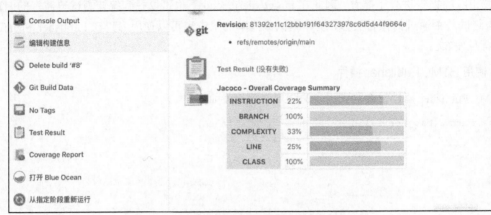

图 9-32　进入构建视图查看测试覆盖率的汇总信息

点击图 9-32 左侧的 Coverage Report，可以看到更详细的统计内容，如图 9-33 所示。

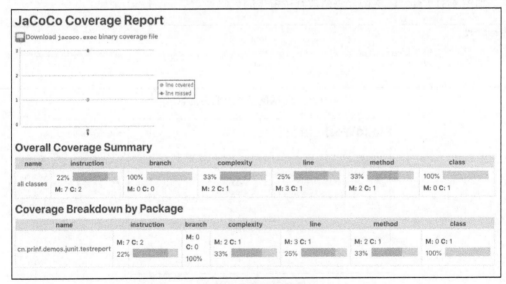

图 9-33　更详细的统计

这里解释一下 JaCoCo 插件统计的多种测试覆盖率的含义。

- instruction：指令覆盖率，统计的是 Java 二进制代码的指令被测试覆盖的情况。
- branch：分支覆盖率，统计的是 if 和 switch 语句的分支被测试覆盖的情况。
- complexity：圈复杂度的覆盖率，统计依据是麦凯布于 1976 年提出的圈复杂度定义，统计的是程序中线性独立路径被测试覆盖的情况。

- line：行覆盖率，以行的指令是否被执行来统计。
- method：方法覆盖率，以方法中指令的执行情况来统计。
- class：类覆盖率，统计的是类（包含嵌套类和内部类）被测试覆盖的情况。

9.5 小结

本章介绍了测试工程化的概念，并以主流的 CI/CD 工具 Jenkins 为例，介绍了如何安装、配置和使用构建平台。

测试工程化概念的内涵和外延远不止本章介绍的内容，它还涉及企业级的质量管理体系、生产环境的质量守护等。但总的来说是以提高测试生产力为目标，朝着自动化、规范化以及高效化的方向发展的。

主流的软件公司都在研发自己的持续集成平台，并搭配了多种测试工具。有部分公司已将这种工具对外开放，国内比较有代表性的是云效、伏羲、云龙等持续集成平台。

想要更好地整合代码扫描、测试覆盖率、安全检查等，还可以集成质量管理平台。例如，SonarQube 可以收集各种语言的质量结果，并做一些分析和统计。限于篇幅，就不进一步展开了。

第10章

测试守护重构

作为开发人员，不得不接受的现实是，自己接手项目时，大多数系统已经是遗留系统。我最近几年都没有参与新系统的开发，基本全是接手遗留系统的改造工作。遗留系统的改造成本实际上比新开发软件要大很多。在改造过程中，不仅不能引入新的错误，在某种程度上还需要"将错就错"，否则很可能会给现有用户、现有数据带来额外的问题。

改造遗留系统不是件简单的事，需要考虑的因素很多，如何保证改造后的逻辑正确就是其中很重要的一部分。想要让没有单元测试、E2E 测试的系统在改造后依然拥有正确的逻辑，难度非常大，这也是我们在这类项目中引入单元测试、E2E 测试的原因。

重构遗留系统不是直接修改代码就可以的，需要通过测试等手段来保证安全。

遗留系统改造的过程如下。

1）抽取接口，使组件替换成为可能。

2）理解原有系统并补充测试，让测试覆盖率达到一定的高度，使用存量数据作为输入来运行测试。

3）重新实现并替换原有接口。

4）使用与改造前相同的数据作为输入并运行测试。

以下是相关的注意事项：

- 充分使用版本管理工具；
- 充分使用 IDE 的重构工具；
- 使用持续集成环境，让每一次提交的代码都被自动构建一次；
- 提前考虑数据迁移的成本，编写迁移脚本，并对脚本进行测试。

其实，重构主要分为两类。一类是重构单个方法和类，大部分讲解重构技巧的图书在着重说明这部分内容。还有一类是重构系统，比如针对微服务架构进行拆分和改造，而这其中最复杂的莫过于对"伪微服务"的修正。如果服务划分出错或者在演进过程中需要调整架构，那么重构此系统的工作量将比重构单体系统大一个量级。这是因为微服务本质上是一种分布式应用系统，所以我们不得不应对分布式应用系统存在的各种问题。

　　某些时候我们需要在不停机的情况下完成迁移工作，在本章的最后会介绍如何使用相应的方法实现平滑和安全的切换。

　　当然，本章重点讨论的是如何为重构编写出可靠的测试，而不是重构。本章涵盖的内容如下：

- 如何为重构编写测试；
- 使用契约测试保护 API；
- 测试和验证数据迁移脚本；
- 通过特性开关和数据双写渐进式实现重构。

10.1　理解接口

　　接口是一种契约——这样来理解，重构就会容易很多。毫不夸张地说，找到接口就找到了重构的钥匙。所以下面先简单回顾一下接口的本质。

　　以 Java 为例，强类型语言天然就拥有 Interface 关键字和与接口相关的语法特性。当我们需要通过多种方式实现一个功能时，可以先通过接口定义出需要的方法，然后使用不同的对象实现。

　　举个例子，现实生活中，我们想要通过一台计算机把文档或者图片投影到幕布上，同时也想要通过打印机将其打印出来，那么投影仪和打印机这两台输出设备必须具备信息输入接口，如图 10-1 所示。

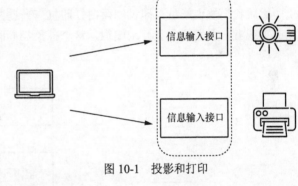

图 10-1　投影和打印

　　广义上的接口有多种含义，具体如下：

- 语言层面的接口，例如 Java 的 Interface 关键字；
- 系统层面的接口，例如 Windows 操作系统提供的 Win32 API；
- 服务之间的接口，也就是我们常说的 API。

　　如果要使用 Java 来实现上述业务场景，那么可以通过定义一个包含 output 方法的接口来实现，output 方法则通过打印机类（Printer）和投影仪类（Projector）来实现。图 10-2 为使用 Java 实现该业务场景的示意图。

```
Computer --使用--> Printer
Computer --使用--> Projector
Printer --实现--> OutputInterface{
                    void output();
                  }
Projector --实现--> OutputInterface{
                    void output();
                  }
```

图 10-2　使用 Java 实现业务场景的示意图

　　通过这个例子可以看出，某个类想要实现某个功能，必须提供一些方法，以便与系统中的其他部分交互。在某些资料中，接口被当作一种特殊的抽象类，个人认为这实际上不是特别准确。我们来拓展一下上面的例子，说明一下接口和抽象类的细微差别。

假设原来的打印机为黑白打印机（WBPrinter），现在想要实现彩色打印，于是我们增加一台彩色打印机（ColorPrinter）。图 10-3 为在图 10-2 的基础上增加了彩色打印机的示意图。

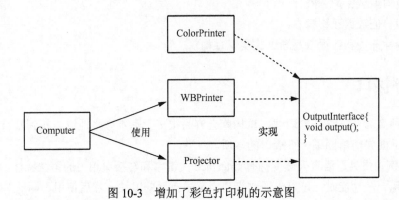

图 10-3　增加了彩色打印机的示意图

然后我们发现彩色打印机和黑白打印机有一些共同的东西，例如纸张，这类东西可以使用抽象类（或者一个普通父类）来归纳，这个抽象类同时也可以实现接口，并继承给子类，如图 10-4 所示。

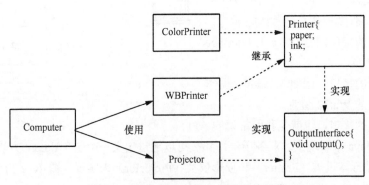

图 10-4　抽象类实现接口并继承给子类

在这个例子中，接口和抽象类的差别很明显，接口是一个契约，抽象类更像是类的模板。在 Java 中，使用 Interface 关键字只是定义了实现这个接口的类是否能按照具体的输入（参数）实现某些功能（方法），在实现接口的过程中并没有传递任何状态和属性，这与抽象类有本质的区别。

有的书中将接口描述为抽象形式，类就是实现。这种说法没有任何问题，但是没有很好地解释接口的价值。在接口清晰的情况下，只需要按照接口要求的参数和返回值提供相应的方法即可，对具体的实现方式没有要求。因此，**可以把接口表述为契约**。在混乱的遗留系统中，只要是能表达契约的东西都可以当作接口。从某种意义上来说，SQL 也是一种接口，它是编程语言和数据库之间的一种契约。自然，HTTP 也是接口。找到了这些隐晦的接口，才能在重构时安全地替换服务、数据库或者类。

了解了接口后，我们再来看看基于接口的重构过程，如图 10-5 所示。

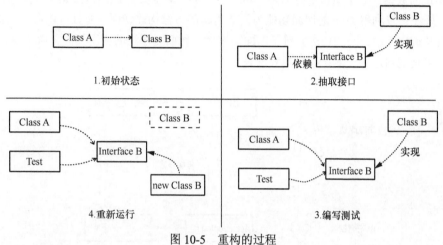

图 10-5 重构的过程

10.2 守护"类"级别的重构

如果是重构一个类，尽量优先选择单元测试而不是集成测试，这样可以快速、安全地进行重构和替换。

对于很重要的系统，应该老老实实地抽取原有类中所有的 Public 方法作为接口，并模拟它所依赖的类。在编写了足够的单元测试用例后，开始重构，然后重新运行测试。

对于遗留系统而言，重构最难的地方是不知道原来的业务逻辑，如果原先不存在单元测试，那么重构将是非常大的挑战。在这种情况下，**"将错就错"是一个非常重要的原则。重构代码期间不要擅自修改业务逻辑，单元测试用例一定要基于当前的行为编写，即使这看起来非常"傻"**。

我在重构一个大型互联网项目的代码时，曾在生产环境上发生过一个小事故。原因是我重构了用户上传头像的业务逻辑，虽然我也严格按照原来的输入、输出编写了单元测试，但是在文件上传的过程中我是使用文件的后缀来获取文件的类型的，而不是根据文件的 MIME 信息来判断。

正常情况下，用户一般不会刻意去修改后缀名，所以我在重构过程中自然地增加了针对 MIME 的限制。但是开发 PC 客户端的同事做了一件意料之外的事，他在程序中允许用户在各个历史头像之间切换，并将历史头像存放到了客户端的本地环境中。在这个过程中，PC 客户端统一将所有头像的图片类型修改为了 PNG，导致文件后缀名和 MIME 类型不一致，从而引发了重构事故。

基于遗留系统进行重构时，与上述案例类似的情况非常多。下面介绍几个提高遗留系统单元测试有效性的技巧。

10.2.1 提取测试数据

重构时，可以利用**切面日志法**获取测试人员手工执行测试用例时相关方法调用的参数，并以此作为后续测试的数据。对于遗留系统而言，单个方法的输入参数、返回值及调用下层方法的情况比较难获取。好在可以利用 Java 的切面功能为需要重构的方法构建切面，并且可以通过切面打印出参数、返回值及调用下层方法的日志。对于前面的案例，切面日志法的应用如图 10-6 所示。在进行功能测试时，可提取日志用于测试、模拟和断言。

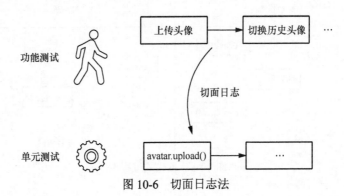

图 10-6 切面日志法

实践证明切面日志法确实有效，大大提高了安全性，操作起来也比较简单，只需要简单地配置一下切面，即可打印出所需方法的输入、输出。我们可以使用 jcabi-aspects 库将方法的参数打印到日志中，它提供了一个@Loggable 注解来实现切面。

下面这个简单的示例演示了如何使用一个注解收集参数日志，这段代码执行后会输出一个"Hello XX"字符串。

```
public class HelloService {
    @Loggable
    public String hello(String name) {
        return "Hello " + name;
    }
}
```

执行上述代码后可以得到如图 10-7 所示的日志（详细代码见随书示例代码）。

```
Loggable.HelloService    : #hello(['zhangsan']): 'Hello zhangsan' in PT0.029S
Loggable.HelloController  : #hello([]): 'Hello zhangsan' in PT0.044S
```

图 10-7 得到的日志

基于 Spring Boot 的项目可以使用 logger-spring-boot 库来实现与上面类似的效果，对其进行简单配置即可。比如直接引入相关的依赖，并配置@EnableLogger 注解来收集日志，然后基于收集到的日志通过模板引擎或者 ASM 工具自动生成一些测试代码，从而减少工作量。

编写单元测试也可以用到 Spring。比如在 Spring 的上下文中重构一个重要的类，先用 IDE 抽取一个接口，然后将要重构的类定义为 Bean，并通过接口注入测试类，以此作为测试对象。

除了基于切面日志法来提取测试数据，还可以使用一些调试工具来监控方法被调用时的输入、输出数据。Arthas 是一个开源框架，用于监听在线 Java 进程中方法的调用情况，通过 attach 命令将监听程序附加到运行的 Java 进程中后，使用 watch 命令获取日志，便可以直接监听方法的调用情况。

Arthas 的使用非常简单，先启动被调试的程序，然后通过 java -jar 运行即可。

```
wget https://arthas.aliyun.com/arthas-boot.jara
java -jar arthas-boot.jar
```

图 10-8 为选择需要附加监听程序的 Java 进程。

```
[INFO] Found existing java process, please choose one and input the serial number of the process, eg : 1. Then
* [1]: 75011 org.apache.zookeeper.server.quorum.QuorumPeerMain
  [2]: 75339 kafka.Kafka
  [3]: 63772
  [4]: 98381 org.jetbrains.jps.cmdline.Launcher
  [5]: 75900 com.gaia.BeeArtApplication
  [6]: 98382 cn.printf.demos.loggable.Application
  [7]: 97870 org.jetbrains.idea.maven.server.RemoteMavenServer36
```

图 10-8　选择需要附加监听程序的 Java 进程

图 10-9 为使用 watch 命令获取日志。

```
[arthas@98382]$
[[arthas@98382]$ watch cn.printf.demos.loggable.HelloService hello returnObj
Press Q or Ctrl+C to abort.
Affect(class count: 2 , method count: 2) cost in 87 ms, listenerId: 1
ts=2020-10-25 11:38:47; [cost=0.309113ms] result=@String[Hello zhangsan]
ts=2020-10-25 11:38:47; [cost=31.566979ms] result=@String[Hello zhangsan]
```

图 10-9　获取日志

总之，想办法获得真实场景的测试数据，是为遗留系统编写单元测试时很重要的一环。

10.2.2　参考测试覆盖率

即使是基于质量保证人员用过的测试场景生成的测试用例，也无法覆盖所有的情况。为了让自己心里有底，可以通过 IDE 验证一下测试的覆盖率。IntelliJ IDEA 默认提供了查看测试覆盖率的界面。如果使用的是 Eclipse，可以安装一个 Code Coverage 插件来查看。

图 10-10 为基于 HelloServiceTest 编写一个简单的测试，并获取测试覆盖率。

图 10-10　获取测试覆盖率

在图 10-11 中，左侧椭圆线框圈起来的竖条所对应的代码，即为源码中测试未覆盖的内容。

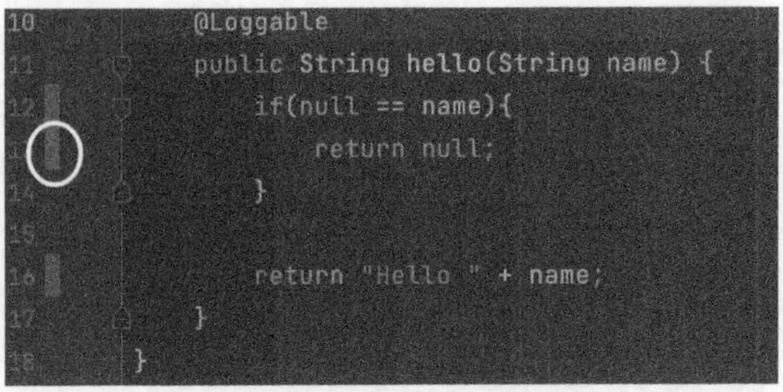

图 10-11　测试未覆盖的内容

10.3　使用契约测试保护 API 重构

为类级别的重构编写单元测试可以提高重构的安全性，但如果是重构一个大的系统，那么将会涉及大量的文件，这时再采用单元测试虽然能保证安全，成本却很高。

针对系统进行重构或做微服务迁移时，为系统 API 编写测试（集成测试）更具有性价比。实现系统级别的 API 测试有以下方法：

- 选用 Spring 提供的 MockMvc 工具编写模拟的 API 测试；
- 选用 REST Assured 编写 API 测试；
- 使用契约测试作为轻量级的 API 测试，大部分情况下它会自动校验字段是否存在、字段类型是否匹配，并进行必要的断言。

使用 REST Assured 编写完整的 API 测试，然后手动为每个字段断言，这样做虽然可以保证 API 测试的可靠性，但是工作量往往很大，而且也容易遗漏字段。在这种情况下，可以将轻量级的契约测试作为折中的方案。

API 是一种契约，在前后端分离的项目中，如果前后端协同开发，契约是必不可少的。最开始我们通过口口相传的方式来传递契约，后来使用文本文档，再后来使用 Swagger、RAML 等工具动态生成契约文档。

在开发过程中，如果有一种测试能自动验证我们提供的 API 是否达成了契约，那么重构是不是会更加有保障呢？答案是肯定的，事实上，确实有一种测试方法可以自动验证，这就是契约测试。

10.3.1　契约测试介绍

契约测试是验证契约是否有效、准确的一种测试方法，对保证 API 的可靠性非常有帮助。不过契约测试这个名字容易让人迷惑，有时说不清它与 API 测试的区别。简单来说，可以把它归到集成测试中，作为 API 测试的一种轻量级方法。

通常来说，设计 API 测试用例需要编写大量的断言，这些断言往往采用 JUnit 代码实现，但能不能将其完整实现，则完全取决于开发人员的自觉性。要在 API 测试用例中把每个字段的断言都编写到位，需要花费不少工夫。

契约测试的理念是通过一个契约文件对 API 做一些基本的约束，比如字段是否存在、字段的类型是否匹配等。在大多数情况下，对 API 返回的数据进行验证，保证字段存在和类型正确，并对字段进行一些基于规则的验证（例如，基于正则表达式验证字段是否为合法的时间格式），就能保证 API 的稳定性和安全性。

图 10-12 展示了契约测试的过程——服务器验证 API 是否符合契约文件的描述。

图 10-12　契约测试

契约文件一般是 JSON 格式。我们可以在重构前通过手动调用 API 的方式分析现有的契约，重构完成后，使用契约测试框架来验证契约是否稳定，从而检查在重构过程中是否存在破坏性操作。由于契约测试只验证了契约是否变化，并不是完整的 API 测试，因此可以在测试的成本和重构的安全性之间达成平衡。

下面是一个契约文件的示例（Pact 框架）。

```json
{
  "consumer": {
    "name": "dummy-consumer"
  },
  "provider": {
    "name": "product-service"
  },
  "interactions": [
    {
      "description": "Get all products",
      "providerState": "Get all products",
      "request": {
        "method": "GET",
        "path": "/products",
        "headers": {
          "Content-Type": "application/json"
        }
      },
      "response": {
        "body": [
          {
            "id": 1,
            "name": "Book",
            "description": "Some Books",
            "price": null
          }
        ],
        "status": 200
      }
    }
  ],
  "metadata": {
    "pactSpecification": {
      "version": "2.0.0"
    }
  }
}
```

契约文件最好由消费者驱动编写，然后由中间服务器验证，这种做法的好处是可以验证契约的变化是否会对多个消费者产生影响。

由消费者主导的契约测试叫作消费者驱动测试（如图 10-13 所示）。这种测试需要在多个客户端和服务器之间放置一个中间服务器，客户端创建契约文件并发布到中间服务器上，真实的服务器会验证不同来源、版本的契约文件，这样就能发现因契约发生变化而导致部分客户端使用 API 异常的问题。

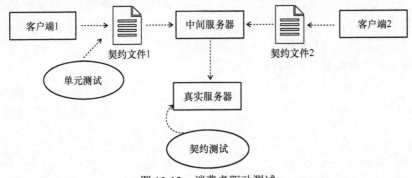

图 10-13　消费者驱动测试

10.3.2　Pact

Pact 是一款契约测试框架，它可以给开发人员提供如下功能：

- 根据契约文件自动验证字段的格式；
- 一些特殊的字段（比如随机数、时间等）可以使用拓展的验证器做补充验证；
- 支持消费者驱动测试。

基于 Pact 实现契约测试对微服务改造非常有用，而且 Pact 使用起来并不困难，下面来看个案例。为了减少篇幅，书中只贴出必要的示例代码，完整的 Demo 可以通过 https://github.com/java-self-testing/java-self-testing-example 获得。

在讲解示例之前，先来看看 Pact 中的相关概念。

- Service Consumer：服务的消费者，使用 API 的客户端。
- Service Provider：服务的提供者，提供 API 的服务器。
- Interaction：交互，Pact 中把一组请求和返回的契约称为交互。
- Pact file：Pact 契约文件，一般以 JSON 形式存在。
- Pact verification：Pact 验证，通过契约文件对服务提供者进行验证。
- Provider state：提供者的状态，状态这个概念来源于 RESTful API，可以将其理解为一个测试用例。

基本上主流的编程语言中都有 Pact 的实现，pact-jvm 库可用于 Java 语言，也可以用于其他的 JVM 语言。下面通过一个小的 Product 服务来说明怎么使用 Pact。

首先，引入依赖包。

```xml
<dependencies>
    <dependency>
        <groupId>org.springframework.boot</groupId>
        <artifactId>spring-boot-starter-web</artifactId>
    </dependency>
    <dependency>
        <groupId>org.springframework.boot</groupId>
        <artifactId>spring-boot-starter-data-jpa</artifactId>
    </dependency>
    <dependency>
        <groupId>com.h2database</groupId>
        <artifactId>h2</artifactId>
    </dependency>
    <dependency>
        <groupId>org.springframework.boot</groupId>
        <artifactId>spring-boot-starter-test</artifactId>
        <scope>test</scope>
    </dependency>
    <dependency>
        <groupId>au.com.dius</groupId>
        <artifactId>pact-jvm-provider-spring</artifactId>
        <version>4.0.0</version>
        <scope>test</scope>
    </dependency>
</dependencies>
```

然后，编写一个 Controller 返回 Product 列表。

```java
@RestController
@RequestMapping("/products")
public class ProductController {

    private ProductService productService;

    private ProductAssembler productAssembler;

    public ProductController(ProductService productService, ProductAssembler productAssembler) {
        this.productService = productService;
        this.productAssembler = productAssembler;
    }

    @GetMapping(produces = "application/json")
    public List<ProductResponse> getAllProducts() {
        final List<Product> products = productService.getProducts();
        return productAssembler.toProductResponseList(products);
    }

}
```

ProductService、ProductAssembler 的实现可以参考随书示例代码或自己实现。

注意：pact-jvm-provider-spring 包没有提供对 JUnit 5 的支持，如果需要，可以使用另一个包 pact-jvm-provider-junit5-spring。由于 JUnit 5 对 JUnit 4 实现了兼容，因此上述示例中可以正常使用 JUnit 5 的依赖包。顺便提一下，很多 JUnit 测试工具都没有提供基于 JUnit 5 的运行方式，对此，有两种处理方法，一种是做一些简单的修改，比如自己编写一个 Extension；另一种是使用 JUnit5 下的 JUnit 4 兼容 API。

下面创建一个测试类。

```
@RunWith(RestPactRunner.class)
@PactFolder("contracts")
@Provider("product-service")
public class ProductContractTest {
    ......
}
```

代码说明如下。

- RestPactRunner 是 Pact 专用的 Runner，兼容了 Mockito 的一些注解，因此在需要模拟的场景中，也可以使用 Mockito。

- @PactFolder("contracts")注解标记了契约文件在 Classpath 资源目录中的位置。

- @Provider("product-service")注解需要匹配 Provider 的名称，Provider 的名称在契约文件中可以找到。

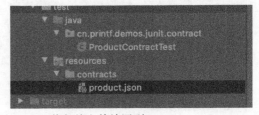

图 10-14 将契约文件放置到@PactFolder("contracts")注解声明的目录中

图 10-14 为将上面的契约文件 product.jcon 放置到@PactFolder("contracts")注解声明的目录中。

请注意图 10-15 所示的两个字段（即 provider 下的 name 和 providerState），下文中会用到。

```
"consumer": {
    "name": "dummy-consumer"
},
"provider": {
    "name": "product-service"
},
"interactions": [
    {
        "description": "Get all products",
        "providerState": "Get all products",
        "request": {
            "method": "GET",
            "path": "/products",
            "headers": {
                "Content-Type": "application/json"
            }
        },
```

图 10-15 需要注意的两个字段

完成上述准备工作后，编写 JUnit 代码启动 Pact，并实现与集成测试类似的数据清理和准备工作，剩下的验证工作交由 Pact 框架通过契约文件完成。完整的 PactContractTest 如下。

```
@RunWith(RestPactRunner.class)
@PactFolder("contracts")
@Provider("product-service")
public class ProductContractTest {

    @Mock
    private ProductService productService;

    @Spy
    private ProductAssembler productAssembler;

    @InjectMocks
    private ProductController productController;

    @TestTarget
    public final MockMvcTarget target = new MockMvcTarget();

    @Before
    public void setUp() throws Exception {
        MockitoAnnotations.initMocks(this);
        // 只启动单个的 Controller，这里为了加快测试的运行速度而使用了 MockMvc，如果不使用
        //MockMvc，可以使用 Spring Boot Testing 启动完整的上下文
        target.setControllers(productController);
        target.setPrintRequestResponse(true);
    }

    @Test
    @State("Get all products")
    public ProductController should_get_all_products() {
        Mockito.when(productService.getProducts()).thenReturn(Arrays.asList(
                new Product() {{
                    setId(1L);
                    setName("Book");
                    setPrice(null);
                    setIsOnSale(true);
                    setDescription("Some Books");
                }}
        ));
        return productController;
    }
}
```

这里模拟 productService 对象是为了让 Demo 更加简单。在实际操作中，也可以通过启动内存数据库来完成测试。

当然，Pact 能做的不止这些，它还可以通过搭建中间服务来实现消费者驱动。除了 Pact，还有 Spring Cloud Contract 等契约测试，这些测试用于 API 重构是完全足够了的。

10.4 为数据迁移脚本编写测试

系统层面的重构往往需要对数据库进行修改，这时迁移或修复数据不可避免，想要安全、可靠地迁移数据有很多的方案，包括并不限于以下方案：

- 直接使用 SQL 脚本完成；
- 使用 Python、Node.js 或者其他脚本语言完成；
- 使用 Java 编写业务代码，提供 API，手动执行；
- 使用类似 Datax 的数据同步平台处理数据；
- 使用类似 Spring Batch 的轻量级 ETL 工具，复用业务中的部分 API 来保持业务的一致性。

在上述方案中，直接使用 SQL 脚本非常危险，容易造成生产事故，并导致数据丢失；使用外部的脚本语言往往比较受欢迎，但是不容易监管，也无法复用数据连接、数据库模型等代码；使用 Java 编写业务代码，可以很好地复用数据库连接、基础设施代码，但是迁移脚本往往是一次性的，会让代码库变脏；使用 Datax 等数据同步平台则过于复杂。

有一些大型公司还会提供一个作业平台来执行修复数据的脚本，实际上这种方式并不讨好，脱离了当前工作的代码库，意味着很多数据对象无法复用，还容易出错。

就迁移数据而言，使用轻量级的 ELT 工具这种方式更受欢迎。如果把项目中的基础设施层、领域层以多模块的形式剥离，那么就可以使用 Spring Batch 创建一个独立的应用，且能复用一些基础设施。团队成员只需要编写 Spring Batch 脚本，实现重复执行、中断和结果统计即可。最关键的是，迁移任务可以被管理、测试和验证。

下面介绍一下 Spring Batch 的使用方法，并为迁移脚本编写一个测试，来验证它的可靠性。

10.4.1 Spring Batch

Spring Batch 提供了一些编写批处理程序的通用功能，包括日志记录、跟踪、事务管理、作业处理统计、作业重启和资源管理等。它还提供了更高级的类和服务，可通过优化和分片技术来批量实现弹性、并行的作业。

相比于其他的 ETL 工具，Spring Batch 有两个优势。其一，容易与 Spring 的编程模型匹配，可以充分利用 Spring 和 Spring Boot 的功能、特性编写代码，业务模块中的一些代码也可以被 Spring Batch 引用。其二，提供了很多通用的批处理编程概念，比如作业、分片模型等，可以方便地读取数据源，可多线程运行，也可以多机器分片运行。

要掌握 Spring Batch，需要了解一些基本的批处理领域知识。图 10-16 为 Spring Batch 的总体架构。

在 Spring Batch 中可以定义多个 Job，这些 Job 的启停由 JobLauncher 管理。每个 Job 均有多个 Step，这些 Step 可以完成不同阶段的任务，它们可以串行也可以并行。每个 Step 下都需要定义类。

- ItemReader：负责读取数据源，数据源可以是数据库表，也可以是文件。Spring Batch 提供了很多内置的 ItemReader。

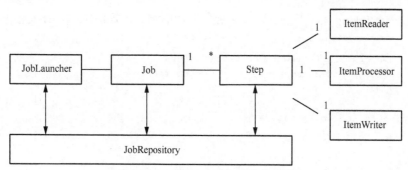

图 10-16 Spring Batch 的总体架构

- ItemProcessor：负责处理每一条记录，每个 ItemReader 均会读取数据并传递给 ItemProcessor，ItemProcessor 处理完以后传递给 ItemWriter。
- ItemWriter：负责写入目标数据源，与 ItemReader 类似。

由图 10-16 可知，开发人员在编写大部分批处理应用时，只需要通过 Bean 定义 Job、Step、ItemReader、ItemWriter 即可，真正需要做业务转换的代码编写在 ItemProcessor 中。

每次启动 Job 时，需要提供的参数如图 10-17 所示，这些参数被封装到 JobParameters 中。Spring Batch 程序会生成 JobInstance，每个 JobInstance 均有多个 StepInstance，并且它会存放一些基本的数据到 ExecutionContext 中。最后会由 JobRepository 存储这些批处理的任务信息。

在大部分情况下，不需要做很复杂的工作就可以基于 Spring Batch 配置出需要的脚本。

这里使用一个很简单的示例来演示怎么创建一个批处理任务。所有的示例代码都可以在 GitHub 示例仓库中找到。

示例目标是将一个 CSV 文件导入数据库，在实际的工作中类似的场景非常多，比如批量注册一组用户等。在这个示例中，无须编写自定义的 Reader 和 Writer，主要代码非常少。图 10-18 为示例基本结构。

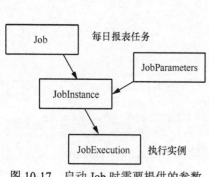

图 10-17 启动 Job 时需要提供的参数

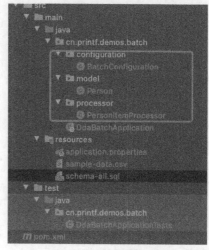

图 10-18 示例基本结构

首先，创建一个 Spring Boot 项目，增加依赖，其中的测试依赖 spring-batch-test 在后面会讲到。

```
<dependency>
    <groupId>org.springframework.boot</groupId>
    <artifactId>spring-boot-starter-batch</artifactId>
</dependency>
<dependency>
    <groupId>org.hsqldb</groupId>
    <artifactId>hsqldb</artifactId>
</dependency>
<dependency>
    <groupId>org.springframework.boot</groupId>
    <artifactId>spring-boot-starter-test</artifactId>
    <scope>test</scope>
</dependency>
<dependency>
    <groupId>org.springframework.batch</groupId>
    <artifactId>spring-batch-test</artifactId>
    <scope>test</scope>
</dependency>
```

接着创建数据库导入文件 schema-all.sql。

```sql
DROP TABLE people IF EXISTS;
CREATE TABLE people  (
    person_id BIGINT IDENTITY NOT NULL PRIMARY KEY,
    first_name VARCHAR(20),
    last_name VARCHAR(20)
);
```

然后增加一个 Person 数据模型。

```java
public class Person {
    private String lastName;
    private String firstName;

    public Person() {
    }

    public Person(String firstName, String lastName) {
        this.firstName = firstName;
        this.lastName = lastName;
    }
}
```

最后测试文件 sample-data.csv。

```
Zhang,San
Li,Si
Zhou,Wu
Wang,Liu
```

现在可以开始定义和编排批处理应用了，此处需要创建一个 BatchConfiguration 文件来放置各种 Bean，并告诉 Spring Batch 应该如何运作。

```
@Configuration
@EnableBatchProcessing // 启用 Spring Batch，默认情况下 Job 会随着应用的启动而执行
public class BatchConfiguration {

    @Bean
    public FlatFileItemReader<Person> reader() {
        return new FlatFileItemReaderBuilder<Person>()
                .name("personItemReader")
                .resource(new ClassPathResource("sample-data.csv"))
                .delimited()
                .names(new String[]{"firstName", "lastName"})
                .fieldSetMapper(new BeanWrapperFieldSetMapper<Person>() {{
                    setTargetType(Person.class);
                }})
                .build();
    }

    @Bean
    public PersonItemProcessor processor() {
        return new PersonItemProcessor();
    }

    @Bean
    public JdbcBatchItemWriter<Person> writer(DataSource dataSource) {
        return new JdbcBatchItemWriterBuilder<Person>()
                .itemSqlParameterSourceProvider(new BeanPropertyItemSqlParameterSource
                Provider<>())
                .sql("INSERT INTO people (first_name, last_name) VALUES (:firstName,
                :lastName)")
                .dataSource(dataSource)
                .build();
    }
}
```

上述代码定义了 Reader、Writer 和 Processor。FlatFileItemReaderBuilder 为扁平文件的 Reader 构建器，传入一些参数即可构建 Reader，它可声明文件的字段名称、分隔方式和映射的数据模型等信息。JdbcBatchItemWriterBuilder 提供了 JDBC 形式的 Writer，可声明 SQL 模板。

PersonItemProcessor 往往需要我们自己编写，如果无须对数据做任何处理，可以不提供。这里我们编写一个 ItemProcessor 对信息做简单的处理。

```
public class PersonItemProcessor implements ItemProcessor<Person, Person> {
    private static final Logger log = LoggerFactory.getLogger(PersonItemProcessor.class);

    @Override
    public Person process(final Person person) throws Exception {
        final String firstName = person.getFirstName().toUpperCase();
        final String lastName = person.getLastName().toUpperCase();

        final Person transformedPerson = new Person(firstName, lastName);
```

```
            return transformedPerson;
    }
}
```

这里只需要实现 ItemProcessor 接口的 process 方法即可。如果这个方法抛出异常，或者返回值为 null，Writer 会跳过该条数据。代码编写完毕后，启动程序就会看到 CSV 文件中的数据被导入数据库中了。

验证脚本是否正确是编写批处理程序时很重要的一件事，否则会给应用程序带来不小的麻烦。验证数据迁移脚本有两个思路，一是直接为 Spring Batch 脚本编写单元测试，二是通过统计结果来核对信息，间接地验证数据迁移脚本的正确性。

10.4.2 为 Spring Batch 脚本编写测试

下面来看一下怎样为 Spring Batch 脚本编写测试。网上介绍 Spring Batch 的相关文章往往会忽略这块内容，实际上它比较重要，尤其是对一些大型的应用数据迁移来说。

如果读者足够细心，会注意到前面引入依赖的时候引入了两个测试包，分别是 spring-boot-starter-test 和 spring-batch-test。spring-batch-test 提供了很多机制，比如允许我们搭建 Spring Batch 进行端到端的测试，以及可以针对每个 Step、Job 单独进行测试等。示例代码如下。

```
<dependency>
    <groupId>org.springframework.boot</groupId>
    <artifactId>spring-boot-starter-test</artifactId>
    <scope>test</scope>
</dependency>
<dependency>
    <groupId>org.springframework.batch</groupId>
    <artifactId>spring-batch-test</artifactId>
    <scope>test</scope>
</dependency>
```

1. 端到端的 Job 测试

端到端的 Job 测试为我们验证 Spring Batch 脚本和调试提供了便利，下面先看一个简单的测试类。

```
@SpringBatchTest
@RunWith(SpringRunner.class)
@ContextConfiguration(classes = {
        BatchConfiguration.class
})
@EnableAutoConfiguration
public class BatchTest {
  ......
}
```

这里使用@SpringBatchTest 注解为 Spring Batch 的上下文提供测试功能，并以 SpringRunner 作为测试 Runner。@SpringBatchTest 注解需要通过 DataSource 来访问 Job Instance 的相关信息，因此要正常运行测试，就需要额外配置一个 DataSource。此外，代码中还使用@EnableAutoConfiguration

注解利用 Spring Boot 的自动配置功能初始化了很多 Bean。@ContextConfiguration 注解声明了需要引入的测试 Job，BatchConfiguration 即为前面我们编写的示例任务。需要注意的是，每个 Configuration 文件中最好只有一个 Job，如果有多个，需要使用@Primary 注解标记。

接下来我们增加测试，通过 JobLauncherTestUtils 启动 Job，并通过获取 jobExecution 的相关信息来断言 Job 的退出代码。

```
@Autowired
private JobLauncherTestUtils jobLauncherTestUtils;

@Test
public void testJob() throws Exception {
    JobExecution jobExecution = jobLauncherTestUtils.launchJob();
    Assert.assertEquals("COMPLETED", jobExecution.getExitStatus().getExitCode());
}
```

与其他测试一样，为了避免干扰，在测试前需要先清理数据，这可以利用 JobRepositoryTestUtils 测试助手提供的功能实现。

```
@After
public void tearDown() throws Exception {
    jobRepositoryTestUtils.removeJobExecutions();
}
```

只是对 Job 进行验证是远远不够的，我们还需要对 Step 的很多细节进行断言，比如成功执行数据迁移的数量是否与数据库一致等。这里可以通过 jobExecution 获取所有的 Step 信息并进行断言，但是当 Step 非常多的时候，为 Job 编写测试会变得很复杂，在这种情况下，我们可以为 Step 单独编写测试，这样也更容易调试。

2. 为 Step 单独编写测试

如果希望单独运行 Step 测试，可以通过 jobLauncherTestUtils.launchStep 方法直接启动 Step，这样测试也更有针对性。

为 Step 单独编写测试时，测试方法需要调整，具体的调整如下。

```
@Test
public void testStep() throws Exception {
    JobExecution jobExecution = jobLauncherTestUtils.launchStep("step1");
    Assert.assertEquals("COMPLETED", jobExecution.getExitStatus().getExitCode());
}
```

如果要断言输出的状态，上述测试方法可能达不到我们的要求。我们可以增加更多的断言来进一步验证它的可靠性。jobExecution 可以读取任务完成后受影响的数据，因为只启动了一个 Step，所以可以方便地断言这些信息。

另外，为了验证插入数据库中的真实数据量，可以使用 JdbcTestUtils 来获取统计信息。最终编写的测试如下。

```
@SpringBatchTest
@RunWith(SpringRunner.class)
```

```
@ContextConfiguration(classes = {
        BatchConfiguration.class
})
@EnableAutoConfiguration
@DirtiesContext(classMode = DirtiesContext.ClassMode.AFTER_CLASS)
public class BatchStepTest {
    @Autowired
    private JobLauncherTestUtils jobLauncherTestUtils;

    @Autowired
    private JobRepositoryTestUtils jobRepositoryTestUtils;

    @After
    public void tearDown() throws Exception {
        jobRepositoryTestUtils.removeJobExecutions();
    }

    @Autowired
    public JdbcTemplate jdbcTemplate;

    @Test
    public void testStep() throws Exception {

        JobExecution jobExecution = jobLauncherTestUtils.launchStep("step1");
        jobExecution.getStepExecutions().forEach(stepExecution -> {
            Assert.assertEquals(4, stepExecution.getWriteCount());
            Assert.assertEquals(4, stepExecution.getReadCount());
            Assert.assertEquals(0, stepExecution.getSkipCount());

            Assert.assertEquals(4, JdbcTestUtils.countRowsInTable(jdbcTemplate, "people"));
        });
        Assert.assertEquals("COMPLETED", jobExecution.getExitStatus().getExitCode());
    }
}
```

10.4.3　Reader、Writer 和 Processor 的测试说明

Spring Batch 还提供了对 Reader、Writer 这类对象（Step 范围内的）进行测试的功能。实际上，要编写自定义的 Reader、Writer 的情况并不多，并且它们独立存在的意义不大，因此一般不会为它们编写测试。

但是，如果我们有大量的数据转换、过滤逻辑在 Processor 中，那么对 Processor 进行测试是非常有必要的。好在 Processor 是一个纯粹的 Bean，不怎么依赖 Spring Batch 测试框架，因此我们可以像编写单元测试那样为它编写测试。

总结：使用 Spring Batch 时，往往会涉及多个数据源，毕竟大部分脚本做的是 ETL 的工作，它们会在多个数据源之间传输数据。一般来说，Spring Batch 中 Job 的信息没有那么重要，如果是单机运行，可以将其直接放到内存数据库中。如果需要多机运行，或者需要重启 Job，那么可以单独配置一个数据源给它。

10.5　渐进式重构

如果技术方案没有经过线上流量的验证，那么将无法保证可靠性。在进行服务级的重构或者针对技术基础设施进行替换时，一般会要求如果替换后的组件出现问题能及时切换回去，这就要求重构必须在渐进的环境下实现。对正在运行的系统进行重构有如下要求：

- 最好能在一个迭代内完成（可能是两周）；
- 如果一个迭代不能完成，当前的重构工作要基本不影响迭代的交付；
- 能通过特性开关及时回退；
- 如果被切换的部分涉及数据，需要进行同步；
- 有条件的应实现灰度测试；
- 能在不停机的状态下完成切换，且用户无任何感知。

如果是代码级别的简单重构，只需要记住测试和业务代码，**一次只能修改一种**这个原则即可。不过，即使如此，也可能还是会存在矛盾，比如修改业务代码的时候，无法避免修改测试代码。对于这种情况，应尽可能地小步提交，将风险降低。

组件或者服务级别的渐进式重构主要通过**特性开关**和**数据双写**这两种方式实现。

10.5.1　特性开关

特性开关是一种允许通过改变某些配置来开启或者停用特定功能的编程实践。在重构遗留系统的过程中，特性开关能发挥非常大的作用。

特性开关是一项非常容易被忽略的技术。大型重构需要使用新的组件替换老的组件，但大多数情况下，现有代码运行在生产系统上，不能直接替换，因为可能有成千上万的用户还在使用。对于这种情况，我们可以提前准备好新的组件，并进行充分的测试，在条件合适的时候，通过特性开关切换到新的组件上，如果出现问题，还可以快速地回退。

当然，除了重构遗留系统，还有很多情况需要使用特性开关。比如在做一个软件的私有化部署时，系统针对不同的技术组件提供了不同的选型方案，需要基于客户的授权方案、性能要求、安全限制进行选择，这时，可通过特性开关打开或关闭一些特性。

还有一类特殊的特性开关，即在业务中根据付费策略来切换和开启部分功能。

在开发过程中，如果有一些功能未能在一个迭代内完成，但是将它们从代码仓库移除会造成未来合入困难，那么也可以使用特性开关进行处理。

皮特·霍奇森（Pete Hodgson）的一篇文章"Feature Toggles"（https://martinfowler.com/articles/feature-toggles.html）对特性开关做了分类。从类型上来分，特性开关包括发布开关、实验开关、运维开关和权限开关等；从使用周期来看，又分为长期使用的开关和短期使用的开关，例如发布开关在发布之后就可以移除，实验开关在实验完成之后可以移除，这些都是短期使用的开关。

特性开关的设计非常考验开发人员的经验，可以使用原生的方式实现，也可以使用一些库来辅助实现。总之，在设计软件的过程中，特性开关无处不在，在做遗留系统的迁移工作时，也需要大量使用特性开关来实现渐进式重构。

要注意的是，特性开关是技术上的事情，切忌与业务规则搞混了，尽量不要将特性开关与业务规则耦合到一起。下面介绍几种实现特性开关的方法，这些方法可用于不同的场合。

1. SPI 机制的实现

SPI（Service Provider Interface）是 Java 提供的一种基础服务加载机制，它可以根据规范定义一个接口，具体的实现由开发人员来完成。根据规范的要求配置接口后，就可以动态加载程序需要的类。这时，可以基于契约通过 SPI 机制注册和发现对应的类，这算是一种原生的特性开关的实现方式。

下面以经典的"Hello world!"程序为例进行说明。假设我们需要增加一个特性，开启这个特性后，程序可以不间断地每隔 1 秒在控制台输出"Hello world!"字符串。在下面示例代码中，echoHello 方法先通过 if 来判断 timerEnabled 的值，然后切换到新的特性上。timerEnabled 是代码中的一个属性，可以从配置中读取该属性。

```java
static boolean timerEnabled = true;
public static void main(String[] args) throws InterruptedException {
    echoHello();
}

public static void echoHello() throws InterruptedException {
    if (timerEnabled) {
        while (true) {
            System.out.println("Hello world!");
            Thread.sleep(1000);
        }
    } else {
        System.out.println("Hello world!");
    }
}
```

在上述代码中，特性开关已侵入业务逻辑。有经验的开发人员一看就会想到，应该把判断语句拿出去，并且应该使用接口抽象实现以下两种特性：一种是定时输出，另一种是一次性输出。示例代码如下。

```java
static boolean timerEnabled = false;
public static void main(String[] args) throws InterruptedException {
    if (timerEnabled) {
        new TimerEcho().echoHello();
    } else {
        new BasicEcho().echoHello();
    }
}

interface Echo {
    void echoHello();
}
```

```
static class BasicEcho implements Echo {
    public void echoHello() {
        System.out.println("Hello world!");
    }
}

static class TimerEcho implements Echo {
    public void echoHello() {
        while (true) {
            System.out.println("Hello world!");
            try {
                Thread.sleep(1000);
            } catch (Exception ignored) {

            }
        }
    }
}
```

改造后仍需要在 main 方法中使用一个 if 语句，因为特性开关仍然会侵入业务代码，但是有了接口作为契约，我们可以考虑通过合适的机制来加载相应的类，这里可以使用 Java 的 SPI 机制。

使用 SPI 机制需要满足如下条件：

- 在 Classpath 中有 META-INF/services 目录和以接口全限定名命名的文件，且文件中配置了具体的实现类；
- 实现类需要有一个无参构造函数；
- 要能使用 ServiceLoader 和接口加载具体的实现。

下面先为前面的示例创建几个单独的类，然后通过 ServiceLoader 来加载需要的实现。Echo 的接口如下。

```
public interface Echo {
    void echoHello();
}
```

在 Echo 普通的实现中，BasicEcho 类的实现如下。

```
public class BasicEcho implements Echo {
    public BasicEcho() {
    }

    public void echoHello() {
        System.out.println("Hello world!");
    }
}
```

在 Echo 具有定时任务的实现中，TimerEcho 类的实现如下。

```
public class TimerEcho implements Echo {
    public TimerEcho() {
    }
```

```
    public void echoHello() {
        while (true) {
            System.out.println("Hello world!");
            try {
                Thread.sleep(1000);
            } catch (Exception ignored) {

            }
        }
    }
}
```

接口和实现定义好后，在资源的目录下创建 META-INF/services 子目录，添加名称为 cn.printf.
demos.featuretoggles.provider.Echo 的文本文件，并填写需要通过 SPI 机制加载的类名 cn.printf.demos.
featuretoggles.provider.TimerEcho。

最后，编写一个启动类，加载对应的实现。

```
public class ProviderVersion {
    public static void main(String[] args) {
        Echo echoService = ServiceLoader.load(Echo.class).iterator().next();
        echoService.echoHello();
    }
}
```

通过 IDE 启动 main 方法，就可以从控制台看到不断有"Hello world！"字符串输出。

使用 SPI 机制，不需要使用任何判断语句即可实现特性开关。特性开关是否开启取决于 Classpath
的下面是否有相应的类。这种机制对于开发不依赖 Spring IOC 等框架的中间件来说非常有用。

2. 使用 Spring 实现特性开关

在应用开发中，大部分情况下会用到 Spring 或者 Spring Boot。我们知道，Spring 的核心特性源于
Bean 的组织和编排，Bean 是一种由容器（如 Spring 容器）管理和创建的对象，因此通过不同的条件
来配置 Bean 均可以实现特性开关。也就是说，在 Spring 的生态下，我们有很多的方法实现特性开关。

下面这种写法几乎所有的 Java Web 开发人员都使用过，这是一种最基础的实现特性开关的方法。
先通过环境变量或者命令行参数注入特性开关配置，然后使用环境变量注入约定：环境变量大写，
将点分隔符替换为下画线。例如，spring.config.name 对应的环境变量为 SPRING_CONFIG_NAME。

```
@RestController
public class EchoController {

    @Value("${app.features.helloEchoEnabled}")
    private boolean helloEchoEnabled;

    @GetMapping("/hello")
    public String echo() {
        if (helloEchoEnabled) {
            return "Hello World!";
        }
        return null;
```

```
    }
}

app:
  features:
    helloEchoEnabled: false
```

但是这样写不是很优雅，我们可以使用 Spring Boot 框架中的 Bean condition 机制来改善。Bean condition 机制需要使用@ConditionalOnXX 系列注解来决定是否创建 Bean，常用的注解如下。

- @ConditionalOnProperty 注解：根据配置属性开启 Bean 的定义。
- @ConditionalOnExpression 注解：根据 EL 表达式开启 Bean 的定义。
- @ConditionalOnBean 注解：根据另外一个 Bean 存在与否开启当前 Bean 的定义。
- @ConditionalOnClass 注解：根据 Classpath 中是否存在类开启 Bean 的定义。

以@ConditionalOnProperty 为例，如果需要隐藏部分 API，可以通过下面这种方法实现。

```
@ConditionalOnProperty("app.features.helloEchoEnabled")
@RestController
public class DynamicEchoController {
    @GetMapping("/hello2")
    public String hello2() {
        return "Hello World!";
    }
}
```

当然，一个特性有时候不是只有一个类和一个方法，如果整个包都需要关掉，最好的方法是先将这些类都定义好但是不初始化，然后根据特性开关统一初始化并创建 Bean（工厂模式）。示例代码如下。

```
@Configuration()
public class FeatureConfiguration {

    @Bean
    @ConditionalOnExpression("${app.features.helloEchoEnabled}")
    public EchoService echoService() {
        return new EchoService();
    }
}
```

@ConditionalOnXXX 系列注解是@Conditional 注解的包装，传入一个 Condition 接口的实现即可实现灵活的特性开关，甚至可以访问数据库等更为复杂的配置源。比如 OnCloudPlatformCondition 是 Spring Boot 对于云平台（Kubernetes 等）的一种特性检测，因此可以通过 spring.main.cloud-platform 来配置云平台，或者引入相应的 SDK 开发包。

如果有很多特性需要一起开启或关闭，可以通过@Profile 注解来实现。Spring Boot 允许启用多个 Profile，在不同的环境下，可以配置不同的 Profile 来启用或关闭相应的特性。@Profile 注解也是通过封装@Conditional 实现的，它相当于一个总开关。

例如，希望某些功能只在用户验收环境中生效，那么可以直接在定义 Bean 的地方应用@Profile 注解。示例代码如下。

```
@Bean
@Profile("uat")
public EchoService echoService() {
    return new EchoService();
}
```

当然，基于 Spring Boot 强大的配置功能，还可以使用 Profile 的组合特性（即可以将一组 Profile 拆分后再组合）来实现更强大的特性开关。示例代码如下。

```
spring:
  profiles:
    group:
      uat: experimental-echo,experimental-output
```

3. Togglz

在大多数情况下，通过配置文件足以满足实现特性开关的诉求，只不过，在前面的方法中开关控制策略是放在代码中的，事实上，我们也可以使用一些框架将开关控制策略分离出来。Togglz 是一个轻量级的特性开关框架，它提供了统一的特性开关管理，不仅内置了一些特性开关激活策略，还可以让我们自定义策略。此外，它还提供了控制台组件，用于触发特性开关使之生效，这样就能更方便地控制特性的开启和关闭。

Togglz 也有 Starter 包，可以方便地在 Sprint Boot 项目中使用，只需要引入它的依赖即可。引入依赖的代码如下。

```
<dependency>
  <groupId>org.togglz</groupId>
  <artifactId>togglz-spring-boot-starter</artifactId>
  <version>2.6.1.Final</version>
</dependency>
```

其中，togglz-spring-boot-starter 会自动开启一些必要的配置，它创建的一个主要的 Bean 就是 FeatureManager。另外还有一些拓展组件如 togglz-console、togglz-spring-security 和 thymeleaf-extras-togglz 可以按需添加并启用。

在 Togglz 中，Feature 接口的一个实现对应一个特性，FeatureManager 会管理这些特性。下面通过一个示例来演示如何使用 Togglz。

首先，使用枚举值定义需要用到的特性。可以通过注解配置不同的激活策略，若默认没有激活策略，则根据配置来开启和关闭特性开关。

```
public enum MyFeatures implements Feature {
    @EnabledByDefault
    @Label("Hello World")
    HELLO_WORLD,

    @EnabledByDefault
    @Label("Experiment")
    EXPERIMENT;
}
```

然后配置一个 FeatureProvider 配置源。

```
@Configuration
public class TogglzConfig {
    @Bean
    public FeatureProvider featureProvider() {
        return new EnumBasedFeatureProvider(MyFeatures.class);
    }
}
```

在配置文件中配置对应特性的开关状态（YAML），features 字段中的内容对应的是 MyFeatures 枚举中的定义。

```
togglz:
  features:
    HELLO_WORLD:
      enabled: false
```

最后，使用特性开关来控制具体的特性。

```
@RestController
public class TogglzEchoController {
    @Autowired
    private FeatureManager manager;

    @RequestMapping("/hello3")
    public String hello3() {
        if (manager.isActive(HELLO_WORLD)) {
            return "Hello world3!";
        }
        return null;
    }
}
```

Togglz 和 Bean condition 机制不同的地方在于它们的生命周期，相对于 Spring 来说，Togglz 的启动时间更晚，所以它可以使用应用中已初始化的资源，比如进行数据库连接时，可以从数据库或者远程资源中获取配置。Togglz 的缺点就是只能在 Bean 初始化后使用，解决方案是搭配 Spring 的 Bean condition 机制使用。

Togglz 提供了一些内置的激活策略来控制特性开关，并允许自定义策略。如果希望通过了测试的特性在上线后的某个时间点自动生效，或者在某个时间点停止服务（不允许访问），可以使用内置的时间激活策略 ReleaseDateActivationStrategy 来实现。使用内置的策略不需要对代码做任何修改，只需要在配置中开启即可。示例代码如下。

```
togglz:
  features:
    HELLO_WORLD:
      enabled: true
      strategy: release-date
      param:
        date: '2021-09-10'
        time: '10:10:00'
```

strategy 属性为策略的 ID，在源码中找到 ActivationStrategy 接口的实现类，在这些实现类中就可以找到定义好的 ID。param 属性声明了需要传入的参数，对于时间激活策略 ReleaseDateActivationStrategy 来说，如果传入了特定的日期和时间，那么一到时间，特性开关就会被打开。

时间激活策略 ReleaseDateActivationStrategy 的部分实现如下。

```
public boolean isActive(FeatureState featureState, FeatureUser user) {
    String dateStr = featureState.getParameter("date");
    String timeStr = featureState.getParameter("time");
    Date releaseDate = this.parseReleaseDate(dateStr, timeStr);
    return releaseDate != null ? (new Date()).after(releaseDate) : false;
}
```

Togglz 中有如下策略。

- Username：如果为某个特性选择此策略，则可以指定以逗号分隔用户列表。使用该策略需要进行一些特别的配置，比如在 FeatureManager 的 Bean 中需要提供一个 UserProvider 属性，才能与应用中的用户系统集成。
- Gradual rollout：即灰度策略，此策略允许让一定比例的用户激活特性。这样就可以先基于少量的用户测试一个功能，然后随着时间的推移不断增加用户数量，直到该功能对所有人都有效为止。
- Release date：即发布日期策略，可用于在某个时间点自动激活某个特性。
- Client IP：此策略通过客户端 IP 控制特性开关，只在服务器环境下起作用，可通过 HttpServletRequest. getRemoteAddr 方法获得请求的 IP 地址。
- Server IP：Server IP 策略与 Client IP 策略类似，唯一的区别是 Server IP 策略使用的不是客户端 IP 地址，而是服务器 IP 地址。这种策略对于只在集群节点的子集上激活某个特性的金丝雀测试非常有用。
- ScriptEngine：通过 ECMAScript 来编写激活策略。由于在 JVM 中启动 ECMAScript 脚本引擎是一件不划算的事情，因此要尽可能地避免使用这个策略，建议编写自定义的激活策略。
- System Properties：此策略通过使用系统属性来设置一些私有化环境或者为某个环境开启高级特性。

Togglz 提供了一个扩展点，在这个扩展点中添加一个 ActivationStrategy 接口就可以自定义新的策略。Togglz 使用标准的 Service Provider Interface 机制加载实现好的策略类，具体方法为创建一个 META-INF/services/org.togglz.core.spi.ActivationStrategy 文本文件，然后将实现的类配置进去。

在 ActivationStrategy 接口中有如下方法需要实现。

- getId：用于定义一个唯一的标识符，该标识符可让特性开关的状态持久化。
- getName：用于定义一个语义化的名称，可能会用到 TogglzAdmin Console 等组件。
- getParameters：用于获取配置中的参数。可通过 getParameters 返回 Parameter 的实现类来接收参数。
- isActive：这是判定特性开关启用与否的关键方法，每次应用特性开关时，开启的检查都会触发该方法。该方法接收两个参数,即 FeatureState state 和 FeatureUser user,可以利用输入参数判断特性开关的状态。需要注意的是,在这个方法中应避免使用大量耗时的操作,尽量将数据通过参数的形式处理好或者缓存起来,以减少对性能的影响。

下面是一个自定义特性开关的示例,在这个示例中,可以通过配置一个特殊的参数 Header 来开启实验特性,这样就可以由调用方控制是否开启特性开关了。为了安全,可以增加一个简单的口令防止此功能被滥用。

```java
public class HeaderParameterActivationStrategy implements ActivationStrategy {
    public static final String HEADER_PARAMETER = "header-parameter";
    public static final String HEADER_PARAMETER_ACTIVATION_STRATEGY = "Header Parameter
Activation Strategy";

    @Override
    public String getId() {
        return HEADER_PARAMETER;
    }

    @Override
    public String getName() {
        return HEADER_PARAMETER_ACTIVATION_STRATEGY;
    }

    @Override
    public boolean isActive(FeatureState featureState, FeatureUser featureUser) {
        // 使用 Spring Boot 从上下文中获取 HTTP 请求
        HttpServletRequest request = ((ServletRequestAttributes) RequestContextHolder.
getRequestAttributes()).getRequest();
        if (request == null) {
            return false;
        }
        String key = featureState.getParameter("key");
        String secret = featureState.getParameter("secret");
        return request.getHeader(key).equals(secret);
    }

    @Override
    public Parameter[] getParameters() {
        return new Parameter[]{
                ParameterBuilder.create("key").label("Key in header"),
                ParameterBuilder.create("secret").label("Secret in header")
        };
    }
}
```

实现上述代码后,定义一个新的 Feature,然后配置对应的 Key 和 Secret。当调用者在参数 Header 中传递正确的口令时,特性开关开启。

4. FF4j

FF4j 是一个更为强大的特性开关框架，提供了审计、监控和后台管理等功能，由于其特性繁多，建议在项目中慎用。

FF4j 的架构和使用方式与 Togglz 类似，限于篇幅，这里不再展开讲解。**有一些开关策略应该交给基础设施完成，而不应由应用内部完成，比如蓝绿部署、金丝雀发布等。**

5. 纯前端项目设置特性开关的技巧

随着前后端分离变成主流，特性开关逐渐放到了前端。前端开发人员往往希望直接通过 API 来控制特性开关。无论是使用 Togglz 还是 FF4j，或者是自己实现一个 API 返回所有的特性清单，都可以实现后端对前端行为的控制。

不过这也会带来一个问题，即通过 API 来发送特性开关数据会有一点晚，前端其他 API 发送数据时都需要等待特性开关 API 先完成操作。一个简单的方法是在打包或者发布前端项目时把特性开关的清单和开启状态写入 HTML 页面中，然后通过字符串编码加载到 window 对象上。

一般来说，前后端分离的实现方式是先为静态资源和 Nginx 服务器构建一个镜像，供前端项目使用，然后通过 Nginx 代理来解决跨域问题。所以这里就只需要解决镜像中的配置问题了。

将特性开关数据写入前端 HTML 页面的一种方式是构建前端的包或者镜像时，在 HTML 页面预留 window 对象的属性定义。示例代码如下。

```
window.config = {
  helloEnable: true,
  headerParameterEnable: true,
};
```

但是这样操作后，每次修改配置都需要重新发布一次，十分不方便。

另一种方式是依赖基础设施将配置注入环境变量，在前端项目启动时，读取环境变量，然后注入 HTML 页面，这样就能做到配置风格与后端项目一致，且不需要依赖 API 调用。

如果使用了容器技术，还可以通过 Dockerfile 文件来实现上述配置。

```
FROM nginx
COPY nginx/default.conf /etc/nginx/conf.d/default.conf
COPY nginx/nginx.conf /etc/nginx/nginx.conf
COPY dist /usr/share/nginx/html/

COPY ./entrypoint.sh /
RUN chmod +x entrypoint.sh

EXPOSE 80

# 应用启动时，会调用 entrypoint.sh 脚本将环境变量中的参数注入 HTML 页面
ENTRYPOINT ["/entrypoint.sh"]
CMD ["nginx", "-g", "daemon off;"]
```

在前端应用启动时，entrypoint.sh 脚本会被调用，可以利用这个时机将环境变量写入前端静态页面，只需要在 HTML 页面预留一些占位符即可。示例代码如下。

```
window.config = {
  helloEnable: $HELLO = true,
  headerParameterEnable: $HEADER_PARAMETER = true,
};
```

10.5.2 灰度开关

前面在介绍特性开关时提到了灰度策略，我们可以通过灰度策略来实现灰度发布。灰度发布可以让部分用户先体验，然后逐步开放。灰度发布对重构尤其是遗留系统来说非常有用，它可以给予未完全验证的方案一些空间继续验证，如果验证失败，还可以继续改进或者回退。

实现灰度开关最麻烦的是可能会侵入业务，因为需要将相应的业务数据作为灰度发布的因子，比如用户群体、城市和租户等。

在项目中，我们会把无业务规则的灰度发布和有业务规则的灰度发布分开处理。无业务规则的灰度发布需要借助基础设施来实现，有业务规则的灰度发布需要使用特性开关和灰度激活策略来实现。

1. 无业务规则的灰度发布

无业务规则的灰度发布一般应用于 Web 前端、客户端。后端 API 总是需要兼容新、老客户端，而 Web 前端或者客户端只需要选择性地推送更新即可。

客户端的灰度发布是比较成熟的，让特定群体触发应用更新即可。对于 Web 前端来说，由于每次请求都是动态的，因此需要根据不同的策略来保持灰度发布的范围。

Web 前端的灰度发布要借助如下渠道来实现。

- 使用 CDN 的特定区域发布功能。根据 CDN 回源规则把用户的请求映射到服务的不同版本上，成本低且可靠。不过，CDN 不是那么灵活。
- 通过负载均衡器分发流量到下游，分流策略可以基于 Cookie、IP 地址段等实现。

默认启动了 Cookie 的 Web 前端应用可以通过直接读取会话用的标识来实现分流，然后通过 Hash 算法映射到具体的版本上。

对于没有开启 Cookie 而是使用了 Token 的应用，可以通过如下思路实现灰度发布策略。

1）将用户请求发送到负载均衡器上，按照发布比例为部分请求返回一个 Cookie 作为标识，比如返回 version=v2 作为标识。

2）当负载均衡器第二次接收到带有 version=v2 的 Cookie 时，转发到 v2 对应的下游服务。

3）对于没有 version=v2 的请求，按照第一步来处理即可，直到流量中带有 version=v2 的请求满足发布比例为止。

这样操作既能满足放量比例，也能保证用户上次请求和下次请求访问的是同一个版本的代码，即使放量比例发生变化也不会影响原来进入灰度测试的用户。

2. 有业务规则的灰度发布

有业务规则的灰度发布会根据更为准确的逻辑规则来进行特性开关控制，这时就需要侵入业务编写一些逻辑代码了。在这种情况下，需要使用大量的特性开关，即需要在系统中的各个地方配置特性开关，且需要重新调整灰度影响人群策略。在实际工作中，一般使用以下两种灰度开关策略。

第一种是白名单策略。FF4i 提供了一种基于白名单的特性开关激活策略，只需要将白名单配置到特性开关上就可以使用。如果使用的是 Togglz，可以自己实现一个相应的策略，然后配置到特性开关上。

当这个白名单非常大的时候，可能需要用到一些特别的算法和数据结构，比如只允许特定的 IP 地址开启特性开关。如果将 IP 地址实现为字符串列表，性能会非常差且占用的存储空间非常大。这时，可以使用位图对有限个 IP 地址进行二进制编码。

第二种策略采用一种稳定的灰度算法实现。即使灰度比例增大，之前匹配到的内容也不会受影响。这里可以使用 Hash 算法，它会按照比例增加 Hash 地址空间，Togglz 的灰度开关就使用了这种算法。示例代码如下。

```
try {
    int percentage = Integer.valueOf(percentageAsString);
    if (percentage > 0) {
        int hashCode = Math.abs(this.calculateHashCode(user, state.getFeature()));
        return hashCode % 100 < percentage;
    }
} catch (NumberFormatException var6) {
    this.log.error("Invalid gradual rollout percentage for feature " + state.getFeature().
    name() + ": " + percentageAsString);
}
```

10.5.3　切换

一切准备就绪后，剩下的就是如何让特性开关在特定的时机开启或者关闭。这件事情看起来简单，但还是有一些细节值得讨论。

Togglz 和 FF4j 通过获取配置来开启和关闭特性开关，但无法主动更新。对于上述问题，因此很多开发人员第一时间想到的办法是更换配置源，即先从数据库或者其他地方获取配置，再决定特性开关的状态。但是，为一个特性开关进行一次远程数据查询，得不偿失。

既然更换配置源不行，那就使用缓存，通过缓存来提高性能，但是，缓存什么时候更新呢？

可见，配置下发的实时性和高性能是矛盾的。当两个条件矛盾时，打破这种矛盾的方法就是引入第三个条件，为服务器和配置中心建立连接，通过这个连接来发送配置变化的事件，进而更新配置。更新配置有如下策略：

- 服务重启时更新配置。但是如果有数百个实例在线，让它们达成一致比较难，且耗时长，有些情况下甚至长到无法忍受；
- 每次进行特性开关判断时都去获取数据源中的配置，但这会导致额外的性能消耗；
- 定时拉取并更新配置，这是一种折中的方案，需要在性能与一致性之间进行权衡；
- 通过推送为服务和配置中心建立的长连接来实现配置下发。但是在一些中间件环境下，资源没有那么充足，无法建立良好的长连接。

上述策略中，并没有哪一个是完美的，应该根据需求进行选择。如果没有实时性要求，可以利用发布上线的时机更新配置；如果有条件搭建配置中心，可以使用专业的配置中心来下发配置。

开源配置管理系统 Apache Apollo 采用的是长连接（Comet 技术）实时下发配置的方式，它会收集当前的配置情况并将其回传到配置中心。配置中心并不复杂，很容易实现。

大部分项目会使用 Redis 做缓存，会建立 Redis 数据通道。因为 Redis 也支持订阅-发布模式，所以也可以用它来发送配置，比如通过复用 Redis 连接来实现配置下发。

设计如下类即可完成一个配置中心的最小实现。

- Config：承载配置对象的发送事件。
- ConfigDispatcher：负责订阅 Redis，在收到配置推送的消息后，让某些特性开关生效。
- ConfigReporter：在下发配置后，一般会触发一次配置上报事件，也可以直接通过 HSET 命令将上报的数据写入 Redis 中的指定位置。

如果仔细分析这类配置中心的架构，会发现它与物联网系统非常相似，配置中心的数据像物联网设备在云端的"影子"（影子是物联网中的术语，指终端设备上的数据和服务器上的数据保持同步，就像影子一样）。

10.5.4　数据双写

如果新、旧组件中含有状态，仅仅实现特性开关是不够的，在这种情况下，如果想要让程序及时退回去且能正常工作，那么就需要让新、旧组件中的状态保持一致，也就是说两边的状态都要进行更新。

数据双写是实现不停机对遗留数据进行迁移和处理的方式，如果业务上能接受停机迁移，完全没有必要使用这种方式。

1. 同步双写

同步双写就是将新、旧两个方法都调用一次，但这会消耗性能，也会让代码变复杂。这时可以借用设计模式中的一些技巧——使用责任链模式能让同步双写更优雅。一种最简单的责任链模式就是将新、旧方法抽象为一个接口的两个实现，然后通过类加载机制加载到列表中，并进行循环处理。

以 Spring 中的依赖注入为例，实现同步双写需要将相关类的依赖注入为一个列表，并循环执行新、老逻辑。

在下面这个例子中定义了一个接口，该接口中有一个处理数据的 save 方法，它为该接口提供了两个不同的实现。

```java
public interface EchoSaver {
    void save(String content);
}

@Service
public class EchoSaverV1 implements EchoSaver {
    @Override
    public void save(String content) {
```

```
        System.out.println("v1 saved");
    }
}

@Service
public class EchoSaverV2 implements EchoSaver{
    @Override
    public void save(String content) {
        System.out.println("v2 saved");
    }
}
```

下面这段代码会通过 List 同时注入一个接口的多个实现，并在使用这些实现的地方循环执行。

```
@Autowired
private List<EchoSaver> echoSavers;

@RequestMapping("/echoSaver")
public void echoSaver() {
    echoSavers.forEach((saver) -> {
        saver.save("test data");
    });
}
```

2. 异步双写

同步双写会带来性能问题，为了让其对性能的影响小一些，可以将附带写入的逻辑异步化。在 Spring Boot 中可直接使用@Async 注解来实现此功能。

在 Application 启动类中，通过@EnableAsync 注解启动异步功能后，带有@Async 注解的方法在运行时会自动启用一个新的线程。默认情况下，系统使用的 SimpleAsyncTaskExecutor 线程池会为每个任务创建一个线程池。SimpleAsyncTaskExecutor 线程池有限流机制，但是默认并没有开启。不过，建议使用自定义的线程池。示例代码如下。

```
@Bean
public Executor asyncExecutor() {
    ThreadPoolTaskExecutor executor = new ThreadPoolTaskExecutor();
    // 核心线程数，常态化保持的线程数
    executor.setCorePoolSize(10);
    // 线程池可容纳的最大线程数，缓冲队列满了后开始申请超过核心线程数的线程
    executor.setMaxPoolSize(20);
    // 缓冲队列，用来缓冲执行任务的队列
    executor.setQueueCapacity(200);
    // 线程的空闲时间，超过核心线程数的线程会被动态回收
    executor.setKeepAliveSeconds(60);
    executor.setThreadNamePrefix("asyncExecutor-");

    // 线程池无法处理任务的策略。当线程池没有处理能力时，该策略会直接在调用线程中运行任务
```

```
executor.setRejectedExecutionHandler(new ThreadPoolExecutor.CallerRunsPolicy());
executor.initialize();
return executor;
}
```

使用@Async 注解时有如下注意事项：

- 用@Async 注解修饰静态方法不会生效；
- 用@Async 注解修饰私有方法不会生效；
- @Async 注解修饰的类中的方法被这个类调用时不会生效。

除了使用@Async 注解，还可以在数据层面完成异步双写。

- 使用消息中间件实现异步双写。
- 使用数据库主从同步机制实现异步双写。
- 使用 CDC（Change data capture）实时数据双写中间件实现异步双写，成熟的技术有 Debezium、Flink CDC。
- 通过 ETL 工具定期查询数据实现异步双写。

10.5.5 关于特性开关的测试策略

可以使用 DDD 分层思想设计特性开关测试策略。比如将特性开关放到应用层，将基础功能放到领域层，特性开关的代码尽量不要泄露。应用层是用来编排业务逻辑的，这正好是特性开关发挥它能力的地方。

图 10-19 为特性开关放置到应用层。领域层依然会使用单元测试来保证业务逻辑，应用层则根据特性开关的状态分别为关闭和开启操作做一次 Happy Path 测试，这样领域层的单元测试就不用关心特性开关是否存在了。

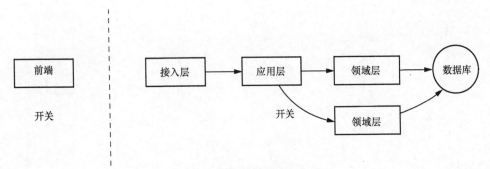

图 10-19　特性开关放置到应用层

10.6　小结

本章介绍了如何针对遗留系统进行安全迁移和改造。重构的钥匙是接口，所以可以以接口为着手点为重构编写测试，从而实现组件的安全替换。

对于类级别的测试，可以对代码的运行过程进行埋点和监控，在进行功能测试时获取相应的数据，以便在重构时进行测试和校验工作。对于服务级别的测试，可以使用轻量级的 API 测试——契约测试来验证字段。

遗留系统的改造绕不开的话题就是如何进行数据迁移，要保证迁移工作的正确性，除了编写脚本验证迁移后的数据，还可以对迁移程序进行测试，提前发现问题。

系统的改造不是一蹴而就的，本章的最后介绍了如何编写和使用特性开关，以及基于数据双写来解决新、旧系统的数据一致性问题。

源码分析篇

第 11 章

测试框架的源码分析

在编写测试的过程中，会遇到各种各样的问题，如果我们对测试框架的这行原理有一定的了解，就可以轻松地解决大部分问题。JUnit 框架的源码并不复杂，但是搭配与测试框架和工具后就显得有点烦琐了。

本章的目标是通过对源码进行分析，了解 JUnit 和相关框架的运行原理，以便在需要的时候拓展和灵活应用，彻底掌握研发自测方法。另外，获取源码中的拓展点对构建自己的测试工具链非常有帮助，这也是源码分析的重要意义所在。

本章涵盖的内容如下：

- JUnit 4.13 源码分析；
- IntelliJ IDEA 插件中启动测试的原理分析；
- Mockito 源码分析；
- JaCoCo 源码分析。

11.1 源码分析的技巧

不少开发人员喜欢通过阅读源码来学习开源框架，这是一种高阶的学习方法。不过对于初学者来说，还是推荐先学习如何使用框架，继而了解官方文档中的相关概念，最后探究原理，这是一个循序渐进的过程。

相比于其他语言，Java 的可读性较强，因此阅读其源码是一件轻松、愉快的事情。但是，对于 JUnit，由于它的启动方式比较特别，而且作为开发工具（不是生产上使用的库），几乎没有相关的源码分析资料，不便于大家了解其原理，所以本章会从 JUnit 的启动方式开始分析。

在开始源码分析之前，这里先介绍几个源码分析技巧，具体如下：

- 找到程序启动的入口后，通过调试来阅读源码，而不是打开源码静态地分析；
- 找出程序执行流程主线，再分段查看细节，并由粗到细地绘制流程图，避免一开始就陷入细节；

- 阅读源码就像探索迷宫，基于图书或文章介绍的源码分析路径分析源码，可以节省大量的时间；
- 准备好工具，以便随时调试，比如 IntelliJ IDEA 插件。

源码分析是一件非常有趣的事情，即便像 JUnit 这类相对简单的库或者框架也都包含着非凡的设计思想，进行源码分析可以让我们从中学习到大师的编程理念。

11.2 JUnit 源码分析

编写测试时，有时会发现测试运行不了，想调试一下，却不知道入口在哪里。因此，分析 JUnit 源码的第一件事就是找到入口，看一下它是怎样运行的。

本节将以 JUnit 4.13 为例进行源码分析（JUnit 5 对架构做了较大调整，不是很适合用于源码分析），这个版本比较经典，很多框架长期依赖的测试库都是这个版本，而且大部分开发人员已经很熟悉它的特性，可以做有针对性的分析。其实很多开源框架早期版本的上下文较少，更适合分析和学习，如果是复杂的框架，可以选择阅读其第一个稳定版本的源码。

11.2.1 使用命令行方式运行测试

大部分情况下，我们会使用 IntelliJ IDEA 或者 Maven 插件运行测试，这种做法隐藏了很多的细节，让测试的运行看起来像"魔法"。所以，这里在分析 JUnit 源码时，将使用命令行方式编译和运行测试，以揭示其详细的运行过程。

1）新建一个空白目录，然后下载启动 JUnit 需要的 Jar 文件。

- junit-4.13.jar
- hamcrest-core-1.3.jar

这些 Jar 文件在互联网上很容易找到。下载完成后，我们可以使用 javac 命令编译执行一段测试。

2）创建一个 Calculator.java 示例文件，该文件中只包含一个简单的 sum 方法，用于求取两数之和。示例代码如下。

```
public class Calculator {
    public int sum(int a, int b) {
        return a + b;
    }
}
```

编译这个文件，得到 Calculator.class，备用。

```
javac Calculator.java
```

3）编写一个测试类 CalculatorTest.java 来测试刚刚创建的文件。

```
public class CalculatorTest {
    @Test
    public void should_return_sum() {
        Calculator calculator = new Calculator();
```

```
        int sum = calculator.sum(1, 2);
        assertEquals(3, sum);
    }
}
```

由于测试类依赖于 JUnit，而 JUnit 又依赖于 Hamcrest 断言库，因此在编译测试文件的时候需要指定 Classpath。

在 Linux 或 macOS 上执行以下命令指定 Classpath。

```
javac -cp .:junit-4.13.jar:hamcrest-core-1.3.jar CalculatorTest.java
```

在 Windows 上，由于文件分隔符有区别，因此需要将上述命令中的 ":" 替换为 ";"。在 Windows 上执行以下命令指定 Classpath。

```
javac -cp .;junit-4.13.jar;hamcrest-core-1.3.jar CalculatorTest.java
```

4）通过测试框架运行测试。在 Linux 或 macOS 上执行以下命令运行测试。

```
java -cp .:junit-4.13.jar:hamcrest-core-1.3.jar org.junit.runner.JUnitCore CalculatorTest
```

测试通过后，就能看到如下输出信息。

```
JUnit version 4.13
.
Time: 0.005

OK (1 test)
```

这里需要简单说明一下上条命令具体做了什么，以便更好地理解接下来的内容。我们知道，Java -jar 命令可以运行一个打包好的 Java 程序，比如：

```
java -jar Test.jar
```

Jar 是一种 ZIP 格式的压缩包，可以将其后缀名改为 ZIP，然后使用解压工具解压。解压后可以找到一个名为 META-INF/MANIFEST.MF 描述文件，如果描述文件中配置了入口类，说明可以直接运行，如果没有的话，就需要在运行时指定一个入口类作为参数。

比如 junit-4.13.jar 文件解压后的描述文件为：

```
Manifest-Version: 1.0
Implementation-Vendor: JUnit
Implementation-Title: JUnit
Automatic-Module-Name: junit
Implementation-Version: 4.13
Implementation-Vendor-Id: junit
Built-By: marc
Build-Jdk: 1.6.0_65
Created-By: Apache Maven 3.1.1
Implementation-URL: http://junit.org
Archiver-Version: Plexus Archiver
```

我们会发现，这个描述文件中没有入口类，因此需要以 java 命令和入口类作为参数来启动。前面通过命令行运行测试的入口类是 org.junit.runner.JUnitCore（JUnit 文档上提供的），由于我们需要基于 IDE 的调试进行源码分析，因此想要找到该入口类被调用的时机，就得先分析一下 IDE 是如何启动测试的。

下面来一步步地找寻答案。在此过程中，也会给出分析源码的两个重要技巧。

创建一个简单的 Maven 项目，引入 JUnit 4.13 作为依赖。在测试目录中加入一个最简单的测试用例。

```java
public class HelloWorldTest {
    @Test
    public void should_return_world_as_string() {
        assertEquals("Hello, world!", HelloWorld.hello());
    }
}
```

这里先说第一个技巧，通过 IntelliJ IDEA 插件启动测试后，在控制台能看到真实运行 Java 进程的命令，如图 11-1 所示。

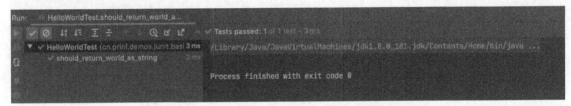

图 11-1　在控制台查看真实运行 Java 进程的命令

展开图 11-1 右侧灰色的命令（三个点），可以发现 IntelliJ IDEA 插件执行各种命令的秘密。

```
Library/Java/JavaVirtualMachines/jdk1.8.0_181.jdk/Contents/Home/bin/java -ea -Didea.
test.cyclic.buffer.size=1048576 -javaagent:/Applications/IntelliJ IDEA.app/Contents/lib/
idea_rt.jar=56283:/Applications/IntelliJ IDEA.app/Contents/bin -Dfile.encoding=UTF-8（省略
部分信息...）:/Users/nlin/.m2/repository/junit/junit/4.13/junit-4.13.jar:/Users/nlin/.m2/
repository/org/hamcrest/hamcrest-core/1.3/hamcrest-core-1.3.jar com.intellij.rt.junit.
JUnitStarter -ideVersion5 -junit4 cn.prinf.demos.junit.basic.HelloWorldTest,should_return_
world_as_string
```

上面这段命令加载了各种各样的 Java 代理和依赖包，这与前面我们手动运行测试时使用的命令非常类似。IntelliJ IDEA 插件运行测试的命令格式如下。

```
java [指定 agent 和 classpath] com.intellij.rt.junit.JUnitStarter -ideVersion5 -junit4
cn.prinf.demos.junit.basic.HelloWorldTest,should_return_world_as_string
```

这里 IntelliJ IDEA 插件把入口类换成了它自己的相关类 JUnitStarter，再由 JUnitStarter 来引导测试启动，并传入了相应的参数给 JUnit。

第二个技巧是可以通过断点来查看调用的堆栈。在图 11-2 中，为源码增加了一个断点（见左侧圆点）。

以调试的方式运行源码后，分析 JUnit 运行的堆栈阶段，就能大概地分析出 JUnit 的基本运行原理。

通过上面两种方法可以得如下结论：JUnitStarter 是 JUnit 测试的入口类，它负责引导测试运行。

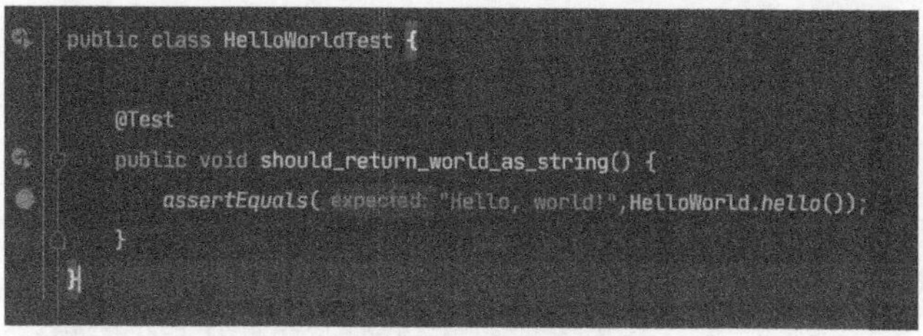

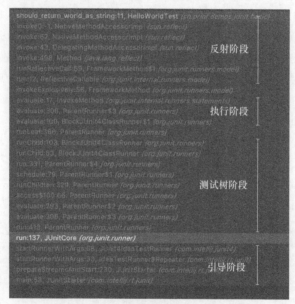

图 11-2　增加断点

我把 JUnit 的整个执行过程分为了四个阶段，如图 11-3 所示。

- 引导阶段：IntelliJ IDEA 插件调用 JUnit。
- 测试树阶段：JUnit 分析测试套件，找出一批需要运行的测试，这些测试具有层次结构。
- 执行阶段：JUnit 执行单个测试，包括触发测试的部分生命周期函数等。
- 反射阶段：JUnit 调用 JDK 的反射方法执行测试方法。

图 11-3　JUnit 整个执行过程的四个阶段

11.2.2　IntelliJ IDEA 引导 JUnit 运行的原理

由于引导阶段是通过 IntelliJ IDEA 插件完成的，这部分不方便调试，因此看不到过程。好在 IntelliJ IDEA 社区版是开源的，通过 JetBrains 的开源项目可以找到 IntelliJ IDEA 社区版的 JUnit 运行插件的源码，见 https://github.com/JetBrains/intellij-community/tree/master/plugins/junit_rt。

通过分析前面给出的堆栈信息和命令行，可以找到 /src/com/intellij/rt/execution/junit-JUnit-Starter.java 这个类以及该类的 main 方法。参考堆栈信息，可以分析出 IntelliJ IDEA 插件调用 JUnit 并启动测试的过程。

1）进入 JUnitStarter 的 main 方法内部，可以看到它大概的逻辑是根据传入的 JUnit 版本参数，寻找合适的 Runner 来启动测试，这一步是为兼容不同的 JUnit 版本而设置的。

2）进入 prepareStreamsAndStart 方法内部，可以看到该方法用于找到 IdeaTestRunner 接口的实现类。

3）跟随程序执行流程进入 IdeaTestRunner 的 startRunnerWithArgs 方法内部。这里会根据 JUnit 的版本来选择进入哪个类，如果是 JUnit 4 版本，则进入的是 JUnit4IdeaTestRunner 类内部。此类会初始化 JUnitCore，准备一些监听器，并收集运行开始的时间（用于分析测试耗时）。

4）通过 Runner 调用 JUnitCore 的 run 方法，正式交棒给 JUnit。

需要注意的是，在引导阶段，IntelliJ IDEA 插件中的 Runner 与 JUnit 中的 Runner 是两个不同的概念。

- IntelliJ IDEA 插件中的 Runner 实现的是 IdeaTestRunner 接口，它是插件的一部分。作为 IntelliJ IDEA 插件的桥接类，Runner 依然在做引导工作，目的是找到合适的启动环境和参数。
- JUnit 中的 Runner 实现的是 Runner 接口，它是单元测试程序的一部分。

JUnitCore 有多种启动方式，可以通过传入测试的方法名来启动测试，也可以通过传入 Runner 来启动，Runner 包装了测试参数，也会进行一些准备工作。JUnit 4 提供的标准 Runner 是 JUnit4 这个类，它继承自 BlockJUnit4ClassRunner。除了使用默认的 Runner，我们还可以自己编写 Runner，并利用 JUnit 这个框架实现符合自己项目需求的测试框架（这类框架可以方便地对接一些内部的测试平台，这就是我们分析源码的意义）。

也有一些开源的 Runner 可供我们使用，具体如下。

- 集成 Mockito 框架的 MockitoJUnitRunner。
- 集成 Spring 框架的 SpringJUnit4ClassRunner。
- 并行测试的 JUnit4ParallelRunner。

以上是使用 IntelliJ IDEA 插件启动测试时引导阶段的运行原理，下面是相应的源码片段。

```java
// JUnitStarter.java
public final class JUnitStarter {
  public static final int VERSION = 5;
  public static final String IDE_VERSION = "-ideVersion";

  public static final String JUNIT3_PARAMETER = "-junit3";
  public static final String JUNIT4_PARAMETER = "-junit4";
  public static final String JUNIT5_PARAMETER = "-junit5";
  private static final String JUNIT5_KEY = "idea.is.junit5";

  private static final String SOCKET = "-socket";
  private static final String JUNIT3_RUNNER_NAME = "com.intellij.junit3.JUnit3IdeaTestRunner";
  private static final String JUNIT4_RUNNER_NAME = "com.intellij.junit4.JUnit4IdeaTestRunner";
  private static final String JUNIT5_RUNNER_NAME = "com.intellij.junit5.JUnit5IdeaTestRunner";
  private static String ourForkMode;
  private static String ourCommandFileName;
  private static String ourWorkingDirs;
  static int ourCount = 1;
  public static String ourRepeatCount;
```

```
public static void main(String[] args) {
  List<String> argList = new ArrayList<String>(Arrays.asList(args));

  final ArrayList<String> listeners = new ArrayList<String>();
  final String[] name = new String[1];
  // 处理参数
  String agentName = processParameters(argList, listeners, name);

  if (!JUNIT5_RUNNER_NAME.equals(agentName) && !canWorkWithJUnitVersion(System.err,
  agentName)) {
    System.exit(-3);
  }
  if (!checkVersion(args, System.err)) {
    System.exit(-3);
  }

  String[] array = argList.toArray(new String[0]);
  // 启动
  int exitCode = prepareStreamsAndStart(array, agentName, listeners, name[0]);
  System.exit(exitCode);
}

...

private static int prepareStreamsAndStart(String[] args,
                                          final String agentName,
                                          ArrayList<String> listeners,
                                          String name) {
  try {
    // 根据 JUnit 版本获得 IdeaTestRunner 的实现类
    IdeaTestRunner<?> testRunner = (IdeaTestRunner<?>)getAgentClass(agentName).
    newInstance();
    if (ourCommandFileName != null) {
      if (!"none".equals(ourForkMode) || ourWorkingDirs != null && new File
      (ourWorkingDirs).length() > 0) {
        final List<String> newArgs = new ArrayList<String>();
        newArgs.add(agentName);
        newArgs.addAll(listeners);
        return new JUnitForkedSplitter(ourWorkingDirs, ourForkMode, newArgs)
          .startSplitting(args, name, ourCommandFileName, ourRepeatCount);
      }
    }
    // 中间经过了 IdeaTestRuner.Repeater 的封装，但是实际还是运行的 startRunnerWithArgs 方法
    return IdeaTestRunner.Repeater.startRunnerWithArgs(testRunner, args, listeners,
    name, ourCount, true);
  }
  catch (Exception e) {
    e.printStackTrace(System.err);
    return -2;
  }
```

```java
    }

    ...
}
```

以下源码通过 IntelliJ IDEA 插件的 Runner 启动 JUnit。

```java
// IdeaTestRunner.java
public interface IdeaTestRunner<T> {
  void createListeners(ArrayList<String> listeners, int count);
  int startRunnerWithArgs(String[] args, String name, int count, boolean sendTree);

  T getTestToStart(String[] args, String name);
  List<T> getChildTests(T description);
  String getStartDescription(T child);

  String getTestClassName(T child);

  final class Repeater {
    public static int startRunnerWithArgs(final IdeaTestRunner<?> testRunner,
                                          final String[] args,
                                          ArrayList<String> listeners,
                                          final String name,
                                          final int count,
                                          boolean sendTree) {
      testRunner.createListeners(listeners, count);
      try {
        return TestsRepeater.repeat(count, sendTree, new TestsRepeater.TestRun() {
          @Override
          public int execute(boolean sendTree) {
            return testRunner.startRunnerWithArgs(args, name, count, sendTree);
          }
        });
      }
      catch (Exception e) {
        e.printStackTrace(System.err);
        return -2;
      }
    }
  }
}
```

对于我们选定的 JUnit 版本，会进入 JUnit4IdeaTestRunner 类内部，源码如下。

```java
/** @noinspection UnusedDeclaration*/
public class JUnit4IdeaTestRunner implements IdeaTestRunner {
  ...
  public int startRunnerWithArgs(String[] args, ArrayList listeners) {
    try {
      // 初始化 JUnit 入口文件 JUnitCore
      final JUnitCore runner = new JUnitCore();
      final Request request = JUnit4TestRunnerUtil.buildRequest(args);
      final Runner testRunner = request.getRunner();
```

```
try {
  Description description = testRunner.getDescription();
  if (request instanceof ClassRequest) {
    description = getSuiteMethodDescription(request, description);
  }
  else if (request instanceof FilterRequest) {
    description = getFilteredDescription(request, description);
  }
  sendTree(myRegistry, description);
}
catch (Exception e) {
  //noinspection HardCodedStringLiteral
  System.err.println("Internal Error occured.");
  e.printStackTrace(System.err);
}

// 注册测试监听器，不过这里的监听器是 IntelliJ IDEA 插件的监听器。JUnit 本身也有监听器
runner.addListener(myTestsListener);
for (Iterator iterator = listeners.iterator(); iterator.hasNext();) {
  final IDEAJUnitListener junitListener = (IDEAJUnitListener)Class.forName
  ((String)iterator.next()).newInstance();
  runner.addListener(new RunListener() {
    public void testStarted(Description description) throws Exception {
      junitListener.testStarted(JUnit4ReflectionUtil.getClassName(description),
      JUnit4ReflectionUtil.getMethodName(description));
    }

    public void testFinished(Description description) throws Exception {
      junitListener.testFinished(JUnit4ReflectionUtil.getClassName(description),
      JUnit4ReflectionUtil.getMethodName(description));
    }
  });
}
// 对开始时间进行采样，用于统计耗时情况
long startTime = System.currentTimeMillis();
// 真正开始启动测试,这段代码容易让人迷惑,runner 变量实际上是 JUnit 实例,testRunner 则是 JUnit
   的 Runner 接口的实现类，在默认的情况下，就是 JUnit4 这个类
Result result = runner.run(testRunner.sortWith(new Comparator() {
  public int compare(Object d1, Object d2) {
    return ((Description)d1).getDisplayName().compareTo(((Description)d2).
    getDisplayName());
  }
})*/);
long endTime = System.currentTimeMillis();
long runTime = endTime - startTime;
new TimeSender().printHeader(runTime);

if (!result.wasSuccessful()) {
  return -1;
}
return 0;
```

```
        }
      catch (Exception e) {
        e.printStackTrace(System.err);
        return -2;
      }
    }

    ...
}
```

11.2.3　JUnitCore 的分析

IntelliJ IDEA 插件的引导工作完成后，流程就交给了 JUnitCore 这个类。JUnitCore 是 JUnit 暴露给外部使用的门面类，它提供了多种测试运行方式。IntelliJ IDEA 插件进入的是一个将 Runner 作为参数执行的方法内部。

```
public Result run(Runner runner) {
    Result result = new Result();
    RunListener listener = result.createListener();
    notifier.addFirstListener(listener);
    try {
        notifier.fireTestRunStarted(runner.getDescription());
        runner.run(notifier);
        notifier.fireTestRunFinished(result);
    } finally {
        removeListener(listener);
    }
    return result;
}
```

到这里，通过 IntelliJ IDEA 插件运行 JUnit 的面纱已经被我们掀开，大致过程如下。

1）通过 IntelliJ IDEA 插件启动命令行测试。

2）通过 IntelliJ IDEA 插件定义的 Runner 找到合适的 JUnit 版本，注册监听器（用于收集运行时的信息）。

3）调用 JUnitCore 的 API 并传入 Runner，从而启动整个测试。

4）JUnitCore 通过 Notifier 来通知测试结果。

为了更灵活，JUnit 框架把主要的工作交给了 Runner 来执行，稍后我们继续分析 Runner 中的逻辑。在此之前，先介绍一下 JUnitCore 的几种运行方式和相关概念。

JUnitCore 中仅启动测试的 run 方法就有 5 种实现，如图 11-4 所示。

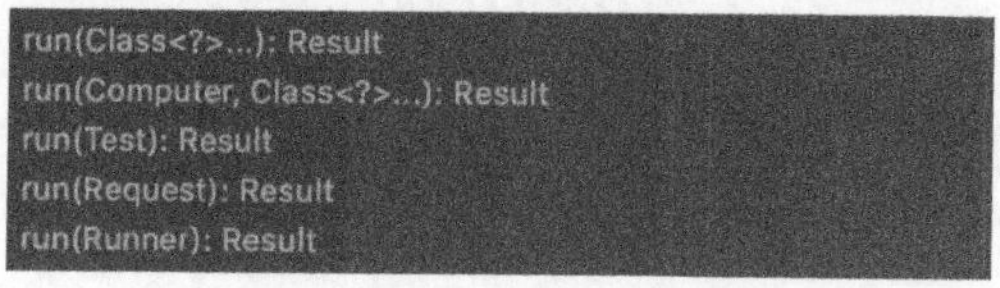

```
run(Class<?>...): Result
run(Computer, Class<?>...): Result
run(Test): Result
run(Request): Result
run(Runner): Result
```

图 11-4　run 方法有 5 种实现

这几种实现的背后是 JUnit 设计者处理测试实例的不同思路，这些方法涉及的参数类型如下。

- Computer：用来封装不同的 Runner。
- Request：用来封装单次运行的一组测试用例，等价于待运行的测试名称 + Runner。

虽然 JUnitCore 的 run 方法接收很多不同类型的参数，但是最终调用的还是以 Runner 作为参数的方法，源码如下。

```
public Result run(Class<?>... classes) {
    // 调用 defaultComputer 静态方法获得了一个 Runner，这里调用的是接收 Computer 作为参数的 run 方法
    return run(defaultComputer(), classes);
}

public Result run(Computer computer, Class<?>... classes) {
    // 这里又封装为 Request，这里调用的是接收 Request 作为参数的 run 方法
    return run(Request.classes(computer, classes));
}

public Result run(Request request) {
    // 将 Runner 取出来，这里调用的是接收 Runner 作为参数的 run 方法（也是最终的 run 方法）
    return run(request.getRunner());
}

...

static Computer defaultComputer() {
    return new Computer();
}
```

11.2.4　JUnit4 Runner 的分析

JUnitCore 的调试运行结束后，会选择 JUnit 版本和启动方式，然后会进入 JUnit4 这个 Runner 中。JUnit4 继承了 BlockJUnit4ClassRunner，在 BlockJUnit4ClassRunner 的构造方法中对测试类进行了初始化，所以实际起作用的还是 BlockJUnit4ClassRunner。

```
public final class JUnit4 extends BlockJUnit4ClassRunner {
    public JUnit4(Class<?> klass) throws InitializationError {
        super(new TestClass(klass));
    }
}
```

延续之前的调试，暂时忽略 JUnitCore run 方法中关于 Notifier 和 Listener 的执行过程。排除干扰后，我们会发现，调试中的程序执行的是 ParentRunner 的 run 方法。BlockJUnit4ClassRunner 继承了父类 ParentRunner，一些共用的逻辑在父类 ParentRunner 中可以找到。比如处理被 @Disable 注解修饰的测试方法，让其跳过测试等逻辑。

```
@Override
public void run(final RunNotifier notifier) {
    EachTestNotifier testNotifier = new EachTestNotifier(notifier,
            getDescription());
    testNotifier.fireTestSuiteStarted();
    try {
```

```
            // 初始化 Before*等方法，准备测试方法的实例
            Statement statement = classBlock(notifier);
            // 执行测试方法调用
            statement.evaluate();
        } catch (AssumptionViolatedException e) {
            testNotifier.addFailedAssumption(e);
        } catch (StoppedByUserException e) {
            throw e;
        } catch (Throwable e) {
            testNotifier.addFailure(e);
        } finally {
            testNotifier.fireTestSuiteFinished();
        }
    }
```

上述源码中出现的 Statement 可以理解为由等待执行的测试组成的一个声明链，供最终的反射调用。Statement 分为如下两个层次。

- 类级别：包含了 BeforeClass、AfterClass 等钩子方法以及 Rule 中的方法。
- 方法级别：包含了具体的测试方法、BeforeEach 和 AfterEach 等钩子方法。

类级别的 Statement 的源码片段如下。

```
protected Statement classBlock(final RunNotifier notifier) {
    Statement statement = childrenInvoker(notifier);
    if (!areAllChildrenIgnored()) {
        statement = withBeforeClasses(statement);
        statement = withAfterClasses(statement);
        statement = withClassRules(statement);
        statement = withInterruptIsolation(statement);
    }
    return statement;
}
```

代码中的 with*方法都是通过注解来找到被标记的方法并获得这些方法的实例的。childrenInvoker (notifier)声明了一个空方法级别的调用链，以进行初始化工作（实际上，方法级别的调用链声明工作会在类的声明被执行之后开始），然后它会将该调用链装入类级别调用链的某一个环节中。

在下面的源码中，childrenInvoker(notifier)返回了一个 Statement 实例，但实际上这里只是插入了一个方法的占位符。

```
protected Statement childrenInvoker(final RunNotifier notifier) {
    return new Statement() {
        @Override
        public void evaluate() {
            runChildren(notifier);
        }
    };
}
```

在下面的源码中，withBeforeClasses(statement) 方法返回了一个 RunBefores Statement 实例，并且会把前面的 Statement 填进去。

```
protected Statement withBeforeClasses(Statement statement) {
    List<FrameworkMethod> befores = testClass
            .getAnnotatedMethods(BeforeClass.class);
    // 如果存在 @BeforeClass 注解修饰的方法，statement 会被包装到调用链中
    return befores.isEmpty() ? statement :
            new RunBefores(statement, befores, null);
}
```

上述源码中的 RunBefores 是 Statement 的一个包装类，这个类中存放了下一个 Statement 的引用，程序可以在被执行时找到调用链下一步操作的内容。与 withBeforeClasses(statement) 类似，其他的 with* 方法也会依次根据条件组成最终的调用链。但是有一个特殊的方法 withInterruptIsolation(statement) 总是会被加入执行链中，所以，在调用链开始执行时总会先进入这个方法内部。

```
protected final Statement withInterruptIsolation(final Statement statement) {
    return new Statement() {
        @Override
        public void evaluate() throws Throwable {
            try {
                statement.evaluate();
            } finally {
                Thread.interrupted();
            }
        }
    };
}
```

这个 Statement 并没有做什么特别的事情，只是调用 Thread.interrupted 方法对线程的中断状态进行了复位，让每个 Statement 的状态独立。

所以，如果没有其他的钩子方法加入调用链，就会直接执行 childrenInvoker 方法进入 runChildren (notifier) 方法内部，正式从类级别进入方法级别。具体源码如下。

```
private void runChildren(final RunNotifier notifier) {
    final RunnerScheduler currentScheduler = scheduler;
    try {
        for (final T each : getFilteredChildren()) {
            currentScheduler.schedule(new Runnable() {
                public void run() {
                    ParentRunner.this.runChild(each, notifier);
                }
            });
        }
    } finally {
        currentScheduler.finished();
    }
}
```

这里又多出了一个概念：RunnerScheduler。这是 JUnit 提供的一个拓展点，当一次执行一批测试（一个类或者一个包）时，它可以灵活地编排测试。在某些代码中，它可以实现并行执行和有序执行。

当一批测试用例同时运行时，前面提到的声明链就不再是一个线性结构，而是一棵树。可以通过遍历这棵树来执行所有的测试。

BlockJUnit4ClassRunner 一般以类为单位安排测试的运行顺序。进入 BlockJUnit4ClassRunner 的 runChild 方法内部，可以看到与类级别的声明类似的结构，源码如下。

```java
protected void runChild(final FrameworkMethod method, RunNotifier notifier) {
    Description description = describeChild(method);
    if (isIgnored(method)) {
        notifier.fireTestIgnored(description);
    } else {
        Statement statement = new Statement() {
            @Override
            public void evaluate() throws Throwable {
                methodBlock(method).evaluate();
            }
        };
        runLeaf(statement, description, notifier);
    }
}
```

这里的 methodBlock 与前面的 classBlock 类似，只不过它发生在方法层级。methodBlock 先声明方法的调用过程，再统一执行。具体源码如下。

```java
protected Statement methodBlock(final FrameworkMethod method) {
    Object test;
    // 处理测试类中的方法，让其可以被反射执行
    try {
        test = new ReflectiveCallable() {
            @Override
            protected Object runReflectiveCall() throws Throwable {
                return createTest(method);
            }
        }.run();
    } catch (Throwable e) {
        return new Fail(e);
    }

    Statement statement = methodInvoker(method, test);
    statement = possiblyExpectingExceptions(method, test, statement);
    statement = withPotentialTimeout(method, test, statement);
    statement = withBefores(method, test, statement);
    statement = withAfters(method, test, statement);
    statement = withRules(method, test, statement);
    statement = withInterruptIsolation(statement);
    return statement;
}
```

methodBlock 和 classBlock 的风格极为相似，with*把方法级别的 Class 装入了待执行的声明链中。methodInvoker(method, test)返回最终执行测试方法的声明，然后通过反射调用相关的方法。源

码如下。

```
protected Statement methodInvoker(FrameworkMethod method, Object test) {
    return new InvokeMethod(method, test);
}
```

在以下源码中，possiblyExpectingExceptions 方法负责处理异常的断言，也就是 @Test 注解中的 expected 参数。

```
protected Statement possiblyExpectingExceptions(FrameworkMethod method,
        Object test, Statement next) {
    Test annotation = method.getAnnotation(Test.class);
    // 获取 @Test 注解中的 expected 参数
    Class<? extends Throwable> expectedExceptionClass = getExpectedException(annotation);
    return expectedExceptionClass != null ? new ExpectException(next, expectedExceptionClass) :
    next;
}

private Class<? extends Throwable> getExpectedException(Test annotation) {
    if (annotation == null || annotation.expected() == None.class) {
    return null;
    } else {
    return annotation.expected();
    }
}
```

其他方法和类级别的声明执行过程类似，就不再一一解释了。在 runChild 方法中，完成 statement 对象的准备工作后，可以看到立即进入执行阶段的 runLeaf(statement, description, notifier)语句。

```
protected final void runLeaf(Statement statement, Description description,
        RunNotifier notifier) {
    EachTestNotifier eachNotifier = new EachTestNotifier(notifier, description);
    eachNotifier.fireTestStarted();
    try {
        // 最终执行方法级别的声明语句
        statement.evaluate();
    } catch (AssumptionViolatedException e) {
        eachNotifier.addFailedAssumption(e);
    } catch (Throwable e) {
        eachNotifier.addFailure(e);
    } finally {
        eachNotifier.fireTestFinished();
    }
}
```

runLeaf 是最终执行声明语句的地方，如果测试中没有定义 @Before* 相关注解，那么由 methodInvoker (method, test)方法生成的测试方法执行的声明将会通过反射被调用。methodInvoker(method, test)方法前面返回的是 InvokeMethod 实例，所以在调用时会进入 evaluate 方法内部，源码如下。

```
public class InvokeMethod extends Statement {
    private final FrameworkMethod testMethod;
    private final Object target;
```

```
    public InvokeMethod(FrameworkMethod testMethod, Object target) {
        this.testMethod = testMethod;
        this.target = target;
    }

    @Override
    public void evaluate() throws Throwable {
        // 通过反射调用测试方法
        testMethod.invokeExplosively(target);
    }
}
public Object invokeExplosively(final Object target, final Object... params)
        throws Throwable {
    return new ReflectiveCallable() {
        @Override
        protected Object runReflectiveCall() throws Throwable {
            // 再下面就是 JRE 的源码，通过反射实现的动态方法调用
            return method.invoke(target, params);
        }
    }.run();
}
```

runLeaf 方法调用 statement.evaluate 语句后就会通过 eachNotifier 对象发送测试结果。在测试开启前，IntelliJ IDEA 插件会注入 Notifier 和 Listener，IntelliJ IDEA 插件的实现类是 JUnit4TestListener。如图 11-5 所示，测试完成后，再通过 Notifier 和 Listener 将测试结果反映到 GUI 界面和控制台中。

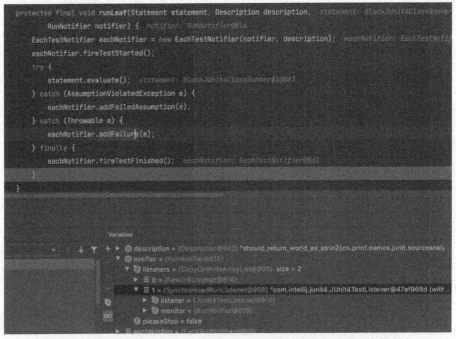

图 11-5　通过 Notifier 和 Listener 将测试结果反映到 GUI 界面和控制台中

到这里，我们已分析完了一个最简单的测试过程，下面通过图 11-6 回顾一下 JUnit 的执行过程。

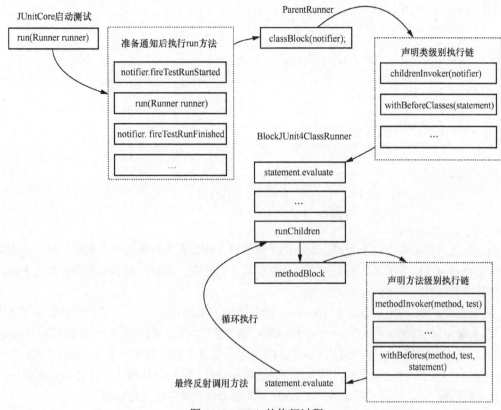

图 11-6　JUnit 的执行过程

这段源码的分析是基于最简单的路线完成的，并没有涉及每个分支，因为这会干扰对主要过程的分析。在分析源码时，我们应该关注其中最重要的阶段。

但是，这个流程还是太简单了，缺少最基本的断言部分，接下来让我们把断言加上，看一下 JUnit 是如何完成整个过程的。

11.2.5　断言分析

JUnit 的默认断言库由 Hamcrest 提供，这个库的源码非常简单，由一堆静态方法构成。如图 11-7 所示，在测试 HelloWorldTest 中，往任意一个断言语句上打一个断点（见图左侧的圆点），即可开启断言部分的源码分析。

```
@Test
public void should_return_world_as_string() {
    assertEquals( expected: "Hello, world!",HelloWorld.hello());
}
```

图 11-7　在断言语句上打上断点

启动调试后，进入 **assertEquals** 方法内部，发现这个断言方法非常简单。具体源码如下。

```
public static void assertEquals(String message, Object expected,
        Object actual) {
    if (equalsRegardingNull(expected, actual)) {
        return;
    }
    // 判断类型和值，进行断言
    if (expected instanceof String && actual instanceof String) {
        String cleanMessage = message == null ? "" : message;
        throw new ComparisonFailure(cleanMessage, (String) expected,
                (String) actual);
    } else {
        failNotEquals(message, expected, actual);
    }
}
```

可能看到这里有读者会表示疑惑，这么简单的逻辑为什么还要封装成一个包呢？这是因为将大量的判断逻辑封装成更为语义化的包，可以让判断没那么冗余。即使面对的是复杂的断言方式，开发人员也只需要编写简单的断言语句即可。

在 JUnit 早期的版本中，JUnit 和 Hamcrest 库都提供了 assertThat 方法，它们的参数和使用方法一样。JUnit 的 assertThat 方法是 Hamcrest 的 API，该方法在 JUnit 4.13 版本中已被移除。Hamcrest 库的 assertThat 方法的第一个参数接收待断言的原始值，第二个参数接收一个 Matcher 实例，这是在 Hamcrest 库中使用的一种设计模式，用于统一表达各种规则。这种设计模式叫作 Criteria Pattern（标准模式或者规则模式），该模式在 JPA、Mybatis 等数据查询逻辑中被大量使用。

前面的测试还可以改写成下面这种形式。

```
@Test
public void should_return_world_as_string() {
    assertThat(HelloWorld.hello(), Is.is("Hello, world!"));
}
```

这样就可以把断言方法 assertThat 和具体的规则拆分开，规则使用 Matcher 方法来声明。Hamcrest 库本身很简单，它允许开发人员自己定义很多匹配规则，比如自定义超时时间和复杂的类型等。

更重要的是，断言库中的 Matcher 方法还可以组合使用，例如，将 anyOf 命令与其他 Matcher 方法组合，只要任意一个 Matcher 方法的返回值为 True 就表示通过。在 Matcher 方法内部也是借助传入的 Matcher 实例来完成进一步运算的。

```
assertThat(HelloWorld.hello(), anyOf(is("Hello, world!"), is("Hello, world2!")));
```

11.2.6 完成 JUnit 源码分析的收获

下面来谈谈完成 JUnit 源码分析后的收获。

1. JUnit 的拓展点

阅读源码可以了解一些在文档或图书中不能学到的知识，这次源码分析获得的一个重要的知识是关于拓展点的。优秀的框架一般都会预留非常多的拓展点让开发人员自定义实现。如果开发人员需要基于 JUnit 定制一些在公司内部使用的测试框架，且在测试完成后需要将测试结果上报到指定的平台，那么就有必要了解这些拓展点。另外，将 JUnit 与其他技术对接时，也需要了解拓展点，比如将 JUnit 与一款特殊的数据库（作为模拟数据源）对接时。

在 JUnit 4 中，Rule 是一个轻量级的拓展方法。基于源码分析我们知道，可以把 Rule 看作一个简单的拦截器。在测试运行过程中，通过 Rule 对测试中间过程的状态做一些修改，可以达到特定的目的。比如通过 ExpectedException Rule 可以修改异常断言的行为。

Listener 也是很好的拓展点，可以增加一些额外的钩子方法，比如可以用 Notifier 接收测试结果相关数据。当然，最直接的方法是通过定义一个 Runner 来实现彻底的自定义。定义 Runner 基本上等于只使用了 JUnit 的骨架而自己完成了大部分的测试引擎，这也是集成 Mockito 或 Spring 框架的主要途径。

2. 设计模式的应用

阅读源码也能学到设计模式相关知识。JUnit 源码涉及的算法很少，更多是设计模式的应用。

在 JUnit 的设计中，为了预留足够的拓展点，使用了责任链模式。

在一般的责任链模式中，先定义接口约束责任链中的每一个对象，然后进行迭代。责任链模式式的实现有多种形式。可以通过数组来实现，即先将责任链的节点存储到数组中，然后遍历并访问该节点；也可以通过链表来实现，即记录责任链中每个节点到下一个节点的引用，这样当上一个节点被访问时，就能获取到下一个节点的信息。大多数的责任链模式是通过数组来实现的，比较常见的有 Spring MVC、Spring Security 中的过滤器，而在 JUnit 中，却是通过类似链表的形式实现的。

责任链模式是 JUnit 具备良好拓展性的基础，各种生命周期的注解都是通过责任链来实现的。责任链模式可以分为两部分，即责任链的构造和责任链的执行。在一些框架中，责任链的构造在程序启动的过程中就完成了，在接收请求时执行。而 JUnit 是通过解析注解动态构造责任链后再执行的。

图 11-8 是一个简单的责任链模式 UML 的示意图。

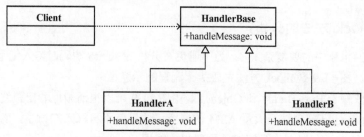

图 11-8 责任链模式 UML 的示意图

JUnit 本身只是 Java 单元测试体系的一部分，前面我们提到了在实际工作中还需要配合一些周边的工具来进行模拟、统计测试覆盖率等工作。

因此接下来继续对 Mockito、JaCoCo 等工具进行分析，帮助读者更为深刻地掌握单元测试实践。

11.3　Mockito 的源码分析

Mockito 提供了一些神奇的语法。比如在官网提供的例子中，Mockito 通过 when 方法实现了对特定对象的模拟，但是 when 方法的参数设计有点特别。使用 when 方法时，需要直接调用模拟方法，并指定被调用时的返回值。这里看似模拟方法被调用了，实际上是在设置模拟对象上方法的返回值。源码如下。

```
// 模拟一个类
LinkedList mockedList = mock(LinkedList.class);

// 预设相关方法的返回值
when(mockedList.get(0)).thenReturn("first");

// 下面的源码会打印出预设的值 "first"
System.out.println(mockedList.get(0));

// 下面的源码会打印出"null"，因为没有为"999"预设返回值
System.out.println(mockedList.get(999));
```

另外，在某些条件下，若存在使用错误，可能会导致 when 方法不工作。when 方法需要接收一个 Mockito 动态实现的模拟类，如果不小心传入了非模拟类，那么就会报错。下面我们来分析一下 Mockito 的源码，探究其实现原理可以帮助开发人员在日常遇到问题时及时排错。Mockito 大多数情况下是通过注解来使用的，实际上注解背后的逻辑是通过 mock 方法初始化最终的模拟对象。

大家应该都能猜到，Mockito 是通过代理类来实现灵活的模拟工作的，但是 when 方法却会接收模拟对象上方法的返回值，这虽不符合常理，但也正是这些神奇的实现让 Mockito 可以提供如此多易用的 API。那么，给模拟对象上的方法预设返回值时，参数匹配是如何实现的呢？模拟对象是如何被创造出来的呢？带着这些疑问我们开启 Mockito 的探索之旅吧。

11.3.1　针对 mock 方法的分析

Mockito 比我们想象中的要复杂太多，为了避免在分析 Mockito 源码时陷入细节，我们着重分析其中的 mock 方法。图 11-9 是 mock 方法主要执行流程的示意图。

Mockito 主要依赖于 Byte Buddy 和 Objenesis。由图 11-9 可以很清晰地看出最终使用 Byte Buddy 是哪一部分。Byte Buddy 部分涉及大量 ASM 的内容，这里就不再深入探讨了，有兴趣的读者可以阅读《编程语言实现模式》等书，了解编译原理相关知识。

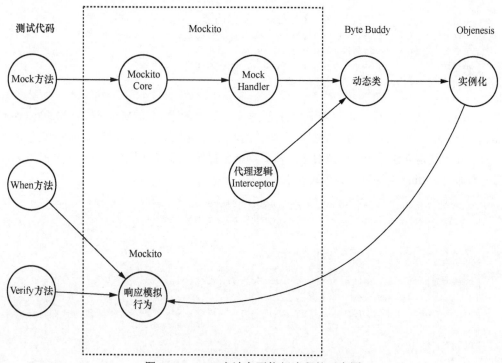

图 11-9　mock 方法主要执行流程的示意图

接下来我们一步步地探索 Mockito 创建模拟对象的过程。打开测试代码，基于 mock 方法进行调试，进入 Mockito 的门面类 MockitoCore 中。在这里，mock 方法是 MockitoCore 主要的门面方法，它有很多重载方法，但最终都会调用 mock（Class<T>classToMock，MockSettings mockSettings）方法来创建模拟对象。源码如下。

```
public static <T> T mock(Class<T> classToMock, MockSettings mockSettings) {
    return MOCKITO_CORE.mock(classToMock, mockSettings);
}
```

大多数框架和库都会使用门面方法与核心类相结合的方式来组织关键逻辑。MockSettings 可以设定监听器的名称、默认的返回值等内容，但是大多数情况下不会用到它们，因此基本可以忽略。

MockitoCore 创建模拟对象的过程中，主要涉及两个方法。一个是 createMock 方法，它负责创建模拟对象，它以包装了目标类的 MockCreationSettings 作为参数。另外一个是 mockingProgress 方法，它负责在线程的上下文中记录模拟过程的信息，用于实现后续 when 和 verify 方法中的逻辑。

```
// MockitoCore
public <T> T mock(Class<T> typeToMock, MockSettings settings) {
    if (!MockSettingsImpl.class.isInstance(settings)) {
        throw new IllegalArgumentException("Unexpected implementation of '" + settings.
        getClass().getCanonicalName() + "'\n" + "At the moment, you cannot provide
        your own implementations of that class.");
```

```
    }
    MockSettingsImpl impl = MockSettingsImpl.class.cast(settings);
    MockCreationSettings<T> creationSettings = impl.build(typeToMock);
    T mock = createMock(creationSettings);
    mockingProgress().mockingStarted(mock, creationSettings);
    return mock;
}
```

进入 createMock 方法后，可以看到真正创建模拟对象的是 MockMaker 类，MockMaker 类是 Mockito 的一个拓展点，它可以通过配置更换动态代理方案。在这里可以看到 Mockito 是如何处理间谍对象的，其实就是创建了一个模拟对象，然后将待监视的对象实例上的原始方法复制过去，该对象实例则会通过 Setting 传递过去。源码如下。

```
public static <T> T createMock(MockCreationSettings<T> settings) {
    MockHandler mockHandler =  createMockHandler(settings);

    T mock = mockMaker.createMock(settings, mockHandler);

    Object spiedInstance = settings.getSpiedInstance();
    if (spiedInstance != null) {
        new LenientCopyTool().copyToMock(spiedInstance, mock);
    }
    return mock;
}
```

这里的 mockMaker 对象默认是 ByteBuddyMockMaker 类的实例，不过它又包装了 SubclassByteBuddyMockMaker 类，实际工作的也是这个类。在 SubclassByteBuddyMockMaker 类的 createMock 方法中，我们可以找到创建动态类和实例化的过程。源码如下。

```
public <T> T createMock(MockCreationSettings<T> settings, MockHandler handler) {
    // 创建动态类
    Class<? extends T> mockedProxyType = createMockType(settings);
      // 首次引入 Objenesis 功能
    Instantiator instantiator = Plugins.getInstantiatorProvider().getInstantiator(settings);
    T mockInstance = null;
    try {
        // 初始化动态类
        mockInstance = instantiator.newInstance(mockedProxyType);
        MockAccess mockAccess = (MockAccess) mockInstance;
        // 装入代理方法处理逻辑
        mockAccess.setMockitoInterceptor(new MockMethodInterceptor(handler, settings));

        return ensureMockIsAssignableToMockedType(settings, mockInstance);
    }
    ...
}
```

这里在真正创建动态类之前会进行一些缓存处理，createMockType 方法并不会直接调用 ByteBuddy 实例进行字节码操作，它首先会通过查找缓存的方式来避免反复处理同一个类型，这也是一种比较常规的做法。

可能有读者会在实例化类的地方产生疑问，JVM 本身提供了实例化类的方法，为什么这里还需要一个库呢？

Java 虽然支持使用 Class.newInstance 方法动态地实例化类，但是对部分类还是会有一些限制，比如，如果类的构造器有参数，那么可能会抛出异常等。Objenesis 是一个轻量级的库，可用于处理这种情况，另外，它也可以根据不同厂商的 JVM 使用不同的策略（主要是安全原因）来实例化构造。

回到 Mockito 的主要执行流程中，还是先准备代理类，然后进入 createMockType 方法。源码如下。

```
public <T> Class<? extends T> createMockType(MockCreationSettings<T> settings) {
    try {
        return cachingMockBytecodeGenerator.mockClass(MockFeatures.withMockFeatures(
                settings.getTypeToMock(),
                settings.getExtraInterfaces(),
                settings.getSerializableMode(),
                settings.isStripAnnotations()
        ));
    } catch (Exception bytecodeGenerationFailed) {
        throw prettifyFailure(settings, bytecodeGenerationFailed);
    }
}
```

了解了 createMockType 方法后，再进入 mockClass 方法，该方法内会有一个缓存用于存放所有的模拟对象，这个缓存是通过 ConcurrentMap 类实现的。源码如下。

```
public <T> Class<T> mockClass(final MockFeatures<T> params) {
    try {
        ClassLoader classLoader = params.mockedType.getClassLoader();
        return (Class<T>) typeCache.findOrInsert(classLoader,
                new MockitoMockKey(params.mockedType, params.interfaces, params.
                serializableMode, params.stripAnnotations),
                new Callable<Class<?>>() {
                    @Override
                    public Class<?> call() throws Exception {
                        return bytecodeGenerator.mockClass(params);
                    }
                }, BOOTSTRAP_LOCK);
    } catch (IllegalArgumentException exception) {
        Throwable cause = exception.getCause();
        if (cause instanceof RuntimeException) {
            throw (RuntimeException) cause;
        } else {
            throw exception;
        }
    }
}
```

mock 方法执行结束点就是 bytecodeGenerator.mockClass(params)语句中的 mockClass 方法。它存在于 SubclassBytecodeGenerator 类中，最终就是这个类使用 ByteBuddy 实例来进行字节码操作的。

mockClass 方法非常长，对于理解 Mockito 的构造过程来说，没有必要详细了解，下面只截选一段进行说明。SubclassBytecodeGenerator 类里有一个"小陷阱"，它里面出现了一个 handler 变量，此变量不是前面的 MockHandler，而是用于处理类加载器相关问题的 Handler，别弄混了。MockHandler 是在模拟对象实例被创建好之后再通过 MockAccess 装入的，这也更符合逻辑。调用 ByteBuddy 实例的代码不算特别复杂，通过调用 ByteBuddy 实例的类构造器可以构造最终的代理类。源码如下。

```
DynamicType.Builder<T> builder = byteBuddy.subclass(features.mockedType)
    .name(name)
    .ignoreAlso(isGroovyMethod())
    .annotateType(features.stripAnnotations
        ? new Annotation[0]
        : features.mockedType.getAnnotations())
    .implement(new ArrayList<Type>(features.interfaces))
    .method(matcher)
    // 统一调度代理逻辑，而代理逻辑（MockHandler）是在实例化后装入的
    .intercept(dispatcher)
    .transform(withModifiers(SynchronizationState.PLAIN))
    .attribute(features.stripAnnotations
        ? MethodAttributeAppender.NoOp.INSTANCE
        : INCLUDING_RECEIVER)
.method(isHashCode())
.intercept(hashCode)
.method(isEquals())
.intercept(equals)
.serialVersionUid(42L)
.defineField("mockitoInterceptor", MockMethodInterceptor.class, PRIVATE)
// 实现一个 MockAccess 接口，用于处理对模拟对象的访问
.implement(MockAccess.class)
.intercept(FieldAccessor.ofBeanProperty());
```

Mockito 的架构设计相对复杂，这是为了让开发人员使用起来简单。如果我们通过 ByteBuddy 实例直接实现一个简单的模拟过程，Mockito 的原理会一目了然。

```
@Test
public void byte_buddy_test() throws IllegalAccessException, InstantiationException {
    Class<?> dynamicType = new ByteBuddy()
            .subclass(ArrayList.class)
            .method(ElementMatchers.named("get"))
            .intercept(FixedValue.value("Hello World!"))
            .make()
            .load(getClass().getClassLoader())
            .getLoaded();

    assertThat(((ArrayList) dynamicType.newInstance()).get(0), is("Hello World!"));
}
```

上面这段源码直接使用 ByteBuddy 实例构建了一个动态类,并传入了一个拦截器,这个拦截器负责处理动态代理的逻辑,在这个例子中它会固定返回一个值。限于动态生成原理的限制,动态类创建的对象实例在代码中无法获取类型,因此,需要强制将 dynamicType.newInstance 的返回值转换为 ArrayList。当对象上的方法被调用时,就会动态进入拦截器中,并返回预设的值。由于 ByteBuddy 实例在生成动态类的时候需要指定方法签名的匹配规则,因此它内置了一些设置相应规则的方法,这些方法也可以传入匹配器中,实现动态匹配。这就是 Mockito 在 when 方法被调用时,精细化地控制模拟行为和验证行为的方法。

11.3.2 针对 when 方法的分析

创建了模拟对象之后,接下来就是预设并响应测试代码中 when 方法等的返回值。那么 Mockito 中 when 方法以及后面的 then 方法预设的返回值都存储在哪里呢?

其实在创建了模拟对象后,MockitoCore 类已启动了一个预设过程。

```
// MockitoCore
MockCreationSettings<T> creationSettings = impl.build(typeToMock);
T mock = createMock(creationSettings);
mockingProgress().mockingStarted(mock, creationSettings);
return mock;
```

每一个模拟对象都有一个唯一标识,在 mockingProgress 方法中会根据唯一标识将对类进行预设的过程记录下来并写入上下文中,然后存储在 ThreadLocal 中。后续的所有过程则都暂存在 MockingProgress 接口的实现类中。

当 when 方法被调用时,它会接受被模拟方法的返回值,因此被模拟的方法也会被调用一次,并把返回值作为参数传给 when 方法。当测试运行到合适的地方时,就会再次调用被模拟的方法。

```
// 在 when 方法中, mockedList.get(0)被调用了一次
when(mockedList.get(0)).thenReturn("first");
```

```
// 第二次调用 mockedList.get(0)
System.out.println(mockedList.get(0));
```

Mockito 是怎样处理上述两次调用的呢?我们带着这个疑问阅读后面的代码。

由于 mockedList.get(0) 这个方法的实现是通过代理动态生成的,因此调试时无法进入这个方法。但是我们可以想办法绕过这个问题,之前在生成模拟类的时候我们说过,通过给 ByteBuddy 实例注入一个代理逻辑的类,可以让其承担所有动态的调用逻辑。所以我们可以找到 MockMethodInterceptor 的内部类 DispatcherDefaultingToRealMethod,它的任务是处理模拟对象方法的调度,比如在调用模拟对象的方法时决定是否执行真实的方法或返回预定的值。内部的代理过程都会经由 interceptSuperCallable 这个方法进行调度,前面在创建动态类的时候传入了一个 Dispatcher 对象,该对象中与代理相关的方法会在 interceptSuperCallable 方法中被调用。当 mockedList.get(0)方法被调用时,就可以分析 interceptSuperCallable 方法,从而发现内部代理的秘密。

在 interceptSuperCallable 方法上设置断点就可以进行调试了,该方法会持续调用多层的 doIntercept

方法。顺着层次跳转，我们会发现一个老朋友 MockHandler。

```
Object doIntercept(Object mock,
                   Method invokedMethod,
                   Object[] arguments,
                   RealMethod realMethod,
                   Location location) throws Throwable {
    // MockHandler 会处理内部代理逻辑，前面只是调度
    return handler.handle(createInvocation(mock, invokedMethod, arguments, realMethod,
mockCreationSettings, location));
}
```

找到干活儿的 MockHandler 后，在 MockHandlerlmpl 这个类的 handle 方法中能找到内部给模拟方法预设返回值的大部分逻辑。此返回值返回的基本原理是第一次调用时，检查是否已经有 Stubbing 对象，如果有，就返回预设的返回值；如果没有，就返回 null，并在上下文中开启设置进程。

可针对这段代码进行删减，让逻辑更为清晰，在 Handler 中，处理模拟方法时有以下三种情况：

- 对于 doThrow 和 doAnswer 风格的模拟语法，先写需要返回的结果，然后声明需要模拟的方法，匹配到参数后就退出；
- 对于还没有预设行为的方法，先设置默认的返回值，然后开启预设进程。无论是直接定义一个 Answer，还是使用 then 这类快捷方法，返回值都会被抽象为 Answer 对象；
- 对于已经预设行为的方法，捕捉参数，并构建返回值。这里也会更新计数器，计数器在对 verify 方法进行验证时使用。

下面这段源码就是代理逻辑。

```
public Object handle(Invocation invocation) throws Throwable {
    // 处理前置的风格，例如 doAnswer(answer).when(mockedList).get(0);
    if (invocationContainer.hasAnswersForStubbing()) {
        InvocationMatcher invocationMatcher = matchersBinder.bindMatchers(
                mockingProgress().getArgumentMatcherStorage(),
                invocation
        );
        invocationContainer.setMethodForStubbing(invocationMatcher);
        return null;
    }
    ...
    if (stubbing != null) {
        stubbing.captureArgumentsFrom(invocation);

        try {
            return stubbing.answer(invocation);
        } finally {
            mockingProgress().reportOngoingStubbing(ongoingStubbing);
        }
    } else {
        Object ret = mockSettings.getDefaultAnswer().answer(invocation);
        DefaultAnswerValidator.validateReturnValueFor(invocation, ret);
        invocationContainer.resetInvocationForPotentialStubbing(invocationMatcher);
        return ret;
```

```
    }
}
```

了解了这个过程，分析 when 方法就非常简单了。在程序运行时，when 方法运行完以后返回了 OngoingStubbing 对象，用于后续 then 方法的链式编程。源码如下。

```
public static <T> OngoingStubbing<T> when(T methodCall) {
    return MOCKITO_CORE.when(methodCall);
}
```

通过返回一个上下文对象来实现链式编程是一种非常常见的做法，我们在日常的开发中也可以借鉴这个思路，让代码的可读性更好。

预设的大部分工作在前面的 Handler 中已经完成，when 方法只是延续了预设过程。源码如下。

```
public <T> OngoingStubbing<T> when(T methodCall) {
    // 从上下文中获取合适的预设过程对象
    MockingProgress mockingProgress = mockingProgress();

    mockingProgress.stubbingStarted();
    @SuppressWarnings("unchecked")
    // 获取当前在途的预设过程，也就是当前链式编程操作的上下文
    OngoingStubbing<T> stubbing = (OngoingStubbing<T>) mockingProgress.pullOngoingStubbing();
    if (stubbing == null) {
        // 如果没有触发前面说的过程而直接调用了 when 方法，会丢出一个错误
        mockingProgress.reset();
        throw missingMethodInvocation();
    }
    return stubbing;
}
```

我们平时使用的 thenReturn、thenThrow 均是 OngoingStubbing 对象的方法，这些方法最终都会调用 thenAnswer 方法。因此我们也可以封装一些自己的方法来快捷地构建 Answer。

```
public OngoingStubbing<T> thenAnswer(Answer<?> answer) {
    if (!this.invocationContainer.hasInvocationForPotentialStubbing()) {
        throw Reporter.incorrectUseOfApi();
    } else {
        this.invocationContainer.addAnswer(answer, this.strictness);
        return new ConsecutiveStubbing(this.invocationContainer);
    }
}
```

Mockito 在预设过程中使用了很多临时存储机制。when 方法开启的调用链将状态存到了 OngoingStubbing 对象中，并将具体的预设过程记录到了 MockingProgress 中。在单元测试中，模拟的方法被调用后，会被记录到 InvocationContainer 中。结合这些状态来看，Mockito 对使用者隐藏了很多内部过程，这也是我们觉得它简单的原因。

Mockito 模拟过程使用了状态机的运行思想，它通过变换对象的状态并结合事件机制实现了模拟对象、预设模拟方法的返回值、验证方法的调用等逻辑。

11.3.3　针对 verify 方法的分析

有了前面的准备，现在可以轻松地分析 verify 方法了。我们在编写测试的过程中，会通过 verify 方法来验证被模拟的方法是否被调用过，而调用 verify 方法的语句会被放到实际调用被测试方法的语句之前。真正的验证工作发生在 MockHandler 的实现类中，也就是被模拟的方法被实际调用时。

verify 方法的使用是通过 verify(mock).doSome 方法实现的，它会返回模拟的对象，然后再次将被模拟的方法调用一次。

```
when(mockedList.get(0)).thenReturn("first");
// 调用一次
System.out.println(mockedList.get(0));
// 验证是否调用
verify(mockedList).get(0);
```

现在我们来看一下 verify 方法发生了什么。verify 方法中有几个重载方法，它们最终都会进入 verify(T mock, VerificationMode mode) 方法中。使用 verify 方法可以传入被验证的模拟对象以及验证模式。源码如下。

```
public <T> T verify(T mock, VerificationMode mode) {
    ...
    MockingProgress mockingProgress = mockingProgress();
    VerificationMode actualMode = mockingProgress.maybeVerifyLazily(mode);
    mockingProgress.verificationStarted(new MockAwareVerificationMode(mock, actualMode,
    mockingProgress.verificationListeners()));
    return mock;
}
```

将这个方法精简后可以看到，它主要是调用了 mockingProgress 对象中的 verificationStarted 方法，写入了 VerificationMode 类的实例，并加载了与验证模式相关的监听器。

```
public void verificationStarted(VerificationMode verify) {
    validateState();
    resetOngoingStubbing();
    verificationMode = new Localized(verify);
}
```

为 mockingProgress 对象的 verificationMode 属性赋值后，verify 方法就执行完了。随着被模拟的方法 mockedList.get(0) 再一次被调用，程序执行流程又会回到 MockHandler 中。

在讨论 when 方法时，我把 handle 方法做了简单的清理，隐藏了对 verify 方法的处理。这里则反过来，隐藏其他部分，突出 verify 方法。在执行 verify 方法时，有以下几个步骤。

1）从 mockingProgress 对象中获取 verificationMode 对象。

2）捕捉参数，在判断被模拟方法是否被调用过的逻辑时，需要基于方法的签名和参数精确匹配。

3）调用 verificationMode 对象中的 verify 方法。

执行 verify 方法的源码如下。

```
public Object handle(Invocation invocation) throws Throwable {
    // 省略 doThrow 或 doAnswer 的相关处理
```

```
...
VerificationMode verificationMode = mockingProgress().pullVerificationMode();

InvocationMatcher invocationMatcher = matchersBinder.bindMatchers(
        mockingProgress().getArgumentMatcherStorage(),
        invocation
);

mockingProgress().validateState();
if (verificationMode != null) {
    // 省略的源码中有一些兼容处理
    ...
    VerificationDataImpl data = new VerificationDataImpl(invocationContainer,
    invocationMatcher);
    verificationMode.verify(data);
}
// 省略模拟声明以及给模拟方法准备返回值等相关逻辑
...
}
```

VerificationMode 接口有众多的实现，默认的实现是 Times，默认调用的次数为 1。还有一些比较好用的实现，比如 Timeout、AtLeast。Timeout 包装了其他验证模式，但是提供了时间维度的约束。在有些情况下，Times 不太灵活，而 AtLeast 却可以处理多次调用的情况。

11.4 JaCoCo 的源码分析

JaCoCo 是主流的 Java 测试覆盖率统计工具，它通过探针统计测试覆盖率。探针是指通过操作字节码直接修改被测试代码的 Class 文件，它可以在关键的地方加入自己的逻辑。这样，测试完成后就可以收集到经过探针的代码的执行信息。

插入探针有两种模式，一种是在测试运行前通过 Java agent 技术动态插入，叫作 On-the-fly 模式；另一种是编译时插入，这是 Java agent 不能使用时的方案，这种模式叫作 Offline 模式。

- On-the-fly 模式：通过 -javaagent 参数指定特定的 Jar 文件作为代理程序，在 JVM 启动的过程中，ClassLoader 在加载 Class 之前会将 Class 交给 Java agent 程序进行预处理。有了这个契机，Java agent 就可以修改需要加载的 Class 文件了。
- Offline 模式：在测试之前先为文件插入探针，生成 class 和 jar 包，然后基于这两个包进行测试，生成测试覆盖率信息相关文件，最后经过处理生成报告。这种方案用于无法使用 Java agent 技术的场景。

在 JVM 环境下限制使用 Java agent 的主要原因如下：

- 运行时环境不支持 Java 代理；
- 安全原因；
- 无法配置 JVM 选项；
- 字节码需要在 VM（例如 Android Dalvik VM）和 JVM 之间进行转换。

通常来说，Java agent 更加主流，应用也非常广泛。APM 工具基本都是通过 Java agent 来对运行的 Java 应用做健康分析和性能分析的,比如 apm-agent-java、Arthas 等。但是 Java agent 的调试比较麻烦,这也是分析 Java agent 类应用程序的资料比较少的原因。由于 IntelliJ IDEA 在使用 Run xxx with Coverage 时,自动附加了-javaagent 参数,所以对开发人员来说它几乎透明。

接下来我们先了解一下 Java agent 程序的基本用法和调试方法,然后对 JaCoCo 使用 Java agent 的方法进行调试和分析。

11.4.1　Java agent 的基本用法

Java agent 主要是基于 Instrumentation API 实现的。在 Java 1.5 版本中,java.lang.instrument 被加入 Java 中,它提供了将字节码添加到现有的已编译 Java 类中的功能 Java agent 是使用 java.lang.instrument 中 Instrumentation API 的特殊用例。实现 Java agent 需要编写入口类和配置描述文件,并将其打包成 Jar 包,这样才可以在 JVM 启动 Java 程序时加载它。

JVMTI(JVM Tool Interface)是 Java 虚拟机所提供的 Native 编程接口,可以将其理解为 JVM 的一个插件,它可以通过 C/C++和 JNI 打交道。Java agent 是 JVMTI 的一个客户端,它的生命周期和普通的 Java 应用有所不同,它是用来侵入 Java 应用的一个钩子。在很多情况下,只使用 Java agent 已足够满足我们的需求,如果需要进行更深入的操作,也可以使用 JVMTI 的其他 API。

Java agent 通过以下两种方法挂载到应用中。

- 通过命令行参数挂载:在这种挂载方式里,代理会与 JVM 一起启动,所有被加载的类会被代理入口类中的 premain 方法捕获。
- 在应用启动后挂载:若应用已经启动,那么可以使用 JDK 的 Attach API 进行挂载,所有的加载类会被代理入口类中的 agentmain 方法捕获。

Java agent 的编写方式与普通应用类似,只不过这里的入口方法不再是 main 方法,而是 premain 和 agentmain 方法。分析 JaCoCo 时,只需要了解第一种方法即可。

Java agent 的使用方法如下。

```
java -javaagent:agent.jar -jar application.jar
```

下面我们编写一个例子来体验一下 Java agent 开发。首先,创建一个 Maven 项目,按照下面的配置制作 Jar 包,其中,Maven 的坐标信息和包名可以换成你自己的。

```xml
<?xml version="1.0" encoding="UTF-8"?>
<project xmlns="http://maven.apache.org/POM/4.0.0"
        xmlns:xsi="http://www.w3.org/2001/XMLSchema-instance"
        xsi:schemaLocation="http://maven.apache.org/POM/4.0.0 http://maven.apache.org/
        xsd/maven-4.0.0.xsd">
    <modelVersion>4.0.0</modelVersion>
    <groupId>cn.prinf.demos</groupId>
    <artifactId>javaagent</artifactId>
    <version>1.0.0</version>

    <packaging>jar</packaging>

    <build>
```

```
            <plugins>
                <plugin>
                    <groupId>org.apache.maven.plugins</groupId>
                    <artifactId>maven-jar-plugin</artifactId>
                    <configuration>
                        <archive>
                            <manifestEntries>
                                <Premain-Class>cn.prinf.demos.javaagent.AgentMain</Premain-
                                Class>
                                <Agent-Class>cn.prinf.demos.javaagent.AgentMain</Agent-Class>
                                <Can-Redefine-Classes>true</Can-Redefine-Classes>
                                <Can-Retransform-Classes>true</Can-Retransform-Classes>
                            </manifestEntries>
                        </archive>
                    </configuration>
                </plugin>
            </plugins>
        </build>
</project>
```

前面已提到 Java agent 需要配置描述文件，这里使用 maven-jar-plugin 配置 manifestEntries 属性，即可生成对应的描述文件。启动普通的 Jar 包时，只需要配置 Main-Class 属性并设置启动类即可，但是启动 Java agent 时，需要通过配置 Premain-Class 和 Agent-Class 这两个属性来告诉 JVM 启动类的位置。Can-Redefine-Classes、Can-Retransform-Classes 这两个属性允许 Java agent 程序获得重新定义、修改字节码的权限。

接着，创建一个类，编写一个简单的 Java agent 程序，这个程序仅仅会打印一些字符串，用以说明相关的代码被执行了。

```
public class AgentMain {
    public static void premain(String agentArgs, Instrumentation instrumentation) {
        System.out.println("Agent started! ");
        System.out.println("premain");
    }

    public static void agentmain(String agentArgs, Instrumentation inst) {
        System.out.println("Agent started! ");
        System.out.println("agentmain");
    }
}
```

然后执行 Maven 命令构建一个 Jar 包。

```
mvn clean package
```

拿到这个 Jar 包之后，找一个应用的 Jar 包一起启动，即可看到打印的内容。

```
java -javaagent:javaagent-1.0.0.jar -jar helloworld-1.0-SNAPSHOT.jar
```

在这个应用中，只输出了 "Hello world!"。因此，我们发现 Java agent 程序的加载时机相对于普通 Java 应用更靠前，agentmain 方法在这种启动方式下不会被执行。

```
Agent started!
premain
Hello world!
```

接下来，我们可以拓展 Java agent 程序了，就像 JaCoCo 在宿主程序的代码中埋入自己的逻辑一样。首先，使用 instrumentation 对象（premain 方法的参数）注入一个 ClassFileTransformer 的实现，从而获得每一个被加载的类。

```
instrumentation.addTransformer(new ClassFileTransformer() {
  public byte[] transform(ClassLoader loader, String className, Class<?> classBeingRedefined,
  ProtectionDomain protectionDomain, byte[] classfileBuffer) throws
  IllegalClassFormatException {
    System.out.println("class loaded: " + className);
    return new byte[0];
  }
});
```

上述代码实现了一个类转换器，在这个实现中，输出了所有被加载的类名称，且没有对原始的类做任何修改。重新使用 Java agent 执行程序，会得到如下结果。

```
Agent started!
premain
class loaded: jdk/jfr/internal/EventWriter
class loaded: sun/launcher/LauncherHelper
class loaded: java/lang/invoke/VarHandle$AccessDescriptor
class loaded: java/io/RandomAccessFile$1
class loaded: cn/printf/demos/helloworld/Application
Hello world!
class loaded: java/util/IdentityHashMap$KeyIterator
class loaded: java/util/IdentityHashMap$IdentityHashMapIterator
class loaded: java/lang/Shutdown
class loaded: java/lang/Shutdown$Lock
```

可以看到，这里有很多 JVM 系统内部的类也被加载了，因此需要过滤出我们所需要的类。可以使用一些字节码工具对加载进来的类进行处理。在分析 Mockito 的过程中，我们学习过如何使用 ByteBuddy 实例来操作二进制的字节码。除了 ByteBuddy 实例，还可以基于 Java 程序操作字节码，这可以通过下面的库来实现。

- ASM 库：一种基于二进制的字节码操作框架，可以直接应用于 Class 文件进行分析、修改和生成操作。生成的 Class 文件也可以被 JVM 加载使用。对于 ASM 库来说，直接修改字节码类似于操作汇编指令，避免了使用反射功能。但是，这对开发人员有一些要求，即需要理解 JVM 汇编指令。
- Javassist 库：提供了更高层次的 API，相比于 ASM 库来说，执行效率较差，类似于 JDK 自带的反射功能。

我们知道，JaCoCo 会直接使用 ASM 库作为字节码操作工具，事实上，这里也可以模仿 JaCoCo 通过 ASM 库实现简单的字节码修改，提前体验一下字节码操作的魅力。ASM 库可以在不依赖其他库的情况下直接处理字节码，甚至 OpenJDK 也引用了这个库来实现 Lambda 相关的语法。

首先，在 Java agent 的项目中引入 ASM 库的依赖。下面在 Maven 的依赖配置中加入了 ASM 库的相关依赖。

```
<dependency>
    <groupId>asm</groupId>
```

```
    <artifactId>asm</artifactId>
    <version>3.3.1</version>
</dependency>
```

在构建 Jar 包时，需要注意将依赖的相关 Jar 包一起打包进去，否则会找不到类。可以使用 maven-shade-plugin 插件来完成这项工作。

```
<plugin>
    <groupId>org.apache.maven.plugins</groupId>
    <artifactId>maven-shade-plugin</artifactId>
    <executions>
        <execution>
            <phase>package</phase>
            <goals>
                <goal>shade</goal>
            </goals>
        </execution>
    </executions>
    <configuration>
        <artifactSet>
            <includes>
                <include>asm:asm:jar:</include>
            </includes>
        </artifactSet>
    </configuration>
</plugin>
```

ASM 库一开始只有访问核心字节码的能力，但是这些 API 实在太基础了，因此开发团队也提供了一些封装后的工具（Jar 包）给我们使用。依赖的相关 Jar 包具体如下。

- asm：提供基本的字节码操作功能。
- asm-commons：提供一些有用的 API 用于访问字节码，它采用的是访问者模式。
- asm-tree：通过树形数据结构提供字节码访问的 API。
- asm-analysis：提供一些字节码分析工具。
- asm-util：提供一些工具类。

接下来就可以拓展前面编写的 Java agent 程序了，这里通过引入 ASM 库来处理字节码。由于使用 ASM 库的 API 有一点复杂，因此这里尽可能地把调用 ASM 库的代码整理得简单和清晰些。

```
public static void premain(String arguments, Instrumentation instrumentation) {
        // 通过定义一个匿名类给 instrumentation 注册了一个字节码转换器
        instrumentation.addTransformer(new ClassFileTransformer() {
            @Override
            public byte[] transform(ClassLoader loader, String className, Class<?>
            classBeingRedefined, ProtectionDomain protectionDomain, byte[] classfileBuffer)
            throws IllegalClassFormatException {
                // 过滤测试的目标程序类名，让测试结果更简洁
                if (className.equals("cn/printf/demos/helloworld/Application")) {
                    System.out.println("from transform " + className);
                    // reader 和 writer 是 ASM 库提供的处理字节码的基本方法，与 I/O 流的风格类似
                    ClassReader reader = new ClassReader(classfileBuffer);
```

```
                    ClassWriter writer = new ClassWriter(reader, ClassWriter.COMPUTE_
                    FRAMES | ClassWriter.COMPUTE_MAXS);
                    // 在 reader 中注册了一个 visitor
                    reader.accept(new MyClassVisitor(writer), ClassReader.EXPAND_FRAMES);
                    return writer.toByteArray();
                }
                return new byte[0];
            }
        });
    }
```

可以将计算机高级语言的语法结构想象成一棵树，它由类、方法、属性或者语句构成。Java 的类就是在定义这种语法结构，编译类之后可通过字节码查看器查看所有的语法描述信息，包括类的成员、方法和注解等操作这些语法结构可以通过访问者模式或者树的遍历行为来实现。ASM 库提供了单独的包来支持通过树遍历 API，默认情况下使用的是访问者模式。

Java 字节码被编译完之后会生成 Class 文件，Class 文件是一种声明了字节码结构的二进制文件，它包含了常量池、访问标志、字段表和方法表等信息，可以看作运行在 JVM 上的汇编代码。

执行 javap -verbose 命令，并将字节码文件作为参数，可以看到解析后的字节码。以下面这段程序为例，我们来观察一下编译后的字节码。

```
public class Application {
    public static void main(String[] args) {
        System.out.println("Hello world!");
    }
}
```

编译并解析后的字节码如下。

```
Last modified Oct 14, 2021; size 591 bytes
  MD5 checksum 1010ae5d48ef265b5d7dd1a200cf6796
  Compiled from "Application.java"
public class cn.printf.demos.helloworld.Application
  minor version: 0
  major version: 49
  flags: (0x0021) ACC_PUBLIC, ACC_SUPER
  this_class: #5                          // cn/printf/demos/helloworld/Application
  super_class: #6                         // java/lang/Object
  interfaces: 0, fields: 0, methods: 2, attributes: 1
Constant pool:
   #1 = Methodref          #6.#20         // java/lang/Object."<init>":()V
   #2 = Fieldref           #21.#22        // java/lang/System.out:Ljava/io/PrintStream;
   #3 = String             #23            // Hello world!
   #4 = Methodref          #24.#25        // java/io/PrintStream.println:(Ljava/lang/
                                          String;)V
   #5 = Class              #26            // cn/printf/demos/helloworld/Application
   #6 = Class              #27            // java/lang/Object
   #7 = Utf8               <init>
   #8 = Utf8               ()V
   #9 = Utf8               Code
```

```
  #10 = Utf8                    LineNumberTable
  #11 = Utf8                    LocalVariableTable
{
  // 默认的构造方法
  public cn.printf.demos.helloworld.Application();
    descriptor: ()V
    flags: (0x0001) ACC_PUBLIC
    Code:
      stack=1, locals=1, args_size=1
         0: aload_0
         1: invokespecial #1                       // Method java/lang/Object."<init>":()V
         4: return
      LineNumberTable:
        line 3: 0
      LocalVariableTable:
        Start  Length  Slot  Name   Signature
            0       5     0   this   Lcn/printf/demos/helloworld/Application;
  // main 方法
  public static void main(java.lang.String[]);
    descriptor: ([Ljava/lang/String;)V
    flags: (0x0009) ACC_PUBLIC, ACC_STATIC
    Code:
      // System.out.println("Hello world!") 语句
      stack=2, locals=1, args_size=1
         0: getstatic     #2                 // Field java/lang/System.out:Ljava/io/PrintStream;
         3: ldc           #3                 // String Hello world!
         5: invokevirtual #4                 // Method java/io/PrintStream.println:(Ljava/
                                             lang/String;)V
         8: return
      LineNumberTable:
        line 5: 0
        line 6: 8
      LocalVariableTable:
        Start  Length  Slot  Name   Signature
            0       9     0   args   [Ljava/lang/String;
}
SourceFile: "Application.java"
```

想要修改字节码实现自己的逻辑，只需要在合适的地方插入字节码指令即可，比如在方法的第一个指令处，或者在 return 指令前。ASM 库会遍历字节码，并通过访问者模式给调用者提供合适的访问时机。

在上面的例子中，我们尝试在被代理应用的 main 方法的入口处注入了一行代码，这是使用类访问器与方法访问器相结合的方式实现的。

下面讲解 Java Agent 的插桩过程和原理。在 premain 方法的 reader 对象中，接受了一个 ASM 类访问器的实例。类访问器需要实现 ClassVisitor 接口，它提供了以下方法：

- visitAnnotation；

- visitField；
- visitMethod；
- visitInnerClass。

为了更简单、清晰地了解 Java agent 的插桩过程和原理，编写一个访问器 MyClassVisitor，让其直接继承 asm-commons 中的 ClassAdapter 类，这个类默认实现了所有的方法，且没有任何副作用，我们可以把它当作一个骨架，在其中放置需要的逻辑即可。

```java
public static class MyClassVisitor extends ClassAdapter {

    public MyClassVisitor(ClassVisitor classVisitor) {
        super(classVisitor);
    }

    @Override
    public MethodVisitor visitMethod(int access, String name, String desc, String
    signature, String[] exceptions) {
        MethodVisitor methodVisitor = super.visitMethod(access, name, desc, signature,
        exceptions);
        if (name.equals("main")) {
            // 返回方法访问器
            return new MyMethodVisitor(methodVisitor, name);
        } else {
            return methodVisitor;
        }
    }
}
```

与类访问器类似，方法访问器也直接使用了模板类，且重写了需要的方法。

```java
private static class MyMethodVisitor extends MethodAdapter {
    private final String name;

    public MyMethodVisitor(MethodVisitor methodVisitor, String name) {
        super(methodVisitor);
        this.name = name;
    }

    @Override
    public void visitCode() {
        super.visitCode();
        // TODO 实现方法注入
    }
}
```

这些模板类中的方法可让 ASM 库用起来简单一些。如图 11-10 所示，在方法访问器中，可以实现不同的访问类型方法，用于插入或修改相应位置的字节码。

void	visitAttribute(Attribute attr) Visits a non standard attribute of this method.
void	visitCode() Starts the visit of the method's code, if any (i.e. non abstract method).
void	visitEnd() Visits the end of the method.
void	visitFieldInsn(int opcode, String owner, String name, String desc) Visits a field instruction.

图 11-10　方法访问器

如果要在方法的入口处插入一段代码，那么可以使用 visitCode 方法来实现，也就是在上述代码中 TODO 标签所在的位置插入。

ASM 库提供了命令式的字节码生成 API，调用父类的相关方法就可以轻松实现字节码的生成、修改等操作。示例代码如下。

```java
@Override
public void visitCode() {
    super.visitCode();
    mv.visitFieldInsn(
            Opcodes.GETSTATIC,
            Type.getInternalName(System.class),
            "out",
            Type.getDescriptor(PrintStream.class)
    );
    mv.visitLdcInsn("hack by ASM for method: " + name);
    mv.visitMethodInsn(
            Opcodes.INVOKEVIRTUAL,
            Type.getInternalName(PrintStream.class),
            "println",
            "(Ljava/lang/String;)V"
    );
}
```

这段代码就是基于字节码生成了一个 System.out.println("hack by ASM for method: xxx") 语句。在此过程中，涉及指令的动作如下：

- 使用 getstatic 指令从常量池中找到成员变量的引用，读取之后放到操作栈中；
- 使用 ldc 指令将字符串常量压入栈中；
- 使用 invokevirtual 指令调用 println 方法。

提示：实际上 Java 中的面向对象是仍然是通过方法来模拟的，方法是计算机程序结构中重要的构成元素。由于这里涉及一些汇编和 JVM 原理知识，因此不深入讲解。想要快速理解上面的代码，可以将其想象成 println 方法接收以 System.out 和 hack by ASM for method: xxx 作为参数的调用，对象上下文为该方法执行时的参数之一。

重新编译和运行 Java agent 程序，我们可以看到植入的代码生效了，控制台会多输出一行文本。

```
hack by ASM for method: main
```

现在我们通过 ASM 库和 Java agent 技术实现了动态修改字节码，这对理解基于 Java 探针的工具至关重要。

11.4.2　Java agent 的调试方法

既然 JaCoCo 是一种 Java agent 程序，那么在开始探索 JaCoCo 之前，我们需要找到调试 Java agent 程序的方法。一种方法是远程调试，另外一种更简单的方法是将 Java agent 程序的源码放到与应用程序同级的目录下，然后通过 IntelliJ IDEA 识别源码。

1. 远程调试

细心的读者可能会注意到，其实 IntelliJ IDEA 的调试也是通过远程调试完成的。在使用 Debug 模式运行一段代码时，可能会在控制台中看到冗长的命令中包含了如下代理参数。

```
/Library/Java/JavaVirtualMachines/jdk1.8.0_181.jdk/Contents/Home/bin/java -agentlib:
jdwp=transport=dt_socket,address=127.0.0.1:49449,suspend=y,server=n
```

为什么我们不直接使用 IntelliJ IDEA 的调试功能而使用代理呢？

这是因为我们在 Debug 模式下运行应用程序（Java agent 注入的那个程序）时，通过参数指定了 Java agent 的 Jar 包。又因为启动的目录是应用目录，IntelliJ IDEA 找不到 Java agent 的源码，所以在这种情况下无法调试。若将应用的 Jar 包复制到 Java agent 程序的目录下，那么就可以在 Java agent 的目录下通过命令行启动程序，再配置一下上面的代理参数就可以进行调试了。

就像之前测试 Java agent 程序一样，复制一个 helloworld-1.0-SNAPSHOT.jar 程序到 Java agent 目录下。在需要的地方打上断点，按照与之前相同的方法启动程序，然后附加如下参数。

```
java -agentlib:jdwp=transport=dt_socket,server=y,suspend=y,address=0.0.0.0:5005 -java
agent:./target/javaagent-1.0.0.jar -jar helloworld-1.0-SNAPSHOT.jar
```

这时，JVM 会等待调试，如果出现下面的提示就说明操作成功了。

```
Listening for transport dt_socket at address: 5005
```

下面在 IntelliJ IDEA 中配置远程调试窗口，如图 11-11 所示。

首先，在图 11-12 所示的界面，点击添加图标+号，配置一个新的远程启动器。

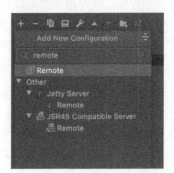

图 11-11　配置远程调试窗口　　　　　　图 11-12　配置新的远程启动器

然后，修改名称及端口，如图 11-13 所示。需要注意的是，Debugger 的模式为 Attach to remote

JVM，这意味着将由 JVM 端监听端口，所以端需要先启动 JVM，然后运行远程调试启动器。

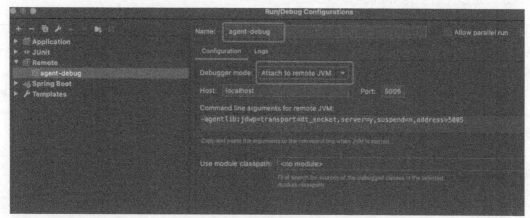

图 11-13　修改名称及端口

最后，使用 Debug 按钮运行这个启动器进行调试。

2. 同级目录调试

前面提到，IntelliJ IDEA Debug 模式运行程序时，因为找不到源码而无法调试，既然如此，那么让 IntelliJ IDEA 找到源码，不就可以启动调试了吗？事实也确实如此。

在 IntelliJ IDEA 中，先基于 Maven 项目结构将 Java agent 的代码放到应用程序的同级目录下（在某些特定的 IntelliJ IDEA 版本下，甚至不需要同级目录，只需要 IntelliJ IDEA 能识别即可），然后在应用程序的目录下通过 IntelliJ IDEA 启动调试，这时，IntelliJ IDEA 能找到 Java agent 的源码，自然也就能进行调试了。

如图 11-14 所示，在应用程序的启动器中，可通过 VM 参数配置 Java agent 编译出来的 Jar 包。

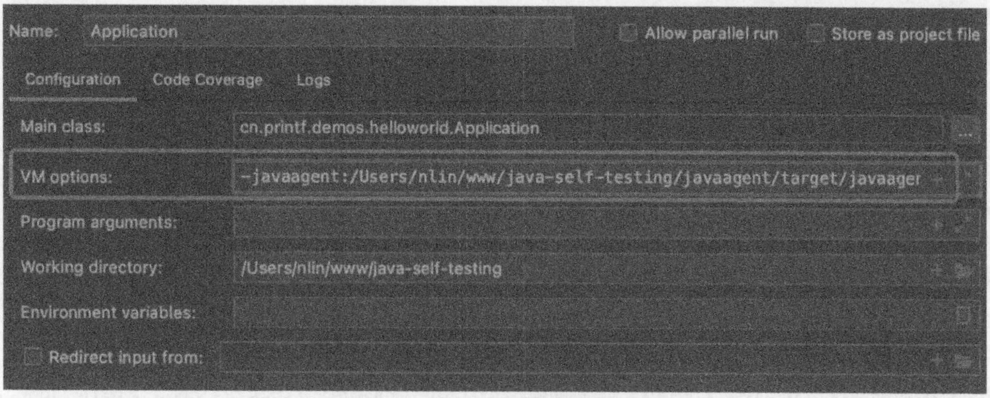

图 11-14　通过 VM 参数配置 Jar 包

通过这种启动方式，无论是在 Java agent 的目录下设置断点，还是在应用程序的目录下设置断点，都能有效调试。

11.4.3　JaCoCo agent 的启动原理

了解了 Java agent 和 ASM 的相关知识之后，接下来，将 JaCoCo 的源码下载到代码库中进行调试，从而探索它的原理。我调试、分析的 JaCoCo 版本是 v0.8.7（本书编写时最新的 Release 版本），可以在 Master 分支找到这个版本的发布标签，然后创建一个新的分支。

JaCoCo 通过 Maven 构建，但是它提供了多种运行方式，比如通过 Ant、Maven、Java agent、java 等命令运行，此外，还可以通过 API 调用来运行。这里为了分析 JaCoCo 的原理，就不使用 Ant 和 Maven 运行 JaCoCo 了，而是使用我们之前介绍的 Java agent。

在开始分析之前，先说明一下 JaCoCo 的包结构。找到 Java agent 所在的包，做一点小处理后才能顺利调试 JaCoCo。JaCoCo 的模块非常多，主要是为了适配多种发布方式，具体如下。

```
org.jacoco.core
org.jacoco.agent
org.jacoco.agent.rt
org.jacoco.examples
org.jacoco.ant
org.jacoco.report
org.jacoco.build
org.jacoco.cli
org.jacoco.doc
org.jacoco.agent.test
org.jacoco.examples.test
org.jacoco.ant.test
org.jacoco.report.test
org.jacoco.tests
org.jacoco.cli.test
org.jacoco.core.test
org.jacoco.agent.rt.test
org.jacoco.core.test.validation.groovy
org.jacoco.core.test.validation.java14
org.jacoco.core.test.validation.java16
org.jacoco.core.test.validation.java5
org.jacoco.core.test.validation.java7
org.jacoco.core.test.validation.java8
org.jacoco.core.test.validation.kotlin
org.jacoco.core.test.validation.scala
org.jacoco.core.test.validation
```

我们需要关注的只有 org.jacoco.core 和 org.jacoco.agent.rt 这两个模块。需要特别说明的是，org.jacoco.agent 只是 Java agent 的包装，真正的 Java agent 源码在 org.jacoco.agent.rt 这个模块中。

下载源码后，可以基于 org.jacoco.agent.rt 模块构建 Jar 包，然后通过远程调试方式启动 JaCoCo。使用 Maven 命令或者 IntelliJ IDEA 的 Maven 插件构建 Jar 包，即可在 org.jacoco.agent.rt 模块下的 target 目录中看到相应的 Jar 包。需要注意的是，带 all 后缀的包为使用 shade 插件引入了该插件依赖的所有包。

现在，我们可以通过前面介绍的 java 命令启动单元测试了。复制之前的测试类、JUnit 的 Jar 包和 hamcrest-core Jar 包，我们需要通过它们来启动测试。

这里准备的测试文件如下：

- hamcrest-core-1.3.jar；
- junit-4.13.jar；
- Calculator.class；
- CalculatorTest.class。

其中的两个 Class 文件是提前编译的求和示例代码，包含源文件和测试文件。可以将它们复制到 org.jacoco.agent.rt 目录下，通过这种方法可还原单元测试的本来面目。

下面通过 JaCoCo 的 Java agent Jar 包来生成测试覆盖率文件。

```
java -javaagent:./target/org.jacoco.agent.rt-0.8.7-all.jar  -cp .:junit-4.13.jar:
hamcrest-core-1.3.jar org.junit.runner.JUnitCore  CalculatorTest
```

执行上面的命令后测试会按照预期运行，它的运行原理前面已经分析过了。运行结束后，可以得到 JaCoCo 生成的测试覆盖率统计文件 jacoco.exec。

根据前面的远程调试方法可知，我们需要为这个命令添加更多的参数来启动远程调试端口。最终的调试命令如下。

```
java -agentlib:jdwp=transport=dt_socket,server=y,suspend=y,address=0.0.0.0:5005 -java
agent:./target/org.jacoco.agent.rt-0.8.7-all.jar  -cp .:junit-4.13.jar:hamcrest-core-1.3.
jar org.junit.runner.JUnitCore  CalculatorTest
```

这个命令揭示了使用 JUnit 运行单元测试并获得测试覆盖率的秘密，以及通过远程调试来 Debug 的方法。我们在 IntelliJ IDEA 中配置了一个远程调试启动器，远程调试的端口设置为 5005，并在 PreMain 类的 preMain 方法中设置了一个断点。我们期望调试启动后，能看到调试工具在合适的断点处被中断。但是令人失望的是，程序在正常运行，并未被中断。前面提到，IDE 被断点中断的前提是需要识别源码，这里即使 IntelliJ IDEA 正确地识别了源码，一样未能被断点拦截。这是因为 JaCoCo 的开发人员对 Pom 文件做了一点手脚——为了避免包名冲突，在构建 Java agent 的时候，使用 shade 插件修改了包名，这导致 IDE 无法识别到对应的源码。我们可以临时删除相应的配置。

```
// 删除 org.jacoco.agent.rt 中的 pom.xml 这部分
<relocations>
  <relocation>
    <pattern>org.jacoco.agent.rt.internal</pattern>
    <shadedPattern>${jacoco.runtime.package.name}</shadedPattern>
  </relocation>
  <relocation>
    <pattern>org.jacoco.core</pattern>
    <shadedPattern>${jacoco.runtime.package.name}.core</shadedPattern>
  </relocation>
  <relocation>
    <pattern>org.objectweb.asm</pattern>
    <shadedPattern>${jacoco.runtime.package.name}.asm</shadedPattern>
  </relocation>
</relocations>
```

然后在 Jar 包的描述文件配置处重新指明 Premain-Class 属性。

```
<manifestEntries>
    // 将 Agent 的入口文件指定到相关位置
    <Premain-Class>org.jacoco.agent.rt.internal.PreMain</Premain-Class>
    <Automatic-Module-Name>${project.artifactId}</Automatic-Module-Name>
    <Implementation-Title>${project.description}</Implementation-Title>
    <Implementation-Vendor>${project.organization.name}</Implementation-Vendor>
    <Implementation-Version>${project.version}</Implementation-Version>
</manifestEntries>
```

完成这些修改后，重新构建一个 Jar 包，再次运行调试就会被断点拦截了，如图 11-15 所示。

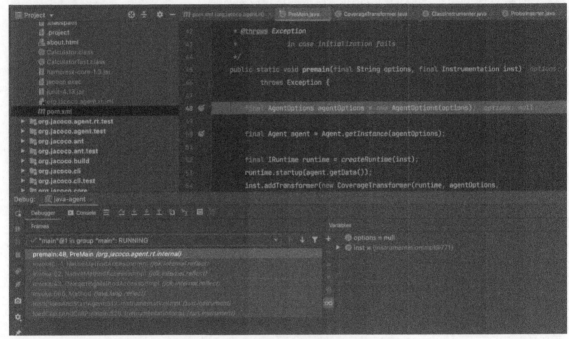

图 11-15 调试 JaCoCo 被断点拦截

前面提到过，JaCoCo 有很多个模块，这里有必要介绍一下其中两个重要模块的职责。

- org.jacoco.agent.rt：JaCoCo 的 Java agent 发布包，在 Java agent 中，Agent 对象承担了管理生命周期的职责，对接各种输出策略。它可以通过文件的方式输出结果，也可以通过网络的方式传输测试覆盖率信息。我们还可以基于这个包定制自己的输出方式，通过 Instrumenter 接口和 core 模块与企业内部的质量平台对接。
- org.jacoco.core：提供核心的插桩、结果分析等逻辑，它的大部分操作与 ASM 库相关。

下面来看看 org.jacoco.agent.rt 模块中 preMain 的入口方法。

```
public static void premain(final String options, final Instrumentation inst)
        throws Exception {
    // javaagent 选项还可以传递额外的参数给 Java agent 程序
    // -javaagent:[yourpath/]jacocoagent.jar=[option1]=[value1],[option2]=[value2]
    final AgentOptions agentOptions = new AgentOptions(options);
```

```
// 根据参数实例化一个 Agent 对象单例
final Agent agent = Agent.getInstance(agentOptions);

// 创建一个运行时, 可以将这里的 Runtime 理解为在插桩和分析过程中记录数据的地方
final IRuntime runtime = createRuntime(inst);
runtime.startup(agent.getData());
// Instrumentation API 为字节码转换的入口, 前面介绍 Java agent 的时候使用过这个 API
inst.addTransformer(new CoverageTransformer(runtime, agentOptions,
        IExceptionLogger.SYSTEM_ERR));
}
```

这里引入了两个概念 Agent、Runtime，对分析执行流程来说，这两个概念的价值不是特别大。值得关注的是 CoverageTransformer 类，它是 JaCoCo 处理字节码的桥梁。在这个类中，初始化了 Instrumenter 类。Instrumenter 类可以看作 core 模块中暴露出来的门面类，它真正实现了插桩动作。

```
public CoverageTransformer(final IRuntime runtime,
        final AgentOptions options, final IExceptionLogger logger) {
    this.instrumenter = new Instrumenter(runtime);
    this.logger = logger;
    ...
}
```

在 CoverageTransformer 类中，JVM 在加载类之前会调用 transform 方法处理每个被加载类的字节码，从而得到修改后的字节码，这就是 JaCoCo 进行插桩操作的时机。下面是简化后的 transform 方法。

```
public byte[] transform(final ClassLoader loader, final String classname,
        final Class<?> classBeingRedefined,
        final ProtectionDomain protectionDomain,
        final byte[] classfileBuffer) throws IllegalClassFormatException {
    try {
        classFileDumper.dump(classname, classfileBuffer);
        return instrumenter.instrument(classfileBuffer, classname);
    } catch (final Exception ex) {
        ...
    }
}
```

随着 instrumenter.instrument 方法被调用，也就正式进入了插桩流程。

这里是为了演示使用 Java agent 启动 JaCoCo 的完整过程，才构建了这么复杂的流程。如果觉得太过麻烦，并且已经理解了 Jaya agent 是如何在 JaCoCo 中被应用的，可以把关注点放到如何对 Class 文件插桩上，即改用另外一种简单的方式来进行分析。

通常，JaCoCo 的开发人员会直接测试 Instrumenter 等组件，而且会贴心地在 examples 模块下放一个演示类 CoreTutorial。CoreTutorial 类演示了通过 Java API 的方式输入一个被操作类的过程。分析它的执行情况，可以方便我们以更自然的方式调试它，从而继续后面的分析。

11.4.4　JaCoCo 探针的插桩过程

在 org.jacoco.examples 模块下可以找到 CoreTutorial 类，JaCoCo 团队用这个类清晰地演示了如何使用 JaCoCo 的 Java API 来实现对目标代码的插桩。接下来，我们就把关注点从 Java agent 转移到 JaCoCo 的核心逻辑上来。

设置好环境后，打开 CoreTutorial 类，可以看到它包含了内部静态类 TestTarget 和类加载器 MemoryClassLoader。

TestTarget 是目标测试类，也就是我们插桩的目标对象。此类包含了条件、循环语句，功能是判断一个输入的数是不是素数。源码如下。

```java
public static class TestTarget implements Runnable {
    public void run() {
        isPrime(7);
    }
    private boolean isPrime(final int n) {
        for (int i = 2; i * i <= n; i++) {
            if ((n ^ i) == 0) {
                return false;
            }
        }
        return true;
    }
}
```

类加载器 MemoryClassLoader 可以在把插桩后的字节码加载到 JVM 后执行相关的方法，它内部的实现逻辑这里先跳过。

CoreTutorial 类的工作是对目标类进行插桩操作，再通过内存类加载器加载，然后执行相关方法。从入口方法处可以看到，现在已进入 execute 方法中，所以可以直接从这个方法开始分析。

1.　基本概念

CoreTutorial 类演示了 JaCoCo 获得测试覆盖率的几个运行阶段。

1）插桩。

2）加载类（在 Agent 上下文中由 JVM 完成，这里由内存类加载器模拟）。

3）运行类的方法（在真实环境中就是 JUnit Runner 启动，完成测试）。

4）收集数据。

5）分析和统计结果，导出数据。

下面我们分析插桩过程中的关键源码。

```java
public void execute() throws Exception {
    final String targetName = TestTarget.class.getName();
    final IRuntime runtime = new LoggerRuntime();
    final Instrumenter instr = new Instrumenter(runtime);
    // 读取字节码输入流
    InputStream original = getTargetClass(targetName);
```

```
// 插桩
final byte[] instrumented = instr.instrument(original, targetName);
original.close();
...
}
```

在上面的源码中，LoggerRuntime 相当于数据收集器；Instrumenter 就是 core 模块中处理插桩的门面类。getTargetClass 方法通过当前类加载器打开了一个类的字节流，它在读取了完整的字节码后会传递给 ASM 库。源码如下。

```
private InputStream getTargetClass(final String name) {
    final String resource = '/' + name.replace('.', '/') + ".class";
    return getClass().getResourceAsStream(resource);
}
```

上述源码一般用来加载 Classpath 下的配置文件和其他资源文件，其实也可以加载 Class 文件，甚至可以将读取的 Class 文件加载到 JVM 中实现类似反射的效果，这充分体现了 Java 的动态能力。

开启调试是从 instrument 方法中进入的，这个过程中会涉及多层包装方法，最终会跳转到一个以参数为字节码数组的私有方法上（开源码的惯用套路）。

instrument 方法的主要逻辑就是配置与 ClassVisitor 相关的内容。源码如下。

```
private byte[] instrument(final byte[] source) {
    final long classId = CRC64.classId(source);
    final ClassReader reader = InstrSupport.classReaderFor(source);
    final ClassWriter writer = new ClassWriter(reader, 0) {
      @Override
      protected String getCommonSuperClass(final String type1,
          final String type2) {
        throw new IllegalStateException();
      }
    };
    final IProbeArrayStrategy strategy = ProbeArrayStrategyFactory
        .createFor(classId, reader, accessorGenerator);
    final int version = InstrSupport.getMajorVersion(reader);
    final ClassVisitor visitor = new ClassProbesAdapter(
        new ClassInstrumenter(strategy, writer),
        InstrSupport.needsFrames(version));
    reader.accept(visitor, ClassReader.EXPAND_FRAMES);
    return writer.toByteArray();
}
```

这里除了重点关注 ClassVisitor，还需要了解一下如下概念。

- IProbeArrayStrategy：探针存储策略接口。JaCoCo 探针模型非常简单，就是在需要的地方插入一行代码，将代码的运行情况记录到一个数组中，如果运行的代码经过了这个探针，那么数组中的值就是 true，这时需要找一个地方存储这些探针数据。关于存储，不同的情况有不同的策略。一般情况下，会使用 ClassFieldProbeArrayStrategy 这个策略，即通过在被插桩的类上增加了一个静态属性来存储代码执行信息。
- ClassProbesAdapter：根据 ASM 库的访问者模式对接的一个类，该类继承了 ClassVisitor

接口。

- ClassInstrumenter：封装了插桩的基本操作，对类进行处理。JaCoCo 在插桩过程中做了如下事情。

　　a）在每个方法的入口处放置了一个局部变量，用于记录数据。

　　b）在方法的每一个循环语句、条件语句处插桩，在方法的返回值处插桩。

　　c）在被插桩的类头部放置了一个存储数据的容器，并注入了一个方法，用于给这个局部变量提供数据访问。

为了方便理解上述内容，我们先来看一个最简单的目标类被插桩后是什么样子。在 CoreTutorial 类中，instrument 方法返回的是修改后的字节码，我们可以直接将其保存成文件，然后反编译。示例代码如下。

```
try (FileOutputStream stream = new FileOutputStream("/Users/nlin/www/jacoco/org.
jacoco.examples/target.class")) {
    stream.write(instrumented);
}
```

这个例子中的 TestTarget 被插桩后的字节码反编译了。

```
public class CoreTutorial$TestTarget implements Runnable {
    // $FF: synthetic field
    private static transient boolean[] $jacocoData;
    public CoreTutorial$TestTarget() {
        boolean[] var1 = $jacocoInit();
        super();
        var1[0] = true;
    }
    public void run() {
        boolean[] var1 = $jacocoInit();
        this.isPrime(7);
        var1[1] = true;
    }
    private boolean isPrime(int n) {
        boolean[] var2 = $jacocoInit();
        int i = 2;
        for(var2[2] = true; i * i <= n; var2[4] = true) {
            if((n ^ i) == 0) {
                var2[3] = true;
                return false;
            }
            ++i;
        }
        var2[5] = true;
        return true;
    }
    // $FF: synthetic method
    private static boolean[] $jacocoInit() {
        boolean[] var10000 = $jacocoData;
        if($jacocoData == null) {
```

```
        Object[] var0 = new Object[]{Long.valueOf(-8914035797785187115L), "org/jacoco/
        examples/CoreTutorial$TestTarget", Integer.valueOf(6)};
        Logger.getLogger("jacoco-runtime").log(Level.INFO, "337d0578", var0);
        var10000 = $jacocoData = (boolean[])var0[0];
    }
    return var10000;
  }
}
```

反编译后，除了隐藏的构造方法是编译器加上去的，JaCoCo 还额外增加了 2 个成员，一个是 $jacocoData 属性，它是用来存储语句是否被执行过的变量；另外一个就是为每个方法的本地变量初始化存储容器空间的$jacocoInit 方法。

在 instrument 方法中，所需的对象一旦准备好，就会调用 readeraccept(visitor, ClassReader. EXPAND_FRAMES)语句遍历目标类，从而进行插桩操作。在 JaCoCo 的代码中，穿插了两个级别的访问者模式。

- 类级别的访问者模式，代表类是 ClassProbesAdapter、ClassInstrumenter。根据字面意思可知，ClassProbesAdapter 类负责与 ASM 库的访问者模式对接，实现访问器接口。ClassInstrumenter 类负责调用相关方法执行字节码操作。
- 方法级别的访问者模式，代表类是 MethodProbesAdapter、MethodInstrumenter。MethodProbesAdapter 类负责与 ASM 库对接，当 ASM 库遍历到某个方法时会触发相关的逻辑。MethodInstrumenter 类负责调用相关方法执行字节码插桩操作。

上面介绍的类基本和访问者模式相关，实际执行插桩操作的工具类为 ProbeInserter，而 ClassFieldProbeArrayStrategy 是负责存储探针信息的类。

由于存在两个级别的访问者模式，ASM 库的访问行为发生了多轮，因此我们可以基于多轮访问行为来分析源码。ClassProbesAdapter 是 ASM 库开始遍历的入口类，visit、visitMethod、visitEnd 这三个方法会被轮流触发。由于 visit 方法基本没有什么逻辑，可以先忽略。主要的逻辑在 visitMethod、visitEnd 方法中。

visitMethod 方法主要处理方法内部的探针插入操作；visitEnd 方法主要用于往目标类上写入 $jacocoInit、$jacocoData 属性。

2. 探针插入过程

JaCoCo 插入探针的思路为：由 ClassProbesAdapter 类适配 ASM 库的相关类，然后由被插桩的方法在被遍历时触发相应的动作，接着由 ClassInstrumenter 类完成具体的插桩工作，最后 ClassProbesAdapter 类持有 ClassInstrumenter 对象。

调用 visitMethod 方法的过程如下。

1）ClassProbesAdapter 类的 visitMethod 方法被调用，该方法则调用 ClassInstrumenter 类中的相关方法。

2）ClassInstrumenter 类的 visitMethod 方法被调用，初始化方法级别的访问器。

3）回到 ClassProbesAdapter 类上，返回 MethodSanitizer 对象，在 visitEnd 方法中触发方法级别

的访问器。

关键源码如下。

```
// ClassProbesAdapter 类的 visitMethod 方法
@Override
public final MethodVisitor visitMethod(final int access, final String name,
        final String desc, final String signature,
        final String[] exceptions) {
    final MethodProbesVisitor methodProbes;
    // 这里的 cv 就是 ClassInstrumenter 对象，初始化后返回了 MethodProbesVisitor
    final MethodProbesVisitor mv = cv.visitMethod(access, name, desc,
            signature, exceptions);
    if (mv == null) {
        methodProbes = EMPTY_METHOD_PROBES_VISITOR;
    } else {
        methodProbes = mv;
    }
    // 返回一个新的访问器，进入下一次的访问
    return new MethodSanitizer(null, access, name, desc, signature,
            exceptions) {

        @Override
        public void visitEnd() {
            super.visitEnd();
            // 分析流程控制语句，然后加上标签
            LabelFlowAnalyzer.markLabels(this);
            // 初始化某个方法的 MethodProbesAdapter 类
            final MethodProbesAdapter probesAdapter = new MethodProbesAdapter(
                    methodProbes, ClassProbesAdapter.this);
            if (trackFrames) {
                final AnalyzerAdapter analyzer = new AnalyzerAdapter(
                        ClassProbesAdapter.this.name, access, name, desc,
                        probesAdapter);
                probesAdapter.setAnalyzer(analyzer);
                methodProbes.accept(  this, analyzer);
            } else {
                methodProbes.accept(this, probesAdapter);
            }
        }
    };
}
// ClassInstrumenter 类的 visitMethod 方法
@Override
public MethodProbesVisitor visitMethod(final int access, final String name,
        final String desc, final String signature,
        final String[] exceptions) {

    InstrSupport.assertNotInstrumented(name, className);
```

```
final MethodVisitor mv = cv.visitMethod(access, name, desc, signature,
    exceptions);

if (mv == null) {
  return null;
}
// 提前设置了 MethodVisitor、ProbeInserter 实例
final MethodVisitor frameEliminator = new DuplicateFrameEliminator(mv);
final ProbeInserter probeVariableInserter = new ProbeInserter(access,
    name, desc, frameEliminator, probeArrayStrategy);
return new MethodInstrumenter(probeVariableInserter,
    probeVariableInserter);
}
```

实际上，这里类级别的操作不是很多。在 methodProbes.accept 语句执行后，会触发 methodProbes 对象中持有的 ProbeInserter 实例。

存在过多的包装是阅读 JaCoCo 源码时一个很大的障碍，很多类几乎没有代码，但是承担了访问者模式中桥接对象这一角色。从 JaCoCo 中包的设计来看，instr 包是真正处理字节码的包，而 flow 包中的类几乎都是与 ASM 库访问者模式相关的桥接类，它会在合适的时机触发具体的插桩动作。

首先被触发的是 ProbeInserter 类中的 visitCode 方法，这个方法是访问开始的时候进入的。

```
public void visitCode() {
  accessorStackSize = arrayStrategy.storeInstance(mv, clinit, variable);
  mv.visitCode();
}
```

下面的代码是为方法内的局部变量准备的，用于在方法执行后存储插桩信息的变量。

```
public int storeInstance(final MethodVisitor mv, final boolean clinit,
    final int variable) {
  // 插入静态方法调用指令 INITMETHOD_NAME = $jacocoInit
  mv.visitMethodInsn(Opcodes.INVOKESTATIC, className,
      InstrSupport.INITMETHOD_NAME, InstrSupport.INITMETHOD_DESC,
      false);
  // 将栈顶的值保存到局部变量中
  mv.visitVarInsn(Opcodes.ASTORE, variable);
  return 1;
}
```

完成上面的操作后，生成的代码如下。

```
boolean[] var1 = $jacocoInit();
```

如果想要快速查看字节码对应的 ASM 指令，可以使用 IntelliJ IDEA 的 asm-bytecode-outline 插件，这样不仅可以查看一个类的字节码，也可以查看对应的 ASM 库的相关生成代码。

第二个被触发的是 MethodProbesAdapter 类中的 visitLabel 方法。这一步没有实质性动作，可以略过。

接下来就是访问 visitInsn 方法，处理不带操作数的指令，主要就是 return 和 throw 这两个语句对应的指令。

```
@Override
public void visitInsn(final int opcode) {
    switch (opcode) {
    case Opcodes.IRETURN:
    case Opcodes.LRETURN:
    case Opcodes.FRETURN:
    case Opcodes.DRETURN:
    case Opcodes.ARETURN:
    case Opcodes.RETURN:
    case Opcodes.ATHROW:
        probesVisitor.visitInsnWithProbe(opcode, idGenerator.nextId());
        break;
    default:
        probesVisitor.visitInsn(opcode);
        break;
    }
}
```

这时能看到最终方法内插桩代码的庐山真面目了。visitInsnWithProbe 里调用了 probeInserter.insertProbe(probeId)方法，这是调用 ASM 库插桩的最终方法。

```
public void insertProbe(final int id) {
    // 访问一个局部变量 var1
    mv.visitVarInsn(Opcodes.ALOAD, variable);
    InstrSupport.push(mv, id);
    mv.visitInsn(Opcodes.ICONST_1);
    mv.visitInsn(Opcodes.BASTORE);
}
```

最后，将插桩语句 var1[1]=true 插入合适的位置。上面代码的含义是插入 run 方法的返回处（由 visitInsn 方法的 opcode 参数决定位置），最后得到的插桩后的代码如下。

```
public void run() {
    boolean[] var1 = $jacocoInit();
    this.isPrime(7);
    var1[1] = true;
}
```

接下来的插桩过程是相似的，经过许多次访问后，就会将探针插入合适的地方。

3. 插桩策略

如果在每个指令之间都插桩，从性能和数据量的角度来说是不能接受的，因此 JaCoCo 使用了一些特别的插桩策略来提高插桩效率并减少插桩数量，即只在关键的地方插桩。例如，没有分支的方法只需要使用一个探针。分析时，通过反向追踪就可以分析出被插桩代码行附近的其他代码行的信息（对于顺序执行的代码来说，被插桩代码行附近的其他代码行必然会被执行）。

JaCoCo 使用图结构来帮助实现插桩策略，它将一些代码的关键点看作节点，将执行的路径看作边。

- 如果一个节点被访问，且到达这个节点只有一条边，那么这条边一定被访问过，且源节点也被访问过。
- 如果两个相邻节点被访问，那么两个节点之间的边就一定被访问过。

这样一来，只需要在节点上插桩就可以获得整个遍历结构，可以减少很多不必要的探针。

基于以上信息即可分析出测试覆盖情况。通过字节码的一些关键指令可以清晰地定义这些节点，通过 ASM 库的特定访问器则可以找到合适的时机插入探针。更为有利的是，处理图结构时，可以以一个方法为单位，让实现的难度降低了。

也可以将 Java 方法的字节码流程看作图结构，图具有多条边，每条边连接一个源指令和一个目标指令。但是在某些情况下，源指令或目标指令不存在（方法进入和退出的虚拟边界）或不能精确地指定，不过，这也不影响覆盖信息的收集。表 11-1 展示了 JaCoCo 中的插桩指令类型。

表 11-1　JaCoCo 中的插桩指令类型

类型	源指令	目标指令	备注
ENTRY	-	第一个指令	-
SEQUENCE	除去 GOTO、xRETURN、THROW、TABLESWITCH 和 LOOKUPSWITCH 的指令	后续关键指令	-
JUMP	GOTO、IFx、TABLESWITCH 和 LOOKUPSWITCH 指令	跳转到的目标指令	-
EXHANDLER	异常处理代码块中的指令	跳转到的目标指令	-
EXIT	xRETURN 和 THROW 指令	-	方法退出和异常抛出
EXEXIT	任何可能的指令	-	未捕捉的异常

对于不同的边类型，在官网文档中给出了 4 种不同的插桩策略。如图 11-16 所示，对于顺序执行的指令来说，直接在语句中间插入探针即可。在开始插桩之前，会通过 LabelFlowAnalyzer 记录标签信息，从而避免在所有顺序执行的指令之间插桩，减少插桩次数。

想要标记插桩的流程，就需要找到关键的指令，比如退出、流程跳转。我们可以直接在退出指令的前面放入一个探针，如图 11-17 所示。

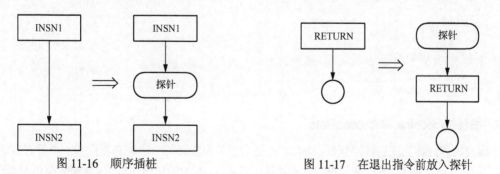

<table>
<tr><td align="center">图 11-16　顺序插桩</td><td align="center">图 11-17　在退出指令前放入探针</td></tr>
</table>

对于不带条件的 JUMP 指令，直接在这个指令之前放入探针即可，如图 11-18 所示。

若是有条件的跳转指令就比较麻烦，不太好确定不同条件下的目标节点（因为目标节点都是顺序执行的指令）。于是 JaCoCo 就做了反转操作，即在反转之后的 GOTO 语句上增加一个探针，然后把其他的指令当作顺序执行的指令，接着继续扫描指令，直到遇到下一个跳转或者退出指令为止，如图 11-19 所示。

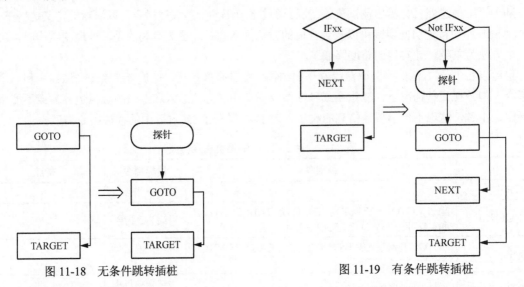

<table>
<tr><td>图 11-18　无条件跳转插桩</td><td>图 11-19　有条件跳转插桩</td></tr>
</table>

这里可能有读者会疑惑，在 Java 中 goto 是一个保留字，而不是关键字，那么字节码中的 GOTO 指令是什么意思呢？

我们知道所有的语句结构化程序都是由顺序、条件、循环语句构成的，而汇编语言通常是由 JUMP 指令完成流程控制的。在 JVM 的字节码中，有很多种流程控制指令，除了异常控制、表跳转指令，还有 GOTO 和 IF* 系列语句均是很重要的指令，它们分别代表无条件跳转指令和有条件跳转指令。

比如 for 循环语句，就是无条件跳转到循环体的开始处，然后反复执行，最后通过有条件跳转指令跳出循环。Java 中也有用到类似的语法。对下面的代码进行编译后，查看字节码时可以找到 2 个 GOTO 指令，其中一个是循环体，另外一个是 break 语句，表示跳到标签处。

```java
public static void main(String[] args) {
    outer:
    for (int i = 0; i < 10; i++) {
        if (i == 5) {
            break outer;
        }
    }
}
```

4. 揭秘$jacocoInit 和$jacocoData

在所有的方法都完成插桩操作后，JaCoCo 还会把前面提到的一个静态属性和一个静态方法附加到字节码的 Class 文件上，这样被插桩的代码才能正常运行。行为的逻辑入口在 ClassProbesAdapter 类的 visitEnd 方法上。

```
@Override
public void visitEnd()
    cv.visitTotalProbeCount(counter);
    super.visitEnd();
}
```

这里的 cv 变量就是 ClassInstrumenter 类的实例，它在 visitTotalProbeCount 中直接调用了 ProbeArrayStrategy 实例的 addMembers 方法。

```
public void addMembers(final ClassVisitor cv, final int probeCount) {
    createDataField(cv);
    createInitMethod(cv, probeCount);
}
```

这两行代码对应的是私有属性和私有方法，在 createDataField 方法中，通过 ASM 库的 API 实现了字段插入。下面先来看一下$jacocoData 属性的插入过程。

```
private void createDataField(final ClassVisitor cv) {
    cv.visitField(InstrSupport.DATAFIELD_ACC, InstrSupport.DATAFIELD_NAME,
            InstrSupport.DATAFIELD_DESC, null, null);
}
```

其中的 DATAFIELD_NAME 就是$jacocoData。
InstrSupport.DATAFIELD_ACC 定义了字段的修饰符，它是由四个修饰符组合而成的。

```
public static final int DATAFIELD_ACC = Opcodes.ACC_SYNTHETIC
        | Opcodes.ACC_PRIVATE | Opcodes.ACC_STATIC | Opcodes.ACC_TRANSIENT;
```

这里利用位运算的或语句灵活地表示多种修饰符，与 Linux 的权限表达方式一致。
插入$jacocoInit 方法的过程复杂一些，具体代码如下。

```
private void createInitMethod(final ClassVisitor cv, final int probeCount) {
    final MethodVisitor mv = cv.visitMethod(InstrSupport.INITMETHOD_ACC,
            InstrSupport.INITMETHOD_NAME, InstrSupport.INITMETHOD_DESC,
            null, null);
    mv.visitCode();

    // 获取静态属性的值，实现代码为 boolean[] var10000 = $jacocoData;
    mv.visitFieldInsn(Opcodes.GETSTATIC, className,
            InstrSupport.DATAFIELD_NAME, InstrSupport.DATAFIELD_DESC);
    mv.visitInsn(Opcodes.DUP);

    final Label alreadyInitialized = new Label();
    // 如果$jacocoData 为空，生成一段初始化代码
    mv.visitJumpInsn(Opcodes.IFNONNULL, alreadyInitialized);

    mv.visitInsn(Opcodes.POP);

    // 初始化$jacocoData 相关的逻辑子方法
    final int size = genInitializeDataField(mv, probeCount);
```

```
   // 返回获取到的变量
   if (withFrames) {
      mv.visitFrame(Opcodes.F_NEW, 0, FRAME_LOCALS_EMPTY, 1,
            FRAME_STACK_ARRZ);
   }
   mv.visitLabel(alreadyInitialized);
   mv.visitInsn(Opcodes.ARETURN);

   mv.visitMaxs(Math.max(size, 2), 0);
   mv.visitEnd();
}
```

插桩过程在这里就完成了，完成插桩操作后，会在 CoreTutorial 类中初始化目标类，然后执行它。

5. 输出数据

后续的数据被收集到 ExecutionDataStore 类的实例中，这个实例通过内存暂存数据。它实现了 IExecutionDataVisitor 接口，通过这个接口可以修改数据的存放渠道，以便定制测试覆盖率。示例代码如下。

```
// 收集和处理测试覆盖信息
final ExecutionDataStore executionData = new ExecutionDataStore();
final SessionInfoStore sessionInfos = new SessionInfoStore();
data.collect(executionData, sessionInfos, false);
runtime.shutdown();

// 分析和统计测试覆盖率
final CoverageBuilder coverageBuilder = new CoverageBuilder();
final Analyzer analyzer = new Analyzer(executionData, coverageBuilder);
original = getTargetClass(targetName);
analyzer.analyzeClass(original, targetName);
original.close();
```

JaCoCo 中实现了一个 RemoteControlWriter 类，它可以通过网络流远程发送数据。与数据存储和处理相关的内容在 org.jacoco.core.data 包中。

完成数据的收集后，会通过 ASM 库重新访问一遍字节码，并且会对测试覆盖情况进行分析。略微特殊的是，测试覆盖率统计分为单个类文件统计和根据包进行统计。统计测试覆盖率的门面类是 Analyzer，对单个类进行统计、分析时，需要传入修改字节码之前的类和收集到的探针信息。示例代码如下。

```
private void analyzeClass(final byte[] source) {
   final long classId = CRC64.classId(source);
   ...
   // 创建用于统计测试覆盖率的访问器
   final ClassVisitor visitor = createAnalyzingVisitor(classId,
         reader.getClassName());
   reader.accept(visitor, 0);
}
```

逐步跟踪，可以看到 JaCoCo 最终在 createAnalyzingVisitor 的方法中获取了符合 classId 要求的探针，且初始化了 ClassCoverageImpl、ClassAnalyzer 这两个对象。ClassCoverageImpl 是用来存放测试覆盖率信息的类，ClassAnalyzer 是用来分析测试覆盖率的类。在 ClassAnalyzer 中又通过 MethodCoverageCalculator 统计了方法级别的测试覆盖率和行级别的测试覆盖率。

11.4.5　IntelliJ IDEA 测试覆盖率的实现

实际上，IntelliJ IDEA 有自己的测试覆盖率统计工具 intellij-coverage，它也是被构建成 Java agent 加载的，其与 JaCoCo 的使用方式类似。当我们使用 Run xxx with Coverage 命令运行测试时，展开控制台中被隐藏的命令，就可以看到 IntelliJ IDEA 启动测试时，使用的-javaagent 参数为 intellij-coverage-agent-1.0.508.jar，这个名字已说明了它的意图。

IntelliJ IDEA 的 intellij-coverage 项目也是通过 ASM 库来完成字节码操作的，这与 JaCoCo 的原理类似，也是不错的学习材料。

如图 11-20 所示，IntelliJ IDEA 也可以集成其他测试覆盖率工具，例如 JaCoCo（为内置）。如果这里选择了 JaCoCo，那么在启动时，-javaagent 参数就变成了 jacocoagent.jar。IntelliJ IDEA 构造的命令行结构与前面手工编写的命令行类似。

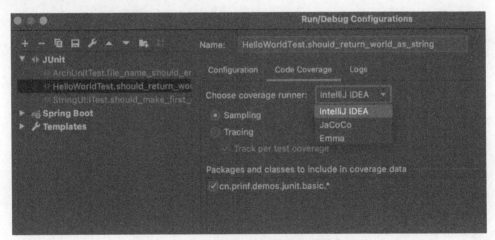

图 11-20　IntelliJ IDEA 集成的测试覆盖率工具

11.5　小结

源码分析是了解一项技术最彻底的方法，只有对源码有一定的了解才能进行拓展，以及从容地处理遇到的问题。单元测试框架的源码分析并不算简单，要掌握频繁的反射、字节码操作需要大量的背景知识。

对于一些成熟的框架来说，由于会处理很多特殊的场景，应用范围广，因此会有大量的封装和拓展点，这会给源码分析带来了困难。但是只要养成了阅读源码的习惯，分析偏工程类的源码还是比较容易的。

　　另外，一些成熟的框架早期的版本往往非常简洁和直接，如果理解当前版本的源码有些困难，可以分析早期版本。一般来说，1.0 之前的版本往往属于原型验证版本，非常适合用于了解框架的设计思路。源码的复杂性并非均匀分布在源码中，找到几个关键点往往就能把握源码的脉络。在阅读源码的过程中，建议清理掉不影响主要逻辑的边缘代码，这些代码往往是为了处理兼容性和 Bugfix 而引入的，它们会干扰理解源码。

附录 A

测试策略模板

由于软件测试的概念繁多，种类多样，因此在开启一个新的项目时，最好先定义测试的策略，让团队一开始就建立起对测试的认知和共识。

测试策略有点类似于测试计划，但关注点不同。测试计划更多是在时间维度看测试，而测试策略主要是从范围和方法上考虑。清晰的测试策略，能让开发人员知道做什么、怎么做，以及做到什么程度。测试策略没有确定的格式，下面是测试策略模板可涉及的内容，供参考。

1. 测试范围

描述该项目有哪些服务或者组件需要被测试，如果：

- 是单体且前后端不分离的项目，则只有一个整体测试；
- 是单体但是做了前后端分离，则除了整体测试，至少还需要对 API、前端进行单独的测试；
- 是分布式系统（微服务、中台），则除了整体测试，还需要对每个组件做测试。

测试组件清单示例见表 A-1。

表 A-1 测试组件清单示例

组件编号	组件名称	组件说明
S001	group-order-domain-service	集团订单服务
S002	group-product-domain-service	集团商品服务
S003	tenant-management-app-api	商户管理应用 API
F001	tenant-management-app-ui	商户管理应用前端

2. 测试方法

描述在项目中使用了哪些类型的测试、测试目的，并且明确维护方式。测试方法示例见表 A-2。

表 A-2 测试方法示例

测试类型	测试目的	维护者
单元测试	测试单个方法或者类的可靠性	开发人员

测试类型	测试目的	维护者
API 测试	测试服务 API 的可靠性	开发人员、测试人员共同维护
性能测试	测试服务的性能、容量和发现潜在的并发问题	开发人员、测试人员共同维护
渗透测试	测试服务的安全性	第三方专业团队进行
系统测试	通过人工方式进行功能测试	测试人员
E2E 测试（可选）	自动化地进行端到端的功能测试，用于快速回归	测试人员

3. 测试环境

说明测试在哪里进行，以及如何运行等。测试环境示例见表 A-3。

表 A-3　测试环境示例

测试类型	测试环境
单元测试	本地环境 + 流水线构建服务器
API 测试	构建服务器 + 构建服务器的临时环境
性能测试	专用的性能环境，服务器配置：Intel 4U8G * 4，　操作系统：Cent OS 7……
渗透测试	无须搭建专用的渗透测试环境，使用预发环境
系统测试	通过人工方式进行功能测试，使用测试环境
E2E 测试（可选）	通过自动化的方式进行端到端的功能测试，用于快速回归，使用测试环境

4. 测试工具

定义使用的工具和版本信息。测试工具示例见表 A-4。

表 A-4　测试工具示例

测试类型	测试工具
单元测试	JUnit 5 + Mockito + Spring Test + JaCoCo
API 测试	REST Assured + Testcontainers
性能测试	JMeter
渗透测试	OWASP ZAP + BurpSuite + Sqlmap + Beef + Hydra
系统测试	-
E2E 测试（可选）	Cucumber

5. 测试度量

描述测试结果的评估方式和度量指标。测试度量示例见表 A-5。

表 A-5 测试度量示例

测试类型	测试指标
单元测试	测试覆盖率,包括语句覆盖率、分支覆盖率、函数覆盖率、行覆盖率
API 测试	通过率(一般要求 100%)
性能测试	响应时间、吞吐量、处理能力(QPS、TPS)、并发用户数、错误率
渗透测试	OWASP 漏洞分级(严重漏洞、高危漏洞、中危漏洞、低危漏洞)
系统测试	缺陷数量统计和分级
E2E 测试(可选)	通过率(一般要求 100%)

附录 B

测试反模式

有时候很难评价哪些测试足够优秀，大家很难达成共识，因为总能被挑点毛病。但是描述不够优秀的测试却非常容易，因为大家能够轻松识别。

在进行了大量的代码评审后，我发现了一些"神奇"的测试编写方法，这些编写方法很可能会让测试出现问题，应尽量避免使用。下面基于这些测试编写方法整理了一些测试反模式供大家参考。

1. 将测试注释掉

将未通过的测试注释了的原因要么是业务代码未能按照要求完成，要么是测试代码写得不好。比如某一天修改了一个特性，导致对应的测试无法通过，因为着急提交代码，不得已将测试临时注释掉。

我在修改一个共享文档的邀请链接特性时，曾暂时关闭过测试。原本共享文档中的链接是固定的，我可以轻松地断言，但是后来业务人员要求每次动态修改，并随机生成邀请链接。这使我无法快速断言，在将代码提交给测试人员进行测试时，不得不暂时关闭这个测试。

临时关闭测试可能无法避免，但可以使用@Disabled注解代替注释掉测试，这样在运行测试时，JUnit 会告诉你有多少测试被停止了，当团队交付压力稍小时可以及时修复。

2. 混乱的测试命名

当测试用例非常多的时候，我们往往需要借助测试方法的名称来寻找已经存在的测试。

好的测试方法命名应该遵守代码命名规则，即应使用英语单词，且应使用统一的风格，避免使用数字和字符等。

在 JUnit 中推荐使用下画线命名法为测试方法命名，例如 should_upload_avatar_successfully。不好的命名中可能会出现无意义的数字、字母，甚至拼音，比如 tou_xiang_shuang_chruan_ce_shi_1。更极端的例子是，使用粤语拼音命名，测试方法名几乎不具有可读性。

3. 无断言的测试

在进行代码评审时，常常会发现不包含任何断言的测试。断言是测试中的必选项，没有断言的测试没有意义。有一些团队的单元测试只是为了满足测试覆盖率指标，这样做不仅没有获得单元测试的益处，反而增加了大量的维护成本。

4. 不可重复的测试

有些单元测试非常有意思，第一次运行成功了，但是第二次却失败了。原因可能是该测试与后续测试必须按照顺序执行，通常情况下，后续测试在准备工作中会清理前面的测试。如果未按照顺序执行，未清理该测试的状态，那么再次执行该测试就会失败。

对于单元测试来说，具有可重复性是一个重要的原则。

5. 过度断言

过度断言往往是重复断言造成的。对一个方法进行测试时，假如该方法的分支条件很多，可能要通过多个测试用例来覆盖这些分支，若此时为每个测试用例都编写完整的断言，就会出现非常多重复的断言。

比如，博客系统中有一个创建文章的方法，如果在参数中传入了封面信息，那么在返回值中就会返回封面信息，否则只会返回文章的基本信息。对此，我们可能会设计两个测试用例，一个测试用例只使用文章的基本信息作为参数，另一个测试用例传入封面信息。但两个测试用例执行后都会返回文章的基本信息。对于这种情况，我们可以在第一个测试用例中断言文章的基本信息，在第二个测试用例中仅断言文章封面的返回信息。

过度断言会带来大量的复制、粘贴。

6. 和业务代码过度耦合的测试

在编写单元测试时，测试数据应该尽量使用字面量。一种反模式是，在测试中大量引用被测试代码中的类型、常量，虽然看起来让代码变少了，但是测试代码不再一目了然。在修改常量时，由于断言中的值是引用过来的，因此测试的保护能力降低了。

对于 API 测试来说，在构建请求数据时应尽可能地不引用被测试代码中的类型，而是通过 Map 这种与类型无关的数据结构来模拟调用方的真实情况。另外，也不要使用返回的类型来解析测试 API 的返回值，建议直接使用 JSON 路径获取返回值的内容。

这样做的好处是，业务代码的变化几乎不会影响测试代码中的值，如果请求、返回的字段发生了变化，能在第一时间发现问题，并及时调整，可起到保护 API 的作用。

7. 过长的准备代码

如果在一些复杂的代码结构中，用于做准备的代码非常长怎么办？一种常见的反模式是重复地复制这些代码到相邻的代码中。正确的处理方式如下：

- 使用@BeforeEach 注解处理通用的准备工作，然后使用@AfterEach 注解清理；
- 如果所有测试都继承一个基类，那么先在基类中编写一些场景的测试准备方法，然后在测试中编排、调用这些方法；

- 抽取独立的 Fixture 类，作为测试脚手架。

8. 过度使用模拟工具

过度使用模拟工具也是一种典型的反模式，尤其是 PowerMock 这类可以对私有方法、内部静态方法直接进行拆解的模拟工具，过度地使用会让业务逻辑七零八碎。

建议区分处理不易测试和无法直接测试的代码：

- 对于自己新开发的代码，及时修改业务代码，提高代码的可测试性，以避免出现不易测试的情况；
- 对于正在被重构遗留系统，有些无法直接测试，可以按照步骤借助 PowerMock 来完成测试。

重构遗留系统时，使用 PowerMock 的步骤如下。

1）使用 PowerMock 肢解不可测的遗留代码。

2）为遗留系统编写测试。

3）重构被测试保护的遗留代码，让被测试代码不需要 PowerMock 也能被测试。

4）重新编写测试，移除 PowerMock。

PowerMock 这类工具只能在中间阶段出现，不能作为最终形态一直留在测试代码中。